Elemente der Stereometrie

Von

Prof. Dr. Gustav Holzmüller

in Hagen i. W.

Vierter Teil

Fortsetzung der schwierigeren Untersuchungen

Berechnung und stereometrische Darstellung von statischen, Trägheits- und Centrifugal-Momenten homogener Raumgebilde. Simpsonsche Regel, verallgemeinerte Schichtenformel, gewisse Zuordnungen und konforme Abbildungen im Dienste solcher Bestimmungen. Nachtrag über das Katenoid, seine Krümmungsverhältnisse und sphärische Abbildung und über seinen Zusammenhang mit der Gaufsschen Pseudosphäre und der Minimal-Schraubenregelfläche

Mit 89 Figuren

Leipzig

G. J. Göschensche Verlagshandlung

1902

Vorwort.

Der vierte und letzte Band der Stereometrie beginnt mit dem Notwendigsten über gewisse Momente homogener Punktsysteme, besonders über die statischen, die Trägheits- und die Centrifugalmomente. Um dasselbe für homogene kontinuierliche Raumgebilde zu ermöglichen, wird zunächst die Simpsonsche Regel auf den dritten Grad ausgedehnt, und zwar geschieht dies, wie im „Methodischen Lehrbuche“, ohne jeden Gebrauch von Reihen. (Bekanntlich wird diese Ausdehnung trotz ihrer Einfachheit in zahlreichen Lehrbüchern leider noch heute der höheren Mathematik überlassen.) Daran schliefst sich die Entwickelung der sogenannten Summen- oder Schichtenformel in ihrer vollen Allgemeinheit. Dabei werden aber nicht nur die ebenen Querschnitte, sondern auch cylindrische und kugelförmige behandelt, was eine Ausdehnung der Berechnungen auf Raumgebilde ermöglicht, deren elementare Behandlung sonst aus Gründen anscheinender Schwierigkeit unterbleibt. Schon in Band III gelang es, durch eine gewisse Art von Zuordnung die Parabel zu rektifizieren und die Fläche des Drehungsparaboloids zu bestimmen. Die entsprechenden Übungsbeispiele werden hier weitergeführt. Jeder ebenen Kurve werden zwei Flächen derart zugeordnet, dafs die Formel für die Rektifikation der Kurve übereinstimmt mit den Formeln für den Inhalt der Flächen. Kennt man das eine, so kennt man auch das andere. Dafs dabei auch Momente bestimmt, Schwerpunktslagen u. s. w. untersucht werden, ist nach obigem selbsverständlich.

Jetzt folgen stereometrische (und mechanische) Deutungen und Veranschaulichungen der genannten Momente für ebene Flächen und Kurven, wobei sich besonders für die Trägheitsmomente ergiebt, dafs sie entweder zu schönen Sätzen über Körperinhalte und Mantelflächen führen, oder dafs sie selbst aus solchen ohne jede Rechnung leicht bestimmt werden können. Wie nun die statischen und Trägheitsmomente mit den Abschrägungen bezw. mit den Begrenzungen durch die Flächen parabolischer Cylinder und Drehungsparaboloide zusammenhängen, so steht die Fläche des hyperbolischen Paraboloids in entsprechender Beziehung zu den ebenso wichtigen Centrifugalmomenten. Die beiden Trägheitsellipsen von Poinsot und von Clebsch-Culmann und die Lemniskate der Trägheitsmomente, werden dabei in einfacher Weise abgeleitet. Dies giebt Veranlassung, in ganz elementarer Darstellung auf konforme Abbildungen einzugehen, welche es gestatten, von den Körper- oder Flächeninhalten bezw. Kurvenlängen der Originalgebilde auf den Inhalt oder die Momente ihrer Abbildungen zu schliefsen. So ergeben sich die Auflösungen für gewisse Gruppen schwierig erscheinender Aufgaben ohne irgendwelche Rechnung.

Es handelt sich dabei, wie vorher, nicht etwa um die Lösung nur vereinzelter Aufgaben durch nur vereinzelte Kunstgriffe, sondern um anschauliche Methoden von ganz aufserordentlicher Tragweite, die für ganze Gruppen von Gebilden die betreffenden Berechnungen ersparen und auch die Lösung von Aufgaben aus der Theorie des Newtonschen und logarithmischen Potentials ermöglichen. Man lernt gewissermafsen Brücken kennen, welche die verschiedensten Gebiete miteinander verbinden.

Die Bestimmung von Kurvenlängen, von Flächen, körperlichen Inhalten und von Momenten verschiedener Art und Ordnung für vielfach gestaltete Raumgebilde schliefst sich an. Dabei werden vorläufig die mit den Flächen zweiten Grades zusammenhängenden Körper ausgeschlossen. Diesen ist der Übersichtlichkeit halber ein besonderer zweiter Abschnitt gewidmet, in dem neben den vollen Körpern auch die Segmente, Parallelschichten, Sektoren, Zonenpyramiden u. s. w. nach Inhalt, statischen Momenten und Schwerpunktslagen, Trägheitsmoment und Trägheitsabstand, Centrifugalmoment u. s. w. berechnet werden. Die beiden Trägheitsellipsoide kommen ebenfalls zur Behandlung.

Im Schlufswort wird ein Nachtrag über das Katenoid, die zugehörige Gaufssche Pseudosphäre und die zugehörige Minimal-Schraubenregelfläche gebracht. Es gelingt nämlich, auf elementarem Wege zu zeigen, dafs die Evolvente der Kettenlinie eine gewöhnliche Traktrix ist, und dafs ihre Normalen in der Länge mit den zugehörigen Krümmungsradien übereinstimmen, dafs also für das Katenoid das Gaufssche Krümmungsmafs leicht zu bestimmen und diese Fläche eine solche von der konstanten mittleren Krümmung Null ist. Um ihre Zugehörigkeit zu den Delaunayschen Flächen, für die bekanntlich das letztere allgemein der Fall ist, zu beweisen, wird elementar gezeigt, dafs der Brennpunktsweg für die auf der Geraden rollende Parabel stets eine Kettenlinie ist. Dafs ferner die sphärische Abbildung des Katenoids eine konforme Abbildung ist, ergiebt sich als selbstverständlich und ermöglicht eine Zusammenstellung der zwischen Cylinder, Katenoid und Kugel bestehenden konformen Beziehungen, wobei sich z. B. eine neue geometrische Konstruktion der Merkatorkarte ergiebt.

Die in Band III nachgewiesene Abwickelbarkeit des Katenoids auf die Minimalschraubenfläche giebt Veranlassung, noch einmal auf die Schraubenlinie und ihre Parallelprojektionen einzugehen, die bekanntlich auf Sinoiden*) und cyklische Kurven (gewöhnliche, verlängerte und verkürzte Cykloiden) führen. Dadurch wird zwischen der Kettenlinie, Schraubenlinie, Sinuskurve und Sinoide, den cyklischen Kurven und der Parabel ein Zusammenhang nachgewiesen, der wohl verdient, eingehender untersucht zu werden.

Abgesehen von diesen letzteren Betrachtungen liegt der Schwerpunkt des Buches allerdings in dem Gebiete, welches man in Frankreich seit Hâton de la Goupillière als „Géométrie des masses" bezeichnet. Der Zusammenhang mit dem rein stereometrischen Gebiete und die Fruchtbarkeit der verbindenden Ideen und der zugehörigen Methoden sind aber von derartiger Bedeutung, dafs in unserer auf

*) Das Wort sinus ist bekanntlich nur durch mifsverständliche Auffassung eines ohne Vokale geschriebenen arabischen Wortes in die Trigonometrie gelangt. Daher wird es gestattet sein, statt der nicht schön klingenden Bezeichnung „Sinusoide" die vielfach gebrauchte „Sinoide" beizubehalten, diese aber auf die aus der Sinuskurve abgeleiteten Kurven zu beschränken.

Anwendungen hindrängenden Zeit eine eingehendere Behandlung dieses Gegenstandes zur Notwendigkeit geworden ist.

Die aus der Mechanik und der mathematischen Physik gewählten Beispiele sind ziemlich zahlreich, noch weit mehr aber findet man in des Verfassers „Ingenieurmathematik in elementarer Behandlung“, von der demnächst der dritte Band (bei B. G. Teubner in Leipzig) erscheinen soll.

Erschöpft ist mit diesem Werke das Gebiet der „Elemente der Stereometrie“ noch nicht, denn eine Reihe von Resultaten der Forschungen von Steiner und Möbius und das aus dem Gebiete der Gleichungen dritten und vierten Grades vom Verfasser bearbeitete Übungsmaterial würden einen ganzen fünften Band anfüllen; aber der mit dem Verlage vereinbarte Umfang ist schon derart überschritten worden, dafs ich mich zum Abschlufs entschliefsen mufste. Vielleicht bietet sich später Gelegenheit, die hier ausgeschlossenen Gebiete zu behandeln.

Blicke ich auf die Zeit zurück, in der die „Elemente der Stereometrie“ bearbeitet wurden, so kann ich nur sagen, dafs das Aufsuchen elementarer Wege, die zu den schönsten Gebieten der neueren Raumgeometrie hinführen, mir den gröfsten Genufs und manche freudige Überraschung hinsichtlich der Tragweite der Elementarmethoden bereitet hat. Wer nur mit der höheren Mathematik zu arbeiten gewohnt ist, hat bisweilen die Überzeugung, die Elementarmethoden wären allzu umständlich. Ein Besprecher der von mir bearbeiteten Methoden, der sich als entschiedenen Freund der höheren Mathematik hinstellt, mufs aber doch in jener Ansicht erschüttert worden sein, denn er spricht in der Zeitschrift des Vereins Deutscher Ingenieure von der oft geradezu „verblüffenden Einfachheit“, mit der die Resultate gewonnen werden. Ein Professor einer technischen Hochschule hat es nicht verschmäht, die vorgeschlagene stereometrische Veranschaulichung der Trägheitsmomente eingehender zu bearbeiten. Auch ein Lehrbuch der Integralrechnung hat sie unter Nennung der Quelle aufgenommen. Das Amsterdamer Technische Wochenblatt hat einen Teil meiner Darstellungen ins Holländische übertragen. Die Merkatorkarte wird noch jetzt sogar in den nautischen Lehrbüchern elementaren Charakters äufserst stiefmütterlich behandelt. Herr Professor Latzina von der Universität Buenos Aires, der die beiden ersten Bände meines „Methodischen Lehrbuchs“ ins Spanische übersetzt hat, fügte am Schlufs die hier in Band I und II gegebene elementare Behandlungsweise bei und entnahm den „Elementen der Stereometrie“ auch einige Figuren. Nehme ich dazu die Besprechungen, die einige Hochschullehrer und sonstige Fachgenossen über die beiden ersten Bände geliefert haben, so habe ich Anlafs, mit den bisherigen äufserlichen Erfolgen meiner Arbeit recht zufrieden zu sein.

Die Absicht ist durchaus nicht, die höhere Mathematik für die betreffenden Gebiete überflüssig zu machen, sondern den „höheren Wegen“ elementare Methoden an die Seite zu stellen und damit dem Gegenstande möglichst auch neue Seiten abzugewinnen und dabei besonders mit Hilfe der räumlichen Anschauung zu arbeiten. Ich kann nur den Wunsch aussprechen, das hier Gegebene möchte recht viele Leser anregen, die höheren und feineren Teile der analytischen Geometrie des Raumes zu studieren. — Namentlich für die jetzt im Aufblühen begriffenen höheren Maschinenbauschulen, die nur mit elementaren Hilfsmitteln arbeiten sollen, die aber z. B. aus Gründen der Festigkeitslehre, der Dynamik und der Hydrostatik die Trägheitsmomente nicht entbehren können, sind Methoden der vorgeschlagenen Art nutzbringend zu verwenden. Auch für höher strebende Baugewerkschulen sind sie unentbehrlich, wenn nicht blofs nach Vorschrift unbewiesener Formeln gearbeitet werden soll.

Der grofse Umfang des Werkes erklärt sich nur aus der grofsen Anzahl fertig durchgeführter Beispiele, die eine ganze Sammlung darstellen. Anfragen aller Art aus den Kreisen der praktischen Ingenieure beweisen mir, dafs man an diesen Beispielen nicht interesselos vorübergeht, und es ist für mich eine besondere Genugthuung, dafs Herr Dr. Bohnert, der die Stereometrie für die Schubertsche Sammlung bearbeitet hat, im Vorwort erklärt, für die Auswahl der Beispiele seien ihm die „Elemente der Stereometrie“ vorbildlich gewesen.

Allerdings gehen die Beispiele der letzteren vielfach in Gebiete über, die man bisher vollständig der Hochschule überliefs bezw. überlassen mufste, weil man gewisse einfache Elementarmethoden nicht kannte. Aber darin sollte doch, nachdem ein Poncelet und Chasles, ein Steiner und Möbius die Grenzen der Elementarmathematik so gewaltig erweitert haben, nur ein Vorzug gefunden werden. Denn auf der Universität lernt der künftige Fachlehrer die Elementarmathematik leider gar nicht oder doch nur in bescheidenem Mafse kennen. Er wird mehr zum Hochschulprofessor vorgebildet, weniger für den Elementarunterricht an höheren Schulen.

Auf besonders ausgesprochene Wünsche hin ist am Schlufs des vierten Bandes ein alphabetisches Sachregister zusammengestellt, welches nicht nur die Orientierung erleichtert, sondern auch zeigt, wie mannigfaltig und umfangreich der verarbeitete Lehrstoff ist.

Möge das Gesamtwerk dazu beitragen, dafs die Kenntnis fruchtbarer Elementarmethoden sich in weiteren Kreisen verbreite und zur Bearbeitung neuer Gebiete anrege, die bisher nur mit Hilfe der Differential- und Integralrechnung in Angriff genommen werden konnten. Die Fachlehrer aber mögen aus dem reichen Inhalte, besonders aus den Beispielen, dasjenige entnehmen, was sie zur Belebung des Unterrichts für geeignet halten. Die geschichtlichen und litterarischen Bemerkungen aber mögen jeden Leser anregen, auch die Originalwerke zu studieren, natürlich auch solche, die nur mit den Mitteln der höheren Analysis bearbeitet sind. Geschieht dies, dann werden auch andere den Versuch machen, zu diesem oder jenem schönen Gebiete der Raumgeometrie den elementaren Zugang zu eröffnen und auch Methoden zu ersinnen, die frei von umständlichem Rechnungsapparate sind. Aus der Anschauung der Raumgebilde heraus, aus ihrem rein geometrischen Charakter lassen sich bisweilen ohne Hilfe jeder Art von Koordinaten — die, von den natürlichen Koordinaten abgesehen, doch immer etwas künstlich Herangezogenes bleiben — die schönsten Beziehungen in einer Einfachheit entwickeln, die auch manchen geschulten Analytiker überraschen dürfte. Steiner und Möbius leisteten in dieser Hinsicht Gewaltiges. Möchten recht bald ebenbürtige Nachfolger erscheinen, die imstande sind, die Macht der Elementarmathematik in ähnlicher Weise zu verstärken und ihren Herrschaftsbereich zu erweitern!

Hagen i. W., im August 1902.

Dr. G. Holzmüller.

Inhaltsverzeichnis.

Erster Abschnitt.

Simpsonsche Regel, Schichtenformel und konforme Abbildung und ihre Anwendungen auf die Berechnung der Längen, Flächen und Inhalte stereometrischer Gebilde und ihrer Momente verschiedener Ordnung. §§ 1 bis 193.

Seite

α) Homogene Punktsysteme und ihre Momente erster Ordnung. §§ 1 bis 10 1

β) Die Momente zweiter Ordnung für homogene Punktsysteme. §§ 11 bis 24 8

γ) Ausdehnung der Schichtenformel und der Simpsonschen Regel auf Körper, deren Querschnittsformel vom dritten Grade ist, mit Hilfe der Momenten- und Schwerpunktslehre. §§ 25 bis 35 18

δ) Ausdehnung der Schichtenformel auf Parabeln p^{ter} Ordnung und auf die entsprechenden Körper und ihre Momente. §§ 36 bis 42 28

ε) Ausdehnung der Schichtenformel auf kreisförmige Schichten und ihre Anwendung auf die Polarmomente der Polarparabeln höherer Ordnung. §§ 43 bis 45 36

η) Die Momente der aus Parabeln und Polarparabeln höherer Ordnung entstehenden Drehungskörper. §§ 55 bis 59 44

ϑ) Ausdehnung der Schichtenformel auf die Berechnung der Länge und der Momente für ebene Kurven und der Momente für die mit jenen zusammenhängenden Oberflächen. §§ 60 bis 81 . . 47

ι) Stereometrische und mechanische Veranschaulichung der statischen Momente, der Trägheitsmomente, der Centrifugalmomente und der Polarmomente für ebene Kurven, nebst Anwendungen. §§ 82 bis 93 73

κ) Beispiele von Momenten ebener Flächen und Kurven, nebst Sätzen über die Poinsotschen und Clebsch-Culmannschen Trägheitsellipsen und über die Lemniskate des Centrifugalmoments. §§ 94 bis 140 88

a) Statische Momente und Schwerpunkte ebener Flächen und ihrer Umrandung. §§ 94 bis 98 88

Seite

b) Trägheitsmomente für ebene Flächen und Kurven, Trägheitsmittelpunkte und dergl. §§ 99 bis 105 94
c) Trägheitsmomente ebener Linien in Bezug auf eine Achse ihrer Ebene. §§ 106 bis 113 100
d) Satz von der Poinsotschen Trägheitsellipse für ebene Gebilde. §§ 114 bis 118 107
e) Satz über die Clebsch-Culmannsche Trägheitsellipse oder die zweite Trägheitsellipse. §§ 119 bis 121 110
f) Einige Polarmomente erster Ordnung. §§ 122 bis 126 . . 113
g) Einige Centrifugalmomente ebener Gebilde. §§ 127 bis 132 115
h) Satz über die Lemniskate des Centrifugalmoments einer ebenen Fläche. §§ 133 bis 140 119

λ) Die Anwendung der Transformationen $Z = z^p$ und $z = \sqrt[p]{Z}$, $Z = lg\, z$ und $z = e^Z$ und einiger anderer auf Bestimmung von Polarmomenten verschiedener Ordnung für ebene Gebilde. §§ 141 bis 159 125
μ) Beispiele von Momenten für räumliche Gebilde. §§ 160 bis 193 152

a) Schwerpunkte und statische Momente für einige Körpergruppen und Oberflächen. §§ 160 bis 165 152
b) Trägheitsmomente für einige Körper und Oberflächen §§ 166 bis 190 158
c) Einige Methoden für angenäherte Berechnung, besonders die erweiterte Simpsonsche Regel. §§ 191 bis 193 186

Zweiter Abschnitt.

Anwendungen der bisherigen Berechnungsmethoden auf die Kegelschnittsflächen zweiten Grades und auf die mit ihnen zusammenhängenden Körper.

§§ 194 bis 261.

α) Das Ellipsoid, sein Inhalt und seine Hauptmomente. §§ 149 bis 209 190
β) Segmente, Parallelschichten, Sektoren und Zonenpyramiden des Ellipsoids. §§ 210 bis 217 207
γ) Die ähnlich begrenzte Ellipsoidschicht von endlicher und von unendlich kleiner Dicke. §§ 218 bis 222 213
δ) Das einmantelige Hyperboloid, seine Segmente, Parallelschichten und Sektoren. §§ 223 bis 230 217
ε) Das zweimantelige Hyperboloid, seine Parallelschichten, Segmente u. s. w. §§ 231 bis 232 227
ζ) Das dreiachsige Paraboloid, das hyperbolische Paraboloid und sonstige Flächen zweiten Grades. §§ 233 bis 237 233
η) Einiges über Centrifugalmomente solcher Körper. §§ 238 bis 249 239

Seite

ϑ) Die einfachsten Gleichungen der Kegelschnittsflächen, einige Andeutungen und der Satz vom Trägheitsellipsoid. §§ 249 bis 260 254

ι) Schlufsbemerkungen. § 261 271

Dritter Abschnitt.

Nachtrag über Katenoid, Gaufssche Pseudosphäre und Minimal-Schraubenregelfläche.

§§ 262 bis 274 275

Sachregister 293
Namenregister 306

Geschichtliche Nachweise

befinden sich an folgenden Stellen: Über Zuordnung von ebenen Kurven und Flächen zum Zweck der Rektifizierung und Flächenbestimmung, § 81. Geschichtliches über Trägheits- und Centrifugalmomente, § 260. Über Delaunaysche Flächen, z. B. Katenoid, über Minimalschraubenflächen, § 273.

Nachweise über die verschiedenen Anwendungen

werden in diesem Bande unterlassen, da fast der ganze Inhalt den Anwendungen gewidmet ist.

Erster Abschnitt.

Simpsonsche Regel, Schichtenformel und konforme Abbildung und ihre Anwendungen auf die Berechnung der Längen, Flächen und Inhalte stereometrischer Gebilde und der Momente verschiedener Ordnung dieser Gebilde.

α) Homogene Punktsysteme und ihre Momente erster Ordnung.

§ 1) Homogene Punktsysteme. Man denke sich jeden Punkt eines räumlichen Punktsystems mit der Masse 1 behaftet, deren Definition z. B. im Sinne der Mechanik geschehen kann, sei es nach dem absoluten oder dem technischen Maſssysteme, was hier gleichgültig ist. Ein solches Punktsystem soll als ein homogenes bezeichnet werden.

§ 2) Statisches Moment des homogenen Punktsystems. Fällt man von jedem Punkte des Systems aus auf eine beliebige Ebene ein Lot e, so nennt man das Produkt $e.1$ aus e und der Masse 1 das statische Moment M des Punktes in Bezug auf diese Ebene. Das gesamte statische Moment des Systems ist dann $M = e_1 + e_2 \,.\,.\, + e_n = \sum e$. Wählt man als Bezugsebenen die Koordinatenebenen, so hat man in Bezug auf diese die statischen Momente

$$1)\quad \begin{cases} M_{yz} = x_1 + x_2 + \ldots + x_n = \sum x, \\ M_{zx} = y_1 + y_2 + \ldots + y_n = \sum y, \\ M_{xy} = z_1 + z_2 + \ldots + z_n = \sum z. \end{cases}$$

§ 3) Schwerpunkt des homogenen Punktsystems. Die Gesamtmasse des Punktsystems sei gleich $n \cdot 1 = n$. Wo mufs man sich diese vereinigt denken, um in Bezug auf die Koordinatenebene dieselben statischen Momente zu erhalten?

Man hat z. B. zu setzen $n \cdot x_s = \sum x$. Daraus und aus den entsprechenden Gleichungen findet man als Koordinaten des gesuchten Punktes

$$2)\quad \begin{cases} x_s = \frac{1}{n} \sum x = \frac{1}{n} M_{yz}, \\ y_s = \frac{1}{n} \sum y = \frac{1}{n} M_{zx}, \\ z_s = \frac{1}{n} \sum z = \frac{1}{n} M_{xy}. \end{cases}$$

Dies ist also der Punkt mittlerer Entfernung von den Koordinatenebenen oder der Schwerpunkt des Punktsystems. Schon in Band I, Seite 20 bis 22 wurde gezeigt, dafs es sich um den Punkt mittleren Abstandes von jeder beliebigen Ebene handelt, und dafs man ihn unabhängig von jeder Ebene finden kann mit Hilfe gewisser Teilungen $1:1$, $2:1$, $3:1$, $4:1 \ldots$, die dort beschrieben sind, wobei die Punkte auch in beliebiger Reihenfolge aufeinander folgen können.

Legt man die Bezugsebene durch den Schwerpunkt selbst, so ist der Schwerpunktsabstand von ihr, also auch der mittlere Abstand von ihr, gleich Null, also ist auch $\sum x = 0$, $\sum y = 0$, $\sum z = 0$, sobald der Koordinatenanfang in den Schwerpunkt gelegt wird.

§ 4) Verschiebungssatz für statische Momente. Verschiebt man z. B. die yz-Ebene parallel zu sich selbst um e_1, so wird in Bezug auf die neue Ebene das statische Moment $M_{y_1 z_1} = M_{yz} - ne_1$, wie leicht zu zeigen ist. Verschiebt man die drei Koordinatenebenen um e_1, bezw. e_2, e_3, so erhält man

$$3)\quad \begin{cases} M_{y_1 z_1} = M_{yz} - ne_1, \\ M_{z_1 x_1} = M_{zx} - ne_2, \\ M_{x_1 y_1} = M_{xy} - ne_3, \end{cases}$$

Der Anfangspunkt ist dann verschoben um

$$e = \sqrt{e_1^2 + e_2^2 + e_3^2},$$

und zwar ist $e_1 = e\cos\alpha$, $e_2 = e\cos\beta$, $e_3 = e\cos\gamma$, wenn α, β, γ die Winkel sind, welche die Gerade e mit den Koordinatenachsen bildet.

Der in 3) liegende Satz soll heifsen, der Verschiebungssatz für die statischen Momente.

§ 5) Er lautet am einfachsten, wenn die Koordinatenebenen ursprünglich durch den Schwerpunkt gingen; denn dann sind M_{yz}, M_{zx}, M_{xy} gleich Null, und es wird einfacher in Bezug auf die durch den Punkt e_1, e_2, e_3 gelegten Parallelebenen

$$4)\quad M_{y_1 z_1} = -ne_1,\quad M_{zx} = -ne_2,\quad M_{xy} = -ne_3.$$

Daraus folgt $\dfrac{M_{y_1 z_1}}{n} = -e_1$ u. s. w. und dadurch wird bestätigt, dafs für solche Verschiebungen, wie schon gesagt, der Schwerpunkt der Punkt mittleren Abstands bleibt.

§ 6) Drehungssatz für statische Momente. Dreht man das Koordinatensystem z. B. um die Z-Achse um einen Winkel α, so geht, wie leicht zu zeigen, jeder Abstand x über in den Abstand

$$\xi = OA + AD = x\cos\alpha + y\sin\alpha,$$

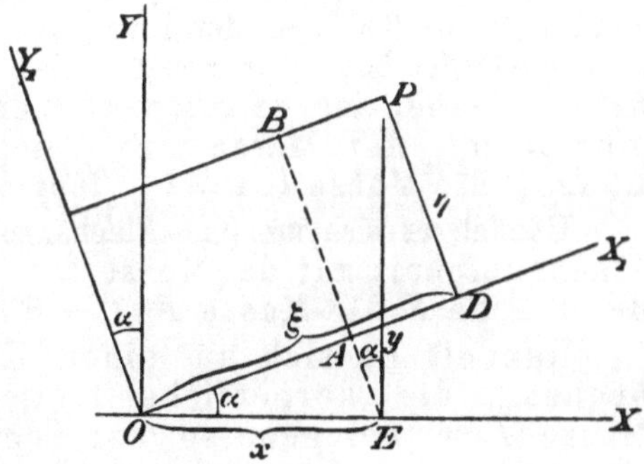

Fig. 1.

jeder Abstand y in

$$\eta = EB - AE = y\cos\alpha - x\sin\alpha,$$

während z unverändert bleibt.

Die neuen Momente würden also

$$M_{\eta z} = \sum \xi = \sum (x\cos\alpha + y\sin\alpha) = \cos\alpha \sum x + \sin\alpha \sum y$$
$$M_{z\xi} = \sum \eta = \sum (y\cos\alpha - x\sin\alpha) = \cos\alpha \sum y - \sin\alpha \sum x$$
$$M_{\xi\eta} = \sum \zeta = \sum z$$

oder

$$5)\qquad \begin{cases} M_{\eta z} = \cos\alpha\, M_{yz} + \sin\alpha\, M_{zx}, \\ M_{z\xi} = \cos\alpha\, M_{zx} - \sin\alpha\, M_{yz}, \\ M_{\xi\eta} = M_{xy}. \end{cases}$$

Dieser leicht auf die Drehung um die anderen Achsen auszudehnende Satz soll bezeichnet werden als der Drehungssatz für die statischen Momente des Punktsystems.

Weil diese Momente die Abstände nur in der ersten Potenz enthalten, sollen sie als Momente erster Ordnung bezeichnet werden, weil sie aber auf Ebenen bezogen werden, als Planmomente. Es handelt sich also um Planmomente erster Ordnung.

§ 7) Homogene Massenbelegung von Linien, Flächen und Körpern. Handelt es sich um eine kontinuierliche Punktfolge, d. h. um eine Gerade oder um eine Kurve, so ist diese als homogen zu betrachten, sobald unendlich kleine Teilchen der Linie, die von gleicher Länge sind, gleichviel homogene Punkte, also dieselbe Masse enthalten. Dabei ist es aber bequem, jede Längeneinheit mit der Masse 1 zu belegen, so daſs der Länge l die Masse $l\,.\,1 = l$ entspricht.

Handelt es sich um eine Fläche, so ist es bequem, die Flächeneinheit mit der Masse 1 zu belegen, so daſs der Fläche F die Masse $F\,.\,1 = F$ entspricht.

Handelt es sich um einen Körper, so ist es bequem, die körperliche Raumeinheit mit der Masse 1 zu belegen, so daſs dem Inhalte J die Masse $J\,.\,1 = J$ entspricht.

[Im absoluten Maſssystem ist die zum Quadratcentimeter gehörige Masseneinheit das Gramm. In der technischen Mechanik ist die Masse $m = \frac{p}{g}$, wo p das Gewicht z. B. in Kilogrammen, g die mittlere Freifallbeschleunigung, z. B. *9,81* m bedeutet. Zweckmäſsiger aber ist es, wenn $g = 9{,}81$ m gesetzt ist, das Gewicht in Tonnen zu nehmen, wenn $g = 981$ cm gesetzt ist, das Gewicht in Gewichtsgrammen zu geben.]

Der Begriff des Schwerpunktes bleibt dann derselbe; er ist für das Gebilde der Punkt mittleren Abstandes in Bezug auf jede beliebige Ebene. Das statische Moment bleibt das Produkt aus Schwerpunktsabstand und Gesamtmasse. Bei der vorgeschlagenen Belegungsart ist also z. B. in Bezug auf eine beliebige Ebene für Linien, Flächen und Körper bezw.

$$6)\qquad M = e_s l,\ M = e_s F,\ M = e_s J.$$

[Diesen Momenten erster Ordnung gegenüber könnte man auch von Momenten von der Ordnung *0* sprechen, in denen also nur x^0, y^0, z^0 vorkommen würden. Da aber $x^0 = 1$, $y^0 = 1$, $z^0 = 1$ ist, so handelt es sich dabei lediglich um die Gesamtmasse, also bei einem Punktsystem um n (Anzahl der Punkte), bei einem Liniensystem um l, bei einem Flächensystem um F, bei einem Körpersystem um J.]

§ 8) Das Axialmoment erster Ordnung. Man denke sich von jedem Punkte des gegebenen Systems aus auf eine beliebige Achse im Raume ein Lot r gefällt. Dann soll für jeden mit der Masse *1* belegten Punkt der Ausdruck $r.1$ sein Moment erster Ordnung in Bezug auf diese Achse heiſsen, so daſs es sich um ein Axialmoment erster Ordnung handelt. Das gesamte Axialmoment des Systems ist dann

$$7)\qquad M_a = r_1 + r_2 + \ldots r_n = \sum r.$$

Handelt es sich um die drei Koordinatenachsen, so kann man die Momente mit M_x, M_y, M_z bezeichnen.

Eine Drehung des Systems um die Achse ändert das Axialmoment des Systems nicht. In Bezug auf die Z-Achse ist

$$8)\qquad M_z = \sum r = \sum \sqrt{x^2 + y^2}.$$

Durch Parallel-Verschiebung der Achse nach einem Punkte mit den Koordinaten e_1, e_2 und 0 geht das Moment über in

9) $$M' = \sum \sqrt{(x-e_1)^2 + (y-e_2)^2}.$$

Der Ausdruck

10) $$M_{z_1} - M_z = \sum \sqrt{(x-e_1)^2 + (y-e_2)^2} - \sum \sqrt{x^2+y^2}$$

giebt den Einflufs der Parallelverschiebung an. Der Verschiebungssatz ist aber hier von geringerer Wichtigkeit.

Von etwas gröfserer Wichtigkeit ist der Ausdruck

11) $$r_m = \frac{r_1 + r_2 + \ldots + r_n}{n} = \frac{1}{n} \sum r = \frac{1}{n} M_a,$$

der den mittleren Abstand oder mittleren Radius des Punktsystems in Bezug auf die Achse bedeutet.

Bei einer Drehung um die Achse mit der konstanten Winkelgeschwindigkeit ϑ ist

12) $$v_m = r_m \vartheta$$

die mittlere Geschwindigkeit für die Punkte des Systems, denn jeder Punkt hat die Geschwindigkeit $v = r\vartheta$.

Da ferner jeder Punkt die Centrifugalkraft $mr\vartheta^2 = r\vartheta^2$ hat, so handelt es sich bei

13) $$k_m = mr_m\vartheta^2 = r_m\vartheta^2$$

um die mittlere Gröfse der Centrifugalkräfte.

Unter den hierher gehörigen Aufgaben ist folgende von Bedeutung: Vier Punkte mögen ein unregelmäfsiges Tetraeder bilden. Welche Lage mufs eine der Richtung nach gegebene Achse haben, damit das Axialmoment erster Ordnung einen Minimalwert annehme?

Für eine Linie, eine Fläche, einen Körper ist bezw.

14) $$r_m = \frac{M_a}{l}, \quad r_m = \frac{M_a}{F}, \quad r_m = \frac{M_a}{J}.$$

§ 9) Das Polarmoment erster Ordnung. Denkt man sich alle Punkte eines Punktsystems z. B. mit dem Anfangspunkte der Koordinaten (als Pol) verbunden, so giebt der Ausdruck $\varrho \cdot 1 = \varrho$, wobei ϱ die Entfernung bedeutet, das Polarmoment erster Ordnung in Bezug auf den

Nullpunkt. Das gesamte Polarmoment in Bezug auf den Nullpunkt ist also

$$15)\quad M_p = \varrho_1 + \varrho_2 + \cdot\cdot \varrho_n = \sum \varrho = \sum \sqrt{x^2 + y^2 + z^2}$$

der Punkt mittleren Abstandes von diesem Pole

$$16)\quad \varrho_m = \frac{\varrho_1 + \varrho_2 + \cdot\cdot + \varrho_n}{n} = \frac{M_p}{n},$$

Verlegt man den Pol nach dem Punkte mit den Koordinaten x_1, y_1, z_1 so wird das Polarmoment in Bezug auf den neuen Pol

$$17)\quad M'_p = \sum \sqrt{(x - x_1)^2 + (y - y_1)^2 + (z - z_1)^2}.$$

und

$$18)\quad \varrho'_m = \frac{M'_p}{n}$$

wird der Punkt mittleren Abstandes in Bezug auf diesen.

Handelt es sich um Linien, Flächen, Körper, so wird bezw.

$$19)\quad \varrho_m = \frac{M_p}{l}, \quad \varrho_m = \frac{M_p}{F}, \quad \varrho_m = \frac{M_p}{J}.$$

Von Bedeutung ist die Frage: Welches ist der Punkt kleinster Abstandssumme für ein Punktsystem, für eine Linie, für eine Fläche, für einen Körper. Man versuche die Frage für vier Punkte (von derselben Masse) zu lösen, die ein unregelmäſsiges Tetraeder bilden. (Für das Dreieck handelt es sich bekanntlich um den Punkt, für den die drei Abstände unter Winkeln von 120^0 aufeinander folgen, wofür Steiner einen rein geometrischen Beweis gegeben hat.)

Der mittlere Abstand für die Punkte des Kugelkörpers in Bezug auf den Mittelpunkt ergiebt sich als $\frac{3}{4} r$. Für einen Kugelsektor von unendlich kleiner Grundfläche, die als eben betrachtet werden kann, hat nämlich der Schwerpunkt von der Grundfläche den Abstand $\frac{r}{4}$, also von der Spitze den Abstand $\frac{3}{4} r$. Dies gilt auch hier.

Schwieriger ist schon die Aufgabe, den mittleren Abstand für die Punkte des homogenen Würfels oder eines anderen regelmäfsigen Körpers vom Mittelpunkte zu berechnen.

Auch für die Flächen der regelmäfsigen Körper lassen sich solche Fragen aufstellen, ebenso für ihre Kantenkomplexe. Einiges davon kommt noch zur Sprache.

§ 10) Ist das Punktsystem ein ebenes, so hat es in Bezug auf jede Ebene des Raumes ein Planmoment erster Ordnung im obigen Sinne. Dieses ist am einfachsten, wenn die Bezugsebenen der Ebene des Punktsystems parallel ist, denn dann sind alle Abstände e dieselben, es handelt sich also um $M_e = e.n$. Steht die Bezugsebene senkrecht auf der des Punktsystems, so stimmt das Planmoment überein mit dem Axialmoment in Bezug auf die Schnittlinie der beiden Ebenen, d. h. mit dem statischen Momente des Systems in Bezug auf eine in seiner Ebene liegende Achse. Dies ist ein Sonderfall von dem Axialmomente des Punktsystems in Bezug auf eine beliebige im Raume liegende Achse. Steht diese Achse senkrecht auf der Ebene des Punktsystems, so ist das Axialmoment identisch mit dem Polarmomente des Systems in Bezug auf den Schnittpunkt.

β) Die Momente zweiter Ordnung für homogene Punktsysteme.

§ 11) Die Planmomente zweiter Ordnung in Bezug auf die Koordinatenebenen sind für Punktsysteme, bei denen jeder Punkt mit der Masse 1 belegt gedacht wird, definiert durch folgende Gleichungen:

$$1)\qquad \begin{cases} T_{yz} = x_1^2 + x_2^2 + \dots + x_n^2 = \sum x^2, \\ T_{zx} = y_1^2 + y_2^2 + \dots + x_n^2 = \sum y^2, \\ T_{xy} = z_1^2 + z_2^2 + \dots + z_n^2 = \sum z^2. \end{cases}$$

In der Mechanik sind sie die Trägheitsmomente in Bezug auf diese Ebenen.

§ 12) Trägheitsmittelpunkt. Wo müfste die Gesamtmasse n konzentriert zu denken sein, damit ihr Planmoment in Bezug auf jede dieser Ebenen dasselbe sei? Es müfste z. B. sein $n x_m^2 = \sum x^2 = T_{yz}$. Entsprechendes gilt für die anderen Ebenen. Es handelt sich also um den Punkt mit den Koordinaten

$$2)\quad \begin{cases} x_m = \sqrt{\dfrac{x_1^2 + x_2^2 + \ldots + x_n^2}{n}} = \sqrt{\dfrac{1}{n}\sum x^2} = \sqrt{\dfrac{1}{n} T_{yz}}, \\ y_m = \sqrt{\dfrac{y_1^2 + y_2^2 + \ldots + y_n^2}{n}} = \sqrt{\dfrac{1}{n}\sum y^2} = \sqrt{\dfrac{1}{n} T_{zx}}, \\ z_m = \sqrt{\dfrac{z_1^2 + z_2^2 + \ldots + z_n^2}{n}} = \sqrt{\dfrac{1}{n}\sum z^2} + \sqrt{\dfrac{1}{n} T_{xy}}. \end{cases}$$

Der Punkt heifst der **Trägheitsmittelpunkt** in Bezug auf die Koordinatenebenen.

Für homogene **Linien**, **Flächen** und **Körper** ist in Bezug auf die yz-Ebene

$$3)\quad x_m = \sqrt{\frac{T_{yz}}{l}},\quad x_m = \sqrt{\frac{T_{yz}}{F}},\quad x_m = \sqrt{\frac{T_{yz}}{J}}.$$

Ebenso sind die y_m und z_m zu bilden.

§ 283) **Verschiebungssatz für die Planmomente zweiter Ordnung.** Verschiebt man die YZ-Ebene parallel zu sich selbst um $\pm e$, so wird

$$T' = (x_1 \pm e_1)^2 + (x_2 \pm e_1)^2 + \ldots + (x_n \pm e_1)^2$$

$$= (x_1^2 + x^2 + \ldots + x_n^2) \pm 2 e_1 (x_1 + x_2 + \ldots + x_n) + n e_1^2$$

oder

$$4)\quad T' = T_{yz} \pm 2 e M_{yz} + n e_1^2.$$

Geht die ursprüngliche Bezugsebene (die YZ-Ebene), durch den Schwerpunkt des Punktsystems, so ist $M_{yz} = 0$. Dann wird in Bezug auf die zweite Bezugsebene

$$5)\quad T' = T_{yz} + n e_1^2.$$

Daraus folgt: **Das Trägheitsmoment in Bezug auf eine durch den Schwerpunkt gehende Ebene ist kleiner, als das in Bezug auf jede andere parallele Ebene genommene.** Der Unterschied ist durch 5) angegeben.

Ferner wird

$$6)\qquad x'_m = \sqrt{\frac{T'}{n}} = \sqrt{\frac{T_{yz}}{n} + e_1^2}\,,$$

ändert man also den Flächenabstand um $\pm e$, so ändert sich nicht, wie beim Schwerpunkte, der Abstand des Trägheitsmittelpunktes um $\pm e$, sondern anders. Folglich:

Der Trägheitsmittelpunkt eines Punktsystems hat keine konstante Lage, die Lage ist vielmehr abhängig von der Lage der Bezugsebene.

Für $e_1 = \infty$ verschwindet in 6) $\frac{T_{yz}}{n}$ gegen e_1^2, dann also wird $x'_m = e_1$, d. h.:

In Bezug auf unendlich weit entfernte Ebenen ist der Trägheitsmittelpunkt eines Gebildes identisch mit dem Schwerpunkte. Je weiter also die Ebenen sich von einem endlichen Gebilde entfernen, um so näher rückt der Trägheitsmittelpunkt dem Schwerpunkte.

§ 14) Auch der Ausdruck

$$7)\qquad x_\sigma = \frac{T_{yz}}{M_{yz}} = \frac{x_1^2 + x_1^2 + \ldots + x_n^2}{x_1 + x_2 + \ldots + x_n}$$

tritt in der Mechanik auf, er soll aber hier noch nicht besprochen werden, sondern erst bei den Axial- bezw. Polarmomenten zur Sprache kommen. Auch er wird für die Verschiebung $e = \infty$ der Bezugsebene gleich dem Schwerpunktsabstande. Es ist ein Analogon zu dem Schwingungspunkte beim Pendel und hängt zusammen mit dem Angriffspunkte des seitlichen Wasserdrucks, sobald eine ebene Fläche an Stelle des Punktsystems tritt.

§ 15) Drehungssatz für das Planmoment zweiter Ordnung. Dreht man das Koordinatensystem z. B. um die Z-Achse, und zwar um den Winkel γ, so wird, wie in § 6

$$\xi = x\cos\gamma + y\sin\gamma\,,\quad \eta = y\cos\gamma - x\sin\gamma\,,\quad \zeta = z,$$

also

$$\xi^2 = x^2\cos^2\gamma + y^2\sin^2\gamma + xy\sin 2\gamma\,,$$
$$\eta^2 = y^2\cos^2\gamma + x^2\sin^2\gamma - xy\sin 2\gamma\,,$$
$$\zeta^2 = z^2.$$

Man erhält demnach als Trägheitsmoment für das neue Koordinatensystem

$$\begin{aligned} T_{\eta\zeta} &= \cos^2\gamma \sum x^2 + \sin^2\gamma \sum y^2 + \sin 2\gamma \sum xy, \\ T_{\zeta\xi} &= \cos^2\gamma \sum y^2 + \sin^2\gamma \sum x^2 - \sin 2\gamma \sum xy, \\ T_{\xi\eta} &= \sum z^2, \end{aligned}$$

oder

$$8) \quad \begin{cases} T_{\eta\zeta} = \cos^2\gamma\, T_{yz} + \sin^2\gamma\, T_{zx} + \sin 2\gamma \sum xy \\ T_{\zeta\xi} = \cos^2\gamma\, T_{zx} + \sin^2\gamma\, T_{yz} - \sin 2\gamma \sum xy \\ T_{\eta\xi} = T_{yx}. \end{cases}$$

Entsprechend ist es mit der Drehung des Koordinatensystems um die beiden anderen Achsen.

Der in 8) liegende Satz soll heifsen der **Drehungssatz für Planmomente zweiter Ordnung.** Er ist für die Statik, Dynamik und Stereometrie von Wichtigkeit.

Der Ausdruck $\sum xy$ werde vorläufig als das **Centrifugalmoment***) (oder Deviationsmoment) C_{xy} in Bezug auf die X- und Y-Achse bezeichnet.

Kennt man die Trägheitsmomente $T_{yz} = \sum x^2$ und $T_{zx} = \sum y^2$ **und das Centrifugalmoment** C_{xy}, **so kennt man auch die Trägheitsmomente in Bezug auf das durch Drehung um die** Z-**Achse entstehende Koordinatensystem.** (Vergl. 8.)

§ 16) **Axialmomente zweiter Ordnung. Denkt man sich von jedem Punkte des Punktsystems auf eine beliebige Achse Lote** r **gefällt, so bezeichnet man den Ausdruck**

$$9) \qquad T_a = r_1^2 + r_2^2 + \ldots + r_n^2 = \sum r^2$$

als das **axiale Trägheitsmoment** des **Punktsystems** oder als das **Axialmoment zweiter Ordnung in Bezug auf diese Achse.**

*) Der Grund für diese Benennungen wird später angegeben.

Handelt es sich z. B. um die X-Achse des Koordinatensystems, wobei $r^2 = y^2 + z^2$ ist, so ist

10) $$T_x = (y_1^2 + y_2^2 + \cdots + y_n^2) + (z_1^2 + z_2^2 + \cdots + z_n^2) = T_{zx} + T_{xy}.$$

Jedes Axialmoment zweiter Ordnung ist also gleich der Summe von zwei Planmomenten, deren auf einander senkrechte Ebenen sich in jener Achse schneiden. Durch Drehung des Punktsystems um die Achse wird dieses Trägheitsmoment nicht geändert. (Dies läfst sich auch mittels der Addition der beiden ersten Gleichungen 8) leicht nachweisen.)

Dieser Satz soll als der **Additionssatz für Planmomente zweiter Ordnung** bezeichnet werden.

§ 17) Man denke sich das Axialmoment für den Fall gebildet, dafs der Anfang des Koordinatensystems der Schwerpunkt ist. **Verschiebt man** dann die X-Achse parallel zu sich selbst um $e = \sqrt{e_2^2 + e_3^2}$, so wird das neue Axialmoment

$$T_a = (T_{zx} + ne_2^2) + (T_{xy} + ne_3^2) = T_{zx} + T_{xy} + n(e_2^2 + e_3^2)$$

oder

11) $$T_a = T_x + ne^2.$$

Der **Verschiebungssatz** lautet also hier ebenso, wie bei den Planmomenten. Der Beweis wird ebenso geführt, wie bei der Verschiebung der Planmomente.

§ 18) **Trägheitsmoment in Bezug auf eine in beliebiger Richtung durch den Koordinatenanfang gehenden Achse.** Die Achse OA bilde mit den positiven Richtungen der Koordinatenachsen X, Y, Z die Winkel α, β, γ. Von einem beliebigen Raumpunkte x, y, z aus fälle man auf sie ein Lot $PQ = r_1$. Der Radius $OP = \varrho = \sqrt{x_1^2 + y_1^2 + z_1^2}$ bilde mit den Koordinatenachsen die Winkel $\alpha_1, \beta_1, \gamma_1$, dann bildet er mit der neuen Achse einen Winkel ξ, der sich nach Band II § 32 bestimmt aus

$$\cos\xi = \cos\alpha\cos\alpha_1 + \cos\beta\cos\beta_1 + \cos\gamma\cos\gamma_1.$$

Demnach ist $r_1^2 = OP^2 - OQ^2 = (x_1^2 + y_1^2 + z_1^2) - (\varrho \cos\xi)^2$
$= (x_1^2 + y_1^2 + z_1^2) - (\varrho \cos\alpha_1 \cos\alpha + \varrho \cos\beta_1 \cos\beta + \varrho \cos\gamma_1 \cos\gamma)^2$,
oder, da $\varrho \cos\alpha_1 = x_1$, $\varrho \cos\beta_1 = y_1$, $\varrho \cos\gamma_1 = z_1$ ist,

$$12)\quad \begin{aligned} r_1^2 &= (x_1^2 + y_1^2 + z_1^2) - (x_1 \cos\alpha + y_1 \cos\beta + z_1 \cos\gamma)^2 \\ &= x_1^2 (1 - \cos^2\alpha) + y_1^2 (1 - \cos^2\beta) + z_1^2 (1 - \cos^2\gamma) \\ &\quad - 2x_1 y_1 \cos\alpha \cos\beta - 2y_1 z_1 \cos\beta \cos\gamma - 2z_1 x_1 \cos\gamma \cos\alpha, \end{aligned}$$

oder

$$\begin{aligned} r_1^2 &= x_1^2 \sin^2\alpha + y_1^2 \sin^2\beta + z_1^2 \sin^2\gamma \\ &\quad - 2x_1 y_1 \cos\alpha \cos\beta - 2y_1 z_1 \cos\beta \cos\gamma - 2z_1 x_1 \cos\gamma \cos\alpha. \end{aligned}$$

Bildet man diesen Ausdruck für alle Massenpunkte des Punktsystems, so wird

$$13)\quad \begin{aligned} \sum r^2 &= \sin^2\alpha \sum x^2 + \sin^2\beta \sum y^2 + \sin^2\gamma \sum z^2 \\ &\quad - 2 \cos\alpha \cos\beta \sum xy - 2 \cos\beta \cos\gamma \sum yz - 2 \cos\gamma \cos\alpha \sum zx. \end{aligned}$$

Das neue Trägheitsmoment ist also damit bestimmt.

Eine andere Formel erhält man aus 12), wenn man die erste Klammer mit $(\cos^2\alpha + \cos^2\beta + \cos^2\gamma)$ multipliziert, wodurch nichts geändert wird, da dieser Faktor gleich *1* ist. Dann wird nach Weghebung der gleichen Posten:

$$\begin{aligned} r_1^2 &= \cos^2\alpha (y_1^2 + z_1^2) + \cos^2\beta (z_1^2 + x_1^2) + \cos^2\gamma (x_1^2 + y_1^2) \\ &\quad - 2 x_1 y_1 \cos\alpha \cos\beta - 2 y_1 z_1 \cos\beta \cos\gamma - 2 z_1 x_1 \cos\gamma \cos\alpha. \end{aligned}$$

Für alle Massenpunkte der Punktschar erhält man

$$14)\quad \begin{aligned} \sum r^2 &= \\ &\cos^2\alpha \sum (y^2 + z^2) + \cos^2\beta \sum (z^2 + x^2) + \cos^2\gamma \sum (x^2 + y^2) \\ &- 2 \cos\alpha \cos\beta \sum xy - 2 \cos\beta \cos\gamma \sum yz - 2 \cos\gamma \cos\alpha \sum zx \end{aligned}$$

oder

$$15)\quad \begin{aligned} T_A &= \cos^2\alpha\, T_x + \cos^2\beta\, T_y + \cos^2\gamma\, T_z \\ &\quad - 2 \cos\alpha \cos\beta\, C_{xy} - 2 \cos\beta \cos\gamma\, C_{yz} - 2 \cos\gamma \cos\alpha\, C_{zx}. \end{aligned}$$

Kennt man also die Trägheitsmomente und die Centrifugalmomente eines Punktsystems in Bezug auf die Hauptachsen, so kann man das Trägheitsmoment auf jede durch den Koordinatenanfang gehende Achse leicht berechnen; mit Hilfe des Verschiebungssatzes also für jede beliebige Ebene.

Diesen Satz kann man als den Drehungssatz für Axialmomente bezeichnen. Er kommt am Schlusse des Abschnittes noch einmal zur Sprache. Vorgeschrittene Leser können schon an dieser Stelle das dort behandelte Poinsotsche Centralellipsoid ableiten.

§ 19) Der mittlere Trägheitsradius für Axialmomente zweiter Ordnung ist in entsprechendem Sinne, wie vorher,

16) $$r_m = \sqrt{\frac{T_a}{n}},$$

für Linien, Flächen, Körper also bezw.

17) $$r_m = \sqrt{\frac{T_a}{l}}, \quad r_m = \sqrt{\frac{T_a}{F}}, \quad r_m = \sqrt{\frac{T_a}{J}}.$$

§ 20) Schwingungspunkt P eines homogenen Punktsystems in Bezug auf eine beliebige Achse. Man denke sich vom Schwerpunkt S auf die gewählte Achse das Lot $SA = e$ gefällt. Dann bezeichnet man A als Aufhängepunkt, AS als Schwerlinie. Auf dieser bestimme man einen Punkt P so, dafs

14) $$AP = l_\sigma = \frac{T_a}{M}$$

ist. Hier soll T_a das Trägheitsmoment des Punktsystems in Bezug auf die Achse sein, M das statische Moment der in S vereinigt gedachten Masse in Bezug auf die Achse, also $M = ne$, was identisch ist mit dem statischen Momente des Punktsystems in Bezug auf die durch A gelegte Normalebene zu der Schwerlinie SA. Den so bestimmten Punkt P bezeichnet man als den Schwingungspunkt des Systems in Bezug auf die Achse, l_σ als die entsprechende reduzierte Pendellänge. Ist T das Trägheitsmoment in Bezug auf die parallel durch den Schwerpunkt gelegte Achse, so hat man auch die Gleichung

15) $$l_\sigma = \frac{T + ne^2}{ne}.$$

(Dafs es sich um die reduzierte Pendellänge handelt, wird in der Mechanik elementar gezeigt.)

§ 21) *Vertauschung von Schwingungs- und Aufhängepunkt (Reversionspendel).*

Vertauscht man A und P, so wird jetzt die reduzierte Pendellänge

$$l'_\sigma = \frac{T'_a}{M'} = \frac{T + n(e - l_\sigma)^2}{n(e - l_\sigma)} = \frac{T + n\left(e - \frac{T + ne^2}{ne}\right)^2}{n\left(e - \frac{T + ne^2}{ne}\right)}$$

$$= \frac{T + n\frac{T^2}{n^2 e^2}}{-n\frac{T}{ne}} = \frac{1 + \frac{T^2}{ne^2}}{-\frac{1}{e}}$$

oder

16) $$l'_\sigma = -\frac{T + ne^2}{ne} = -l_\sigma.$$

Vertauscht man also Aufhänge- und Schwingungspunkt, so bleibt die reduzierte Pendellänge dieselbe.

Die Wichtigkeit dieses Satzes für die Pendellehre der Mechanik und die Lehre vom freien Stofse ist bekannt. Besonders für ebene Punktsysteme, deren Ebene durch die Schwingungsachse geht oder senkrecht auf dieser steht, ergeben sich einfache Übungsbeispiele.

§ 22) *Das Polarmoment zweiter Ordnung eines Punktsystems in Bezug auf einen beliebigen Pol.* Sind die ϱ die Abstände vom Pol, so handelt es sich um

17) $$T_p = \varrho_1^2 + \varrho_2^2 + \dots + \varrho_n^2 = \sum \varrho^2.$$

Ist der Pol zugleich Anfangspunkt der Koordinaten, so ist

18) $$T_p = \sum (x^2 + y^2 + z^2) = T_{yz} + T_{zx} + T_{xy}$$
$$= \frac{1}{2}(T_x + T_y + T_z).$$

Folglich gilt der Satz:

Das Polarmoment zweiter Ordnung in Bezug auf einen Punkt ist gleich der Summe dreier Planmomente zweiter Ordnung, deren Bezugsebenen durch den Punkt gehen und zu einander normal sind, oder auch gleich der halben Summe dreier Axialmomente zweiter Ordnung, deren Achsen durch den Punkt gehen und aufeinander senkrecht stehen.

Liegt der Anfangspunkt der Koordinaten im Schwerpunkte und verschiebt man ihn um $e = \sqrt{e_1^2 + e_2^2 + e_3^2}$, so erhält man in derselben Weise, wie oben

19) $$T_p' = T_p + n e^2.$$

Für den Schwerpunkt hat man also das kleinste der Polarmomente zweiter Ordnung.

§ 23) Der Radius mittleren Abstandsquadrates in Bezug auf einen beliebigen Punkt bestimmt sich als

20) $$\varrho_m = \sqrt{\frac{T_p}{n}},$$

für Linien, Flächen und Körper, also bezw. durch

21) $$\varrho_m = \sqrt{\frac{T_p}{l}}, \quad \varrho_m = \sqrt{\frac{T_p}{F}}, \quad \varrho_m = \sqrt{\frac{T_p}{J}}.$$

Für den Fall des ebenen Punktsystems führe der Leser selbst die Betrachtungen aus, die oben hinsichtlich des Schwerpunktes und der statischen Momente ausgeführt wurden.

§ 24) Um solche Untersuchungen soll es sich im laufenden Abschnitte besonders handeln. Jedoch sollen auch **Momente dritter und höherer Ordnung** als Planmomente, Axialmomente und Polarmomente eingeführt werden, und zwar soll bei der p^{ten} Ordnung die Zahl p einen beliebigen reellen Wert annehmen können, so dafs es sich auch um **negative**, um **gebrochene**, um **irrationale** Ordnungen handeln kann. Auch die entsprechenden Centrifugalmomente sind näher zu untersuchen.

Die Bedeutung der Resultate liegt, wie schon angedeutet, in der **Mechanik**, wie schon der **Schwerpunkt**, die statischen Momente, die Punkte mittlerer Geschwindigkeit und mittlerer Gröfse der Centrifugalkraft zeigten, ebenso die Centrifugalmomente und die Trägheitsmomente. Mit diesen hängt zusammen die kinetische Energie $E = m\frac{v^2}{2} + T\frac{\vartheta^2}{2}$ bewegter Massen, die Beschleunigung der Drehung und Fortbewegung von Massen, die unter Achsenlagerung von schiefen Ebenen herabrollen oder mit Hilfe der Abwickelung von einem Faden sich senken oder durch irgend welche Triebkraft auf der Ebene rollend vorwärts getrieben werden. Insbesondere sei auch der Theorie des Schwungrades in Verbindung mit der Kurbelbewegung gedacht. Sodann geht die Schwingungsformel $t = \pi\sqrt{\frac{l}{g}}$ des mathematischen Pendels über in $t = \pi\sqrt{\frac{T_a}{gM}}$, weil $l_\sigma = \frac{T_a}{M}$ die reduzierte Pendellänge war. Schon oben war der Theorie des Reversionspendels gedacht. Damit hängt zusammen die Theorie des excentrischen Stofses und der freien Drehungsachse des gestofsenen Körpers im Anfange der Bewegung, die Lehre vom ballistischen Pendel und der schwingenden Hammerwerke, die Lehre vom Stofsmittelpunkte u. s. w.

Die Lehre von den Schwerpunkten und Trägheitsmomenten ebener Flächen ist von Wichtigkeit für die Theorie der Biegungsfestigkeit, der Strebfestigkeit und der Drehungsfestigkeit entsprechender Querschnitte und endlich auch für die Lehre vom seitlichen Wasserdruck.

Bisweilen werden diese Lehren als barycentrische Methoden bezeichnet. Dieser Name ist aber zu eng, und deshalb ist es besser, von einer Lehre von den Massenmomenten oder überhaupt von einer Geometrie der Massen zu reden. Denn auch die Lehre vom Newtonschen Potential, vom logarithmischen Potential, von der Gravitation, vom Magnetismus und der statischen Elektrizität, die Lehre von den stationären Strömungen der Wärme, der Elektrizität, der Flüssigkeiten finden hier ihre Förderung, wie noch andere Lehren der mathematischen Physik.

Wie aber schon die Guldinschen Regeln, die Betrachtrachtungen über abgeschrägte Körper, die Untersuchungen über Drehungsgebilde und Schraubenflächen zeigten, hat auch die Stereometrie von den angedeuteten Betrachtungen weiteren Ausbau zu erwarten. In erster Linie wird es sich dabei um die Inhalte von Säulen und ihrer Mantelflächen handeln, die bei beliebiger Grundfläche durch parabolische Cylinder von beliebig hoher Ordnung oder durch Drehungsparaboloide von beliebig hoher Ordnung oder durch Flächen abgeschnitten werden, die durch Affinität mit den letzteren zusammenhängen. Auch Flächenbetrachtungen sonstiger Art und Rektifikationen von Kurven kommen dabei zur Geltung.

Mit solchen elementaren Untersuchungen beschäftigt sich schon die Ingenieurmathematik des Verfassers in mehr technischer Hinsicht. Auch hier sollen technische Beispiele herangezogen werden, besonders aber wird die stereometrische Ausbeutung hervorgehoben werden. Diese Bemerkungen mögen über die Absichten des vorliegenden Abschnitts aufklären. Geschichtliches soll später mitgeteilt werden.

γ) Ausdehnung der Schichtenformel und der Simpsonschen Regel auf Körper, deren Querschnittsformel vom dritten Grade ist, mit Hilfe der Momenten- und Schwerpunktslehre.

§ 25) Um die Simpsonsche Regel, die für eine grofse Reihe von Körpern schon im zweiten Bande in der Form

$$J = \frac{h}{6}(U + O + 4M)$$

als richtig nachgewiesen war, bei den nachfolgenden Übungen benutzen können, soll sie hier von einem anderen Gesichtspunkte aus betrachtet werden und dabei zu weitergehender Geltung gelangen.

Figur 2 stelle einen Rechteckskörper $ABCD$ vor, dessen Tiefe $= 1$ sei, so dafs sein Inhalt $J = a \, . \, h \, . \, 1 = ah$ ist. Man berechne das statische Moment der Querschnittsfläche EF in Bezug auf die Grundfläche. Es ist

$$M = a \, . \, 1 \, . \, y = ay,$$

wo y die Höhe AE bedeutet. Man denke sich unter Zugrundelegung der Längeneinheit eine Gerade von der Länge $l = ay$ gezeichnet und nach Art der Methode von Cavalieri in derselben Höhe an eine Gerade $A_1 D_1$ (z. B. an eine Senkrechte) angetragen. Dies geschehe an jeder Stelle. Dadurch entsteht ein Dreieckskörper $A_1 C_1 D_1$ von der Tiefe

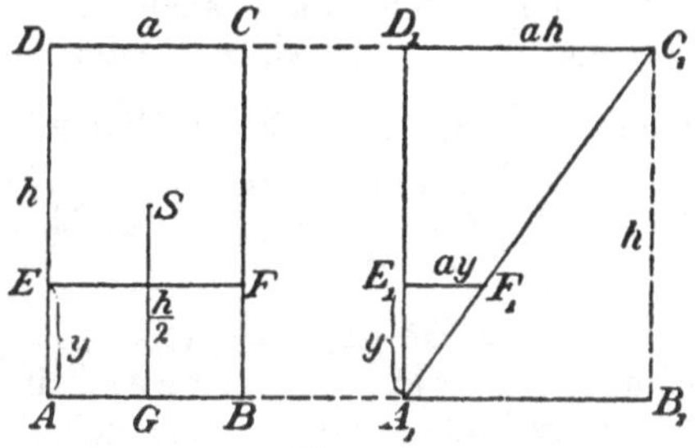

Fig. 2.

1 und vom Inhalt $J_1 = (ah.1)\frac{h}{2} = \frac{ah^2}{2}$. Dieser veranschaulicht das statische Moment des ersten Körpers in Bezug auf die Grundfläche. Sein Inhalt hätte sich auch mit Hilfe des Schwerpunktes S als $(ah.1)\frac{h}{2}$ ergeben.

§ 26) Jetzt bilde man für jeden Querschnitt $E_1 F_1$ des neuen Körpers das statische Moment in Bezug auf die Grundfläche. Man findet $E_1 F_1 . y = (ay)y = ay^2$. Für jedes y denke man sich eine Gerade von der Länge $l = ay^2$ konstruiert und in derselben Höhe an die Gerade $A_2 D_2$ angesetzt. Macht man dies überall,

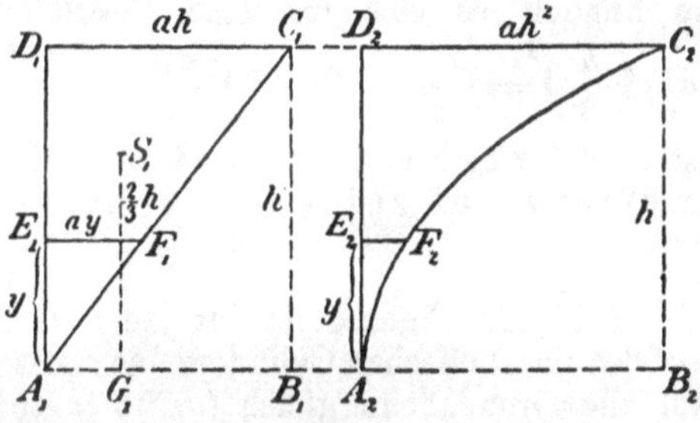

Fig. 3.

so entsteht ein parabolisch begrenzter Cylinder von der Tiefe 1 und von einem Inhalte, der nach Band II Seite 311 der dritte Teil des zugehörigen Rechteckskörpers $A_2 B_2 C_2 D_2$ ist, so dafs

$$J_2 = \frac{1}{3}(ah^2 . 1)\, h = \frac{ah^3}{3}$$

ist. Dieser Körper stellt zugleich das statische Moment des Dreieckskörpers in Bezug auf die Grundfläche dar. Man hätte daher den Inhalt auch mit Hilfe des Schwerpunktes S_1 und seine Höhe $S_1 G_1$ finden können. Die letztere ist nämlich $\frac{2}{3} h$, das statische Moment in Bezug auf die Grundfläche also $\left(\frac{2}{3} h\right)\left(a \frac{h^2}{2} . 1\right) = \frac{a h^3}{3}$.

[Damit ist zugleich das Trägheitsmoment des ersten Rechteckskörpers in Bezug auf die Grundfläche gefunden, denn jedes seiner Raumelemente ist mit y^2 multipliziert worden. Sieht man dabei von der Tiefe 1 des Körpers ab, so hat man in $\frac{a h^3}{3}$ zugleich das axiale Trägheitsmoment des Rechtecks in Bezug auf seine Grundlinie gefunden. Verlegt man die horizontale Achse nach dem Schwerpunkte hin, so wird das Moment nach dem Verschiebungssatze um $n\left(\frac{h}{2}\right)^2$ verkleinert, wo n die Summe der Punkte angiebt. Da aber beim Rechteck alle Punkte (Flächenelemente) den Flächeninhalt darstellen, so handelt es sich um eine Verkleinerung vom Betrage $(a h)\left(\frac{h}{2}\right)^2 = \frac{a h^3}{4}$. Nun ist $\frac{a h^3}{3} - \frac{a h^3}{4} = \frac{a h^3}{12}$. Dieses also ist das Trägheitsmoment des Rechtecks $ABCD$ in Bezug auf seine horizontale Schwerpunktsachse.]

§ 27) In Figur 4 ist für jeden Querschnitt $E_2 F_2$ oder $a y^2$ des parabolischen Cylinders das statische Moment in Bezug auf die Grundfläche gleich $(a y^2) y = a y^3$. Denkt man sich in den entsprechenden Höhen die zugehörigen Geraden von der Länge $a y^3$ an $A_3 D_3$ angetragen, so entsteht bei der angenommenen Tiefe 1 ein Körper, der von einer Kurve begrenzt wird, die als Parabel dritter Ordnung bezeichnet werden soll und der das statische Moment des parabolischen Körpers zweiter Ordnung in Bezug auf die Grundfläche darstellt. Nach Band I liegt aber der Schwerpunkt des letzteren in gleicher Höhe mit dem der dort gezeichneten

Pyramide, d. h. in der Höhe $\frac{3}{4}h$. Folglich ist das statische Moment gleich $\left(\frac{3}{4}h\right)\left(\frac{ah^3}{3}\right)=\frac{ah^4}{4}$. Der Inhalt des zuletzt gezeichneten Körpers ist also der vierte Teil von dem des zugehörigen Rechteckskörpers. Darin liegt der erste Fortschritt gegen die früheren Untersuchungen.

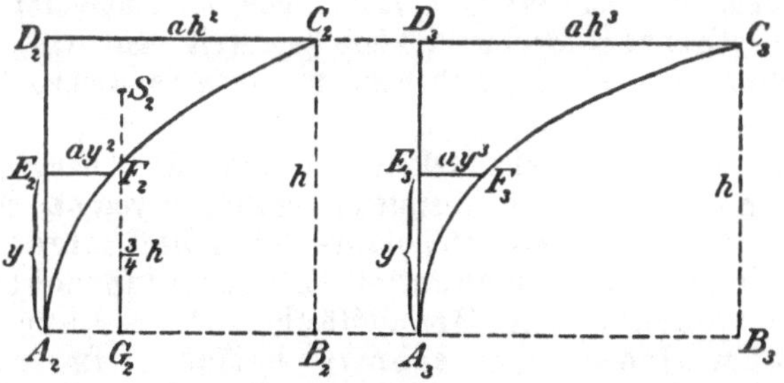

Fig. 4.

§ 28) [Damit ist zugleich das Trägheitsmoment des Dreieckskörpers $A_1B_1C_1$ in Bezug auf die Grundfläche gefunden, denn jedes seiner Raumelemente ist mit y^2 multipliziert worden. Sieht man von der Tiefe *1* ab, so hat man in $\frac{ah^4}{4}$ das axiale Trägheitsmoment des Dreiecks in Bezug auf die gezeichnete Grundachse. Will man es für die horizontale Schwerpunktsachse haben, so hat man zu verkleinern um $n\left(\frac{2h}{3}\right)^2$, wo n die Summe der Punkte bedeutet. Diese entspricht aber beim Dreieck der Fläche $\frac{ah^2}{2}$, die Verkleinerung hat also den Betrag $\frac{ah^2}{2}\left(\frac{2h}{3}\right)^2=\frac{2ah^4}{9}$.

Nun ist

$$\frac{ah^4}{4}-\frac{2ah^4}{9}=\frac{ah^4}{36}.$$

Bezeichnet man aber die Grundlinie ah des Dreiecks, wie es in der Regel geschieht, mit b, so ist das Trägheitsmoment des Dreiecks in Bezug auf die durch den Schwerpunkt gelegte Parallele zur Grundlinie durch

$$T = \frac{b h^3}{36}$$

gegeben.

Zugleich ist das Moment dritter Ordnung des Rechteckskörpers $ABCD$ in Bezug auf die Grundfläche gefunden, und so erkennt man, dafs man mit Momenten höherer Ordnung fortfahren kann, so weit man will. Dies soll aber erst später geschehen, wo gewisse Reihen in die Betrachtung eintreten.]

§ 29) Da die behandelten Momente nur abhängig sind von der Entfernung der obersten Grenzfläche von der Grundfläche, so bleiben sie ungeändert bei beliebigen Verschiebungen und Drehungen in den entsprechenden Parallelebenen zur Grundfläche. Man kann also zunächst jeden Querschnitt beliebig in seiner Horizontalebene verschieben und drehen. Zweitens kann man ihn zu einer beliebigen ebenen Fläche desselben Inhalts umgestalten, ohne dafs die behandelten Momente sich ändern. Der Rechteckskörper kann also z. B. umgestaltet werden in ein schräges Parallelflach desselben Querschnitts, oder in ein beliebiges n-seitiges Prisma desselben horizontalen Querschnitts, oder in einen senkrechten oder schrägen Cylinder, wobei die Grundfläche ein Kreis, eine Ellipse u. s. w. sein kann, wenn nur der Flächeninhalt des Horizontalschnittes derselbe bleibt. Die Gestalt der Querschnitte darf sich sogar von unten nach oben kontinuierlich oder diskontinuierlich ändern, dabei darf sich jeder beliebig in seiner Ebene drehen. (Vergl. Figur 120 des ersten Bandes.) Alle diese Körper sollen, weil der Querschnitt die konstante Fläche $q = a$ oder $q = ay^0$ hat, als Körper von der Ordnung Null bezeichnet werden.

Entsprechendes gilt vom Querschnitt des Dreieckskörpers, der von der Form $q = a y$ ist. Die hierher gehörigen Körper sollen als Körper von der Ordnung *1* bezeichnet werden.

Entsprechend führt der parabolisch bewegte Körper mit dem Querschnitt $q = ay^2$ zu Körpern von der Ordnung *2*, und der von der kubischen Parabel begrenzte zu **Körpern von der Ordnung** *3*.

§ 30) Denkt man sich jetzt die am einfachsten gestalteten Körper (von der Tiefe *1*) dieser vier Ordnungen zu einem zusammengelegt, so erhält man nach Obigem folgendes.

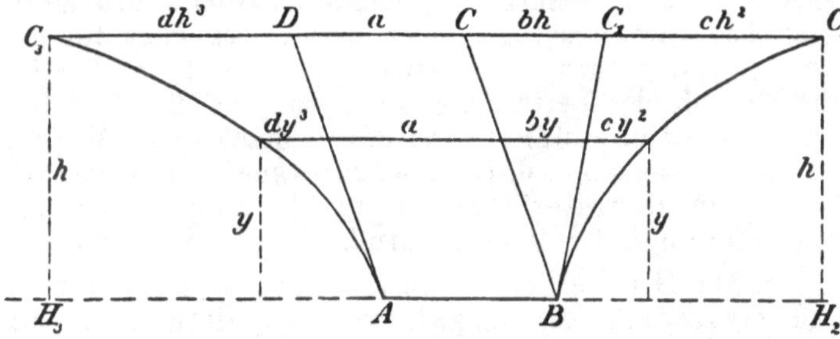

Fig. 5.

Ist der Querschnitt in jeder Höhe y von der Form $q = a + by + cy^2 + dy^3$, so ist der Inhalt durch folgenden Ausdruck gegeben:

$$1)\qquad J = ah + b\frac{h^2}{2} + c\frac{h^3}{3} + \frac{dh^4}{4}.$$

Denkt man sich nur die drei ersten Körper zusammengelegt, ist also der Querschnitt von der Form $q = a + by + cy^2$, so ist das statische Moment in Bezug auf die Grundfläche von der Form

$$2)\qquad M = \frac{ah^2}{2} + \frac{bh^3}{3} + \frac{ch^4}{4}.$$

Denkt man sich nur die beiden ersten Körper zusammengesetzt, ist also der Querschnitt von der Form $q = a + by$, so ist das Trägheitsmoment in Bezug auf die Grundfläche von der Form

$$3)\qquad T = \frac{ah^3}{3} + \frac{bh^4}{4}.$$

Für den ersten Körper allein ist das Planmoment dritter Ordnung von der Form

$$4)\qquad M_3 = \frac{ah^4}{4}.$$

Da diese Formeln gewissermaſsen durch Berechnung unendlich dünner Horizontalschichten und ihre Summierung entstanden sind, werden sie vielfach als Summenformeln bezeichnet, zweckmäſsiger aber dürfte, besonders für die Verallgemeinerungen, der Name Schichtenformel sein, die Methode der Berechnung kann man als die Methode der unendlich dünnen Schichten bezeichnen. Wichtig ist die Bemerkung, daſs die untersuchten Momente bei allen Cavalierischen Umgestaltungen der besprochenen Art **invariant** sind.

§ 31) Hierher gehörige Körper sind die Prismen und Cylinder, die Kegel und Kegelstumpfe, die Pyramiden und Pyramidenstumpfe, die sämtlichen Prismatoide und was nach Band II mit ihnen zusammenhängt, also Kugel, Kugelschicht, Kugelkalotte, Ellipsoid, Ellipsoidschicht, Ellipsoidkalotte, Schicht des einfachen Hyperboloids, Schicht und Kalotte des zweifachen Hyperboloids, Schicht und Kalotte des Paraboloids, Schicht des vom hyperbolischen Paraboloid begrenzten Halbtetraeders, und zwar sind bei den genannten von Flächen zweiten Grades begrenzten Körpern nicht nur die Drehungskörper, sondern auch die allgemeinsten Körper dieser Art gemeint, also die dreiachsigen.

Daſs diese sämtlich hierher gehören, wird sich auch im nächsten Abschnitt zeigen, in dem die Simpsonsche Regel nur als eine andere Schreibweise der Schichtenformel 1) auftreten wird. Ihre Geltung für die genannten Körper war aber schon in Band II nachgewiesen. Ferner gehören hierher sämtliche Körper des Heinzeschen Systems (vergl. Band II), denen sich aber noch beliebig viele andere Gestalten beifügen lassen, die von Heinze übersehen sind.

Man denke sich z. B. einen Körper, dessen Querschnitte inhaltsgleiche Rechtecke sind, derart z. B., daſs die der

X-Achse parallelen Seiten durch die Gleichung $x = ky^p$, die der Z-Achse parallelen durch die Gleichung $z = k_1 y^{-p}$ bestimmt sind, so dafs der Querschnitt $q = kk_1 y^p y^{-p} = kk_1$ ist, dann hat man einen Körper von der Ordnung Null. Die Mittellinie der Reckteclke kann dabei eine Gerade sein.

Sind die einen Rechtecksseiten durch $x = ky^{p+1}$, die anderen durch $z = k_1 y^{-p}$ bestimmt, so hat man die Querschnittsformel

$$q = kk_1 y^{p+1} . y^{-p} = kk_1 y,$$

also einen Körper von der Ordnung 1. Ebenso ist es mit

$$q = ky^{p+2} . k_1 y^{-p} = kk_1 y^2,$$
$$q = ky^{p+3} . k_1 y^{-p} = kk_1 y^3.$$

Alle diese Formen gehören den hier behandelten Körpern an. Statt der Rechtecksflächen kann man aber z. B. auch die den Rechtecken einbeschriebenen Hauptellipsen nehmen, auch kann man statt der Rechtecke schiefwinklige Parallelogramme nehmen u. s. w. Da hier p wegfällt, kann es jeden beliebigen reellen Wert annehmen. Darin liegt eine ganz aufserordentliche Erweiterung des Geltungsbereichs.

§ 32) Ferner gehören hierher zahlreiche Drehungskörper. Für die vom Profile

$$x = \sqrt{a + by + cy^2 + dy^3}$$

ist der Querschnitt

$$q = \pi x^2 = \pi (a + by + cy^2 + dy^3).$$

Den Profilen $x = k\sqrt{y}$ (Parabel), $y = k\sqrt{y^3} = ky^{\frac{3}{2}}$ (semikubische Parabel), $x = a\sqrt{y} + b\sqrt{y^3}$, entsprechen der Reihe nach die Querschnitte

$$q = \pi k^2 y,\ q = \pi k^2 y^3,\ q = \pi [a^2 y + 2aby^2 + b^2 y^3],$$

die ebenfalls hierher gehören.

§ 33) Sonstige abgeleitete Körper. Prismen und Drehungskörper lassen sich, wie schon gesagt, durch Cavalierische Verschiebung und Drehung beliebig umwandeln, ohne aus dem obigen Bereiche herauszutreten. Dies kann ganz willkürlich, aber auch gesetzmäfsig geschehen.

Man kann z. B. die geradlinige Mittellinie in eine Schraubenlinie verwandeln und dabei zugleich einen von Schraubenflächen begrenzten Körper erhalten. Die Mittellinie des senkrechten Kreiskegels oder der Pyramide kann man in eine Kugelloxodrome verwandeln und so loxodromische Gewinde erhalten. Die Mittellinie des Drehungshyperboloids kann man in eine Schraubenlinie, in eine hyperboloidische Loxodrome u. s. w. verwandeln. Kurz, jeder Drehungskörper kann in mannigfacher Weise umgewandelt werden, ebenso die durch die Querschnittsgleichungen

$$q = ky^p \, . \, k_1 y^{-p} = kk_1 \, , \qquad q = ky^{p+1} \, . \, k_1 y^{-p} = kk_1 y \, ,$$
$$q = ky^{p+2} \, . \, k_1 y^{-p} = kk_1 y^2 , \quad q = ky^{p+3} \, . \, k_1 y^{-p} = kk_1 y^3$$

charakterisierenden Körper rechtwinkligen Querschnittes und die ihnen verwandten.

Die Zahl der so zu behandelnden Körperformen ist also als unendlich grofs zu betrachten. Für alle läfst sich der Inhalt, für die im Querschnitte bis zum zweiten Grade reichenden das statische Moment in Bezug auf die Grundfläche, für die im Querschnitt bis zum ersten Grade reichenden auch das Trägheitsmoment für die Grundfläche berechnen. Aus dem statischen Momente und dem Inhalte ergiebt sich die Schwerpunktshöhe durch die Gleichung $h_s = \frac{M}{J}$ aus dem Trägheitsmomente und dem Inhalte die Höhe des Trägheitsmittelpunktes oder der Trägheitsabstand durch die Formel $y_m = \sqrt{\frac{T}{J}}$.

Auch die letztgenannten Formeln sind invariant für die betreffenden Umgestaltungen.

§ 34) Der Zusammenhang mit der Simpsonschen Regel liegt nun für die Inhaltsformeln in folgendem:

1) Für Querschnitte (vom Grade Null) $q = a$ giebt die Simpsonsche Regel

$$\frac{h}{6}(U + O + 4M) = \frac{h}{6}(a + a + 4a) = \mathrm{ah}$$

den richtigen Inhalt.

2) Dasselbe gilt für Querschnitte (vom Grade 1) $q = by$. Die Regel führt nämlich auf

$$\frac{h}{6}(U + O + 4\,M) = \frac{h}{6}\left(o + bh + 4\frac{bh}{2}\right) = \frac{bh^2}{2},$$

denn dies ist ebenso der richtige Inhalt.

3) Dasselbe gilt vom Querschnitte (vom Grade 2) $q = cy^2$, denn es wird

$$\frac{h}{6}(U + O + 4M) = \frac{h}{6}\left[o + ch^2 + 4\,c\left(\frac{h}{6}\right)^2\right] = \frac{ch^3}{3} = J.$$

4) Dasselbe vom Querschnitte (vom Grade 3) $q = dy^3$, da

$$\frac{h}{6}(U + O + 4\,M) = \frac{h}{6}\left[o + dh^3 + 4d\left(\frac{h}{2}\right)^3\right] = \frac{dh^4}{4}.$$

ebenfalls der richtige Inhalt ist.

5) Legt man nun diese vier Querschnitte zusammen, ist also

$$q = a + bh + ch^2 + dh^3,$$

so giebt nach dem Cavalierischen Prinzip auch hier

$$\frac{h}{6}[U + O + 4M] = ah + \frac{bh^2}{2} + \frac{ch^3}{3} + \frac{dh^4}{4}$$

den richtigen Inhalt. Häufig ist aber die Schichtenformel der Simpsonschen vorzuziehen, besonders da, wo es sich bei der Querschnittsformel nur um ein Glied oder um zwei Glieder, bei der Simpsonschen Regel aber nur um alle drei Querschnitte handelt.

§ 35) Aber auch für die statischen Momentformeln ist die Simpsonsche Regel für Querschnitte bis zum zweiten Grade brauchbar. Bezeichnet man also das Moment für den untersten, obersten und mittleren Querschnitt mit M_u, M_0 und M_m, so giebt dann

$$\frac{h}{6}[M_u + M_0 + 4\,M_m]$$

das richtige statische Moment in Bezug auf die Grundfläche.

Ist endlich der Querschnitt höchstens vom ersten Grade, so ist auch

$$\frac{h}{6}[T_u + T_0 + 4\,T_m]$$

das richtige Trägheitsmoment des Körpers in Bezug auf die Grundfläche. Die Beweise liegen in den obigen Betrachtungen und brauchen nicht besonders wiederholt zu werden. Auch Schwerpunktshöhen und die Höhen der Mittelpunkte der Planmomente höherer Ordnung können so bestimmt werden.

Es sei bemerkt, daſs es gelungen ist, bis zu diesem Punkte jede Benutzung unendlicher Reihen zu vermeiden. Solche sollen erst jetzt herangezogen werden, um eine wichtige Verallgemeinerung zu ermöglichen, obwohl die meisten der zu besprechenden Beispiele nur auf die bisherigen Untersuchungen begründet werden sollen.

δ) Ausdehnung der Schichtenformeln auf Parabeln p^{ter} Ordnung und auf die entsprechenden Körper und ihre Momente.

§ 36) In einigen Lehrbüchern der Elementarmathematik wird bewiesen, daſs für ganzes positives p und für $n = \infty$

$$1)\qquad \frac{1^p + 2^p + 3^p + \ldots + n^p}{n^{p+1}} = \frac{1}{p+1}$$

ist. Andere weisen nach, daſs diese Formel auch für gebrochene und irrationale p gilt, auch für negative $p > -1$. (Die Beweise findet man z. B. in Band III des methodischen Lehrbuchs des Verfassers und im Teil I seiner Ingenieurmathematik. Auch in Schloemilchs algebraischer Analysis wird die Formel elementar bewiesen.)

Ist $x = ky^p$ eine Parabel p^{ter} Ordnung ($p > -1$), so läſst sich der Inhalt nach obiger Formel leicht berechnen. Teilt man die Höhe AD (in Figur 6) in n gleiche Teile $\frac{h}{n}$, so haben die in der Figur angedeuteten Rechtecke der Reihe nach den Inhalt

$$\frac{h}{n}\cdot k\left(\frac{h}{n}\right)^p,\quad \frac{h}{n}k\left(\frac{2h}{n}\right)^p,\quad \frac{h}{n}k\left(\frac{3h}{n}\right)^p, \ldots, \frac{h}{n}k\left(\frac{nh}{n}\right)^p,$$

die Inhaltssumme für sämtliche Rechtecke ist also

$$F = k\, h^{p+1}\, \frac{1^p + 2^p + 3^p + \ldots + n^p}{n^{p+1}}.$$

Macht man n unendlich grofs, so fallen erstens die störenden Treppenräume weg (jeder ist unendlich klein zweiter Ordnung, die Anzahl nur erster Ordnung), zweitens nimmt der Bruch den in 1) dargestellten Wert an. Es wird also die Fläche ACD

2) $$F = k\, \frac{h^{p+1}}{p+1},$$

d. h. die Parabel p^{ter} Ordnung schneidet vom Rechteck $ABCD$ den $(p+1)^{ten}$ Teil ab.

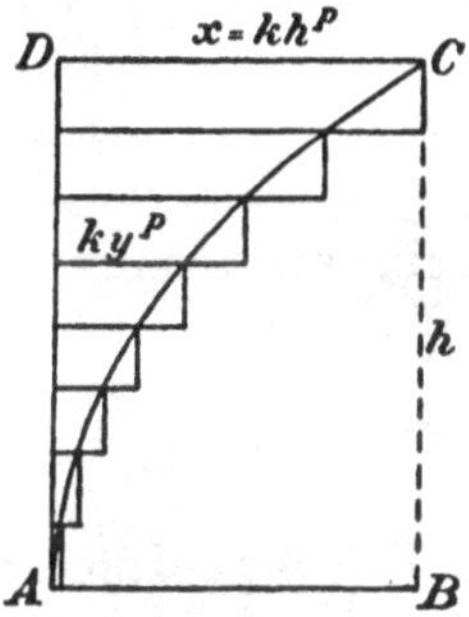

Fig. 6.

Das statische Moment und das Trägheitsmoment in Bezug auf die Grundfläche, die Schwerpunktshöhe und der Trägheitsabstand werden ebenso

3) $$M = k\, \frac{h^{p+2}}{p+2},$$

4) $$T = k\, \frac{h^{p+3}}{p+3},$$

5) $$h_s = \frac{p+1}{p+2}\, h,$$

6) $$y_t = \sqrt{\frac{p+1}{p+3} \cdot h^2} = h \sqrt{\frac{p+1}{p+3}}.$$

Unsere Betrachtung soll sich nur auf den ersten Quadranten beziehen. Die übrigen bieten nichts Neues und ihre Behandlung kann dem Leser überlassen bleiben.

§ 37) Daraus folgt im Sinne der obigen Betrachtungen folgender für $p > -1$ (bezw. für $p > -2$ und $p > -3$) auch auf beliebige reelle p ausdehnbare Satz:

Ist der Querschnitt q eines Körpers zu berechnen nach der Formel

$$1)\qquad q = a + by + cy^2 + dy^3 + \ldots + ky^p,$$

so ist sein Inhalt bis zur Höhe h gegeben durch

$$2)\qquad J = ah + \frac{bh^2}{2} + \frac{ch^3}{3} + \ldots + \frac{kh^{p+1}}{p+1},$$

sein statisches Moment in Bezug auf die Grundfläche durch

$$3)\qquad M = \frac{ah^2}{2} + \frac{bh^3}{3} + \frac{ch^4}{4} + \ldots + \frac{kh^{p+2}}{p+2},$$

sein Trägheitsmoment in Bezug auf dieselbe Fläche durch

$$4)\qquad T = \frac{ah^3}{3} + \frac{bh^4}{4} + \frac{ch^5}{5} + \ldots + \frac{kh^{p+3}}{p+3},$$

und ebenso sind die höheren Momente leicht zu berechnen.

Die Schwerpunktshöhe ergiebt sich durch

$$5)\qquad \mathrm{h}_s = \frac{M}{J} = \frac{\frac{ah^2}{2} + \frac{bh^3}{3} + \ldots + \frac{kh^{p+2}}{p+2}}{\frac{ah}{1} + \frac{bh^2}{2} + \ldots + \frac{kh^{p+1}}{p+1}},$$

was sich noch durch h kürzen läfst, ohne dadurch übersichtlicher zu werden.

Der Mittelpunkt des Planmoments zweiter Ordnung hat die Höhenlage

$$6)\qquad h_t = \sqrt{\frac{T}{J}} = \sqrt{\frac{\frac{ah^3}{3} + \frac{bh^4}{4} + \ldots + \frac{kh^{p+3}}{p+3}}{\frac{ah}{1} + \frac{bh^2}{2} + \ldots + \frac{kh^{p+1}}{p+1}}},$$

§ 38) [Dafs die Simpsonsche Regel hier nicht mehr brauchbar ist, ergiebt sich aus folgendem: Für $p = 4$, d. h. für $x = ey^4$ würde sie geben

$$\frac{h}{6}[U + O + 4M] = \frac{h}{6}\left[e \cdot o^4 + eh^4 + 4e\left(\frac{h}{2}\right)^4\right] = \frac{5eh^5}{24},$$

während es heifsen mufste $\frac{5}{25}eh^5 = \frac{eh^5}{5}$; für $p = 5$ giebt sie

$$\frac{h}{6}\left[f \cdot o^5 + f \cdot h^5 + 4f\left(\frac{h}{2}\right)^5\right] = \frac{9}{48}fh^6,$$

während es heifsen müfste $\frac{8}{48}fh^6 = f\frac{h^6}{6}$ u. s. w. Sie kann daher weiterhin nicht einmal als Annäherungsformel benutzt werden. Der Fehlerfaktor $\frac{1}{6}\left[\frac{p-5}{p+1} + \frac{1}{2^{p-2}}\right]$ wächst mit zunehmendem p schliefslich auf $\frac{1}{6}$ an.]

§ 39) **Form der Parabeln p^{ter} Ordnung im ersten Quadranten.** a) Ist $p > 0$, so steigen die Parabeln $x = ky^p$ im ersten Quadranten aufwärts. Die von der Ordnung $p = 2$ und $p = \frac{1}{2}$ sind gewöhnliche Parabeln, die von der Ordnung $p = 3$ und $p = \frac{1}{3}$ sind kubische Parabeln.

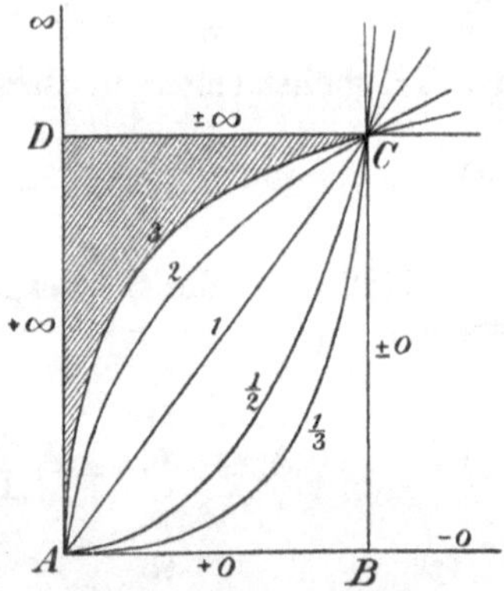

Fig. 7.

Zwischen 1 und 2 und zwischen 1 und $\frac{1}{2}$ liegen die Parabeln mit $p = \frac{3}{2}$ und $p = \frac{2}{3}$, welche semikubische Parabeln sind, u. s. w.

Ist $p > 1$, so ist die Parabel nach unten konkav, ist $0 < p < 1$, so ist die Parabel nach unten konvex. Die

Diagonale ist von der Form $x = k \cdot y^1$. [Ist $k = 1$, so hat die Gerade die Neigung 45^0, und dann sind innerhalb des Quadrates die Parabeln paarweise symmetrisch gegen die Diagonale.] Jede der in das Rechteck einbeschriebenen Parabeln schneidet von diesem den $(p + 1)^{\text{ten}}$ Teil ab.

Demnach ist die Fläche

$$1)\qquad \overset{y_1}{\underset{0}{F}} = \frac{k y_1^{p+1}}{p+1}.$$

Der zwischen den Horizontalen in der Höhe y_1 und y_2 liegende Teil der schraffierten Fläche (bezw. der Inhalt des Körpers von Tiefe 1) ist

$$2)\qquad \overset{y_2}{\underset{y_1}{F}} = \frac{k y_2^{p+1}}{p+1} - \frac{k y_1^{p+1}}{p+1} = \frac{k}{p+1}(y_2^{p+1} - y_1^{p+1}).$$

Entsprechend ist das statische Moment in Bezug auf die Grundlinie AB

$$3)\qquad \overset{y_2}{\underset{y_1}{M}} = \frac{k}{p+2}(y_2^{p+2} - y_1^{p+2}),$$

das Trägheitsmoment in Bezug auf dieselbe Grundfläche

$$4)\qquad \overset{y_2}{\underset{y_1}{T}} = \frac{k}{p+3}(y_2^{p+3} - y_1^{p+3}).$$

Endlich ist die Schwerpunktshöhe für diese Horizontalstreifen

$$5)\qquad h_s = \frac{\overset{y_2}{\underset{y_1}{M}}}{\overset{y_2}{\underset{y_1}{F}}} = \frac{p+1}{p+2} \, \frac{y_2^{p+2} - y_1^{p+2}}{y_2^{p+1} - y_1^{p+1}},$$

der Trägheitsabstand

$$6)\qquad h_t = \sqrt{\frac{\overset{y_2}{\underset{y_1}{T}}}{\overset{y_2}{\underset{y_1}{F}}}} = \sqrt{\frac{p+1}{p+3} \cdot \frac{y_2^{p+3} - y_1^{p+3}}{y_2^{p+1} - y_1^{p+1}}}.$$

§ 40) Liegt p zwischen 0 und -1, so senken sich die Parabeln höherer Ordnung $x = ky^p$ im ersten Quadranten. Für die Fläche $\overset{y_1}{\underset{0}{F}}$ bleibt die Formel

$$\overset{y_1}{\underset{0}{F}} = \frac{ky^{p+1}}{p+1}$$

bestehen, aber die schraffierte Fläche umfaſst das Rechteck und den nach rechts bis ins Unendliche reichenden schraffierten

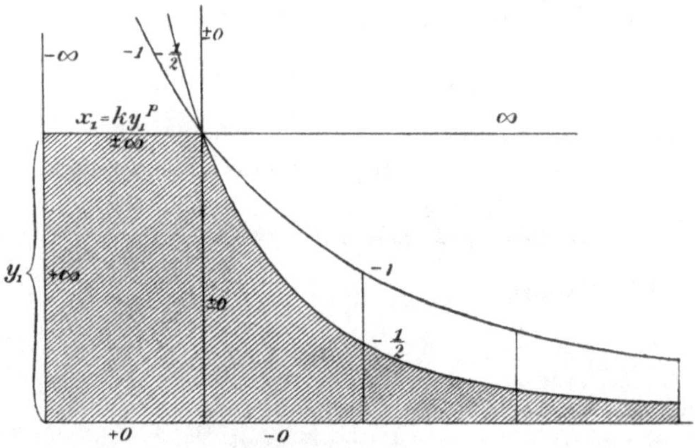

Fig. 8.

Bereich. Der Inhalt ist trotzdem endlich. Ebenso gelten die Formeln für $\overset{y_2}{\underset{y_1}{M}}$, $\overset{y_2}{\underset{y_1}{T}}$, für diesen Bereich.

(Für die Gravitationskurve $x = ky^{-\frac{1}{2}}$ ist z. B.

$$\overset{y_1}{\underset{0}{F}} = \frac{ky^{-\frac{1}{2}+1}}{-\frac{1}{2}+1} = \frac{ky^{\frac{1}{2}}}{\left(\frac{1}{2}\right)} = 2ky^{\frac{1}{2}},$$

d. h. das Doppelte des gezeichneten Rechtecks. Aus $y = \frac{k^2}{x^2}$ erkennt man den Zusammenhang mit dem Newtonschen Gesetz. Es ist zweckmäfsiger, von dieser Formel auszugehen.)

§ 41) Für den Grenzfall $p = -1$ handelt es sich um die gleichseitige Hyperbel $x = ky^{-1}$. Für diesen Fall hört die Gültigkeit der Formel für $n = \infty$

$$\frac{1^p + 2^p + \ldots n^p}{n^{p+1}} = \frac{1}{p+1}$$

auf. (Auch gilt diese nicht mehr für $p < -1$, denn links würde dabei positives, rechts negatives stehen.) Für diesen Fall ist, wie schon mehrfach gezeigt wurde,

$$\overset{y_2}{\underset{y_1}{F}} = (ky_1^{-1}) \cdot y_1 {}^e lg \frac{y_2}{y_1} = k {}^e lg \frac{y_2}{y_1},$$

also ist $\overset{y_2}{\underset{1}{F}} = k {}^e lg\, y_2$, dagegen würde $\overset{y_2}{\underset{0}{F}}$ unendlich grofs werden. Ebenso ist $\overset{\infty}{\underset{y_2}{F}}$ unendlich grofs.

Die Formeln

$$\overset{y_1}{\underset{0}{M}} = \frac{k}{p+2} y_1^{p+2} = \frac{k}{1} y_1 = ky$$

und

$$\overset{y_1}{\underset{0}{T}} = \frac{k}{p+2} y_1^{p+3} = \frac{k}{2} y^2$$

bleiben hier noch in Geltung. (Die Formel für M gilt sogar etwas weiter, für $p > -2$, die Formel für T gilt für $p > -3$.)

§ 42) Für $p < -1$ verlaufen die sich senkenden Kurven in dem Raume zwischen der Parabel von der Ordnung -1 und der durch C gelegten Horizontalen. Dabei ist jetzt der über CD liegende bis ins Unendliche sich ertreckende Bereich durch

$$\overset{\infty}{\underset{y_1}{F}} = -k \frac{y^{p+1}}{p+1}$$

berechnet. Da hier $p + 1$ negativ ist, mufste vor k ein negatives Zeichen gesetzt werden, damit Positives entstand. Ebenso ist für die von y_1 bis y_2 reichende Fläche jetzt

$$\overset{y_2}{\underset{y_1}{F}} = -\frac{k}{p+1}\left[y_2^{p+1} - y_1^{p+1}\right];$$

Ist $p < -2$, so ist

$$\overset{y_2}{\underset{y_1}{M}} = -\frac{k}{p+2}\left[y_2^{p+2} - y_1^{p+2}\right], \quad \overset{\infty}{\underset{y_1}{M}} = -k\frac{y_1^{p+2}}{p+2}.$$

Ist $p < -3$, so folgt

$$\overset{y_2}{\underset{y_1}{T}} = -\frac{k}{p+3}\left[y_2^{p+3} - y_1^{p+3}\right], \quad \overset{\infty}{\underset{y_1}{T}} = -k\frac{y_1^{p+3}}{p+3}.$$

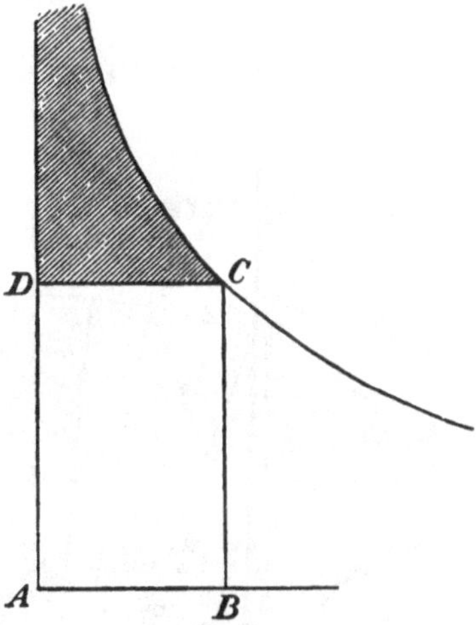

Fig. 9.

Die elementaren Beweise für diese planimetrischen Dinge sind z. B. in dem methodischen Lehrbuche Band III und der Ingenieurmathematik Band I des Verfassers gegeben.

Der Ausdehnung der Formeln auf höhere Momente steht nichts im Wege. Das Nähere wird sich durch die Beispiele ergeben. — Damit sind auch die Körper p^{ter} Ordnung für jedes reelle p in dieser Hinsicht erledigt, sowohl für positives als auch für negatives, für ganzes und gebrochenes, d. h. für rationales, aber, wie eine leichte Grenzbetrachtung zeigt, auch für irrationales p. Auf die Berechnung der Seitenflächen ist aber diese Methode nicht ohne Weiteres anwendbar.

[Dafs es sich hier um die Umgehung von Integrationen von der Form $\int_{y_2}^{y_1}(a + by^{p_1} + cy^{p_2} + \ldots + ky^{p_k})\,dy$ handelt, bezw. um Beweise für die betreffenden Integralformeln, ist selbstverständlich.]

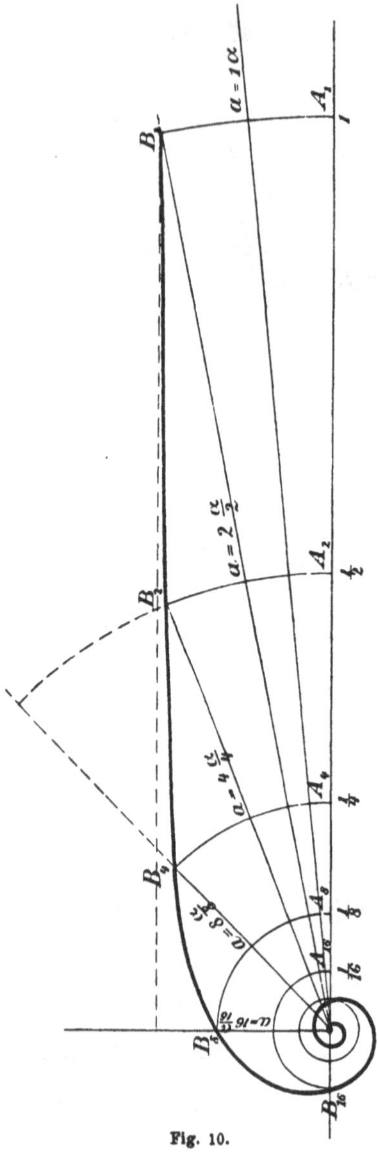

Fig. 10.

ε) Ausdehnung der Schichtenformel auf kreisförmige Schichten und ihre Anwendung auf die Polarmomente der Polarparabeln höherer Ordnung.

§ 43) Während bei den Parabeln höherer Ordnung die Flächen mit Hilfe horizontaler Geraden behandelt wurden, geschieht dies bei den hier zu besprechenden Kurven mit Hilfe konzentrischer Kreisbogen. Der einfachste Fall ist der der Formel $q = b r^1$ entsprechende, der Ordnung wegen soll aber mit dem Falle $q = \hat{a}$ begonnen werden.

Man denke sich mit den Radien $1, \frac{1}{2}, \frac{1}{3}, \frac{1}{4} \ldots$ u. s. w. um einen Pol P Kreisbogen von gleicher Länge $\hat{a}$ geschlagen, die bei einer Geraden PA_1 beginnen. Ist der erste Centriwinkel gleich α, so werden die folgenden gleich 2α, 3α, 4α, 5α, u. s. w. Die Endpunkte bilden eine Kurve, die als Polarparabel (oder Spiralparabel) von der Ordnung Null bezeichnet werde. Durch Einschaltung zahlreicher Bogen und durch Fortsetzung nach aufsen und innen kann sie mit beliebiger Genauigkeit konstruiert werden. Jeder schmale Parallelstreif, besser konzentrische Streif, ist von der Fläche $\frac{1}{n} \cdot \hat{a}$, wenn $\frac{1}{n}$ seine sehr kleine Breite ist. Folglich ist die Fläche von $r = 0$ bis $r = r_1$

$$\overset{r_1}{\underset{0}{F}} = a r_1 ,$$

von $r = r_1$ bis $r = r_2$ dagegen

$$\overset{r_2}{\underset{r_1}{F}} = a (r_2 - r_1).$$

In der Figur 10 sind die Centriwinkel 2π, π, $\frac{\pi}{2}$, $\frac{\pi}{4}$, $\frac{\pi}{8}$, $\frac{\pi}{16}$, $\frac{\pi}{32}$, ... benutzt.

§ 44) Um die Polarparabel von der Ordnung 1 zu erhalten, schlage man mit den Radien 1, $\frac{1}{2}$, $\frac{1}{3}$, $\frac{1}{4}$, ...

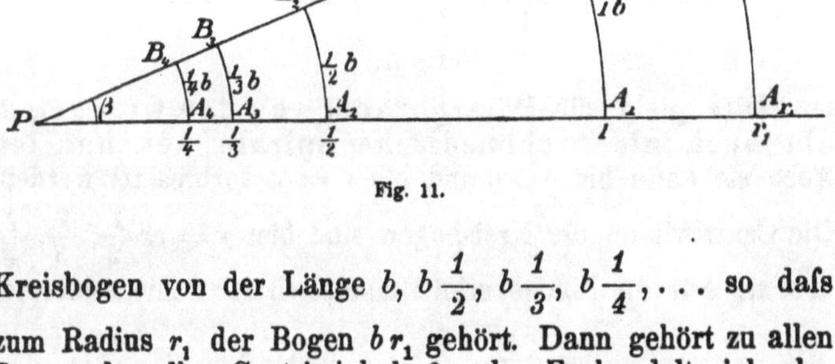

Fig. 11.

Kreisbogen von der Länge b, $b\frac{1}{2}$, $b\frac{1}{3}$, $b\frac{1}{4}$, ... so dafs zum Radius r_1 der Bogen $b r_1$ gehört. Dann gehört zu allen Bogen derselbe Centriwinkel $\beta = b$. Es handelt sich also um die gerade Linie PB, als **Polarparabel** von der Ordnung 1. Die Fläche von 0 bis r_1 wird

$$\overset{r_1}{\underset{0}{F}} = \frac{b r_1^2}{2}, \text{ allgemeiner } \overset{r_2}{\underset{r_1}{F}} = \frac{b}{2}(r_2^2 - r_1^2).$$

(Für den ganzen Kreis ist $b = 2\pi$.)

§ 45) Bei der Polarparabel mit Kreisquerschnitt $q = cr^2$ schlage man mit den Radien $1, \frac{1}{2}, \frac{1}{3}, \ldots$ Bogen von der Gröfse

$$c, c\left(\frac{1}{2}\right)^2, c\left(\frac{1}{3}\right)^2, c\left(\frac{1}{4}\right)^2, \ldots$$

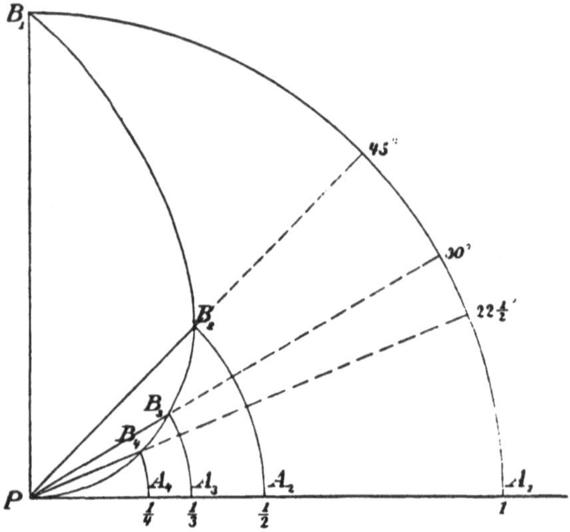

Fig. 12.

Dies giebt die **Polarparabel von der Ordnung** 2, die auch als **Archimedische Spirale** bekannt ist. Auch sie kann bis $r = 0$ und bis $r = \infty$ fortgesetzt werden. Die Centriwinkel der Kreisbogen sind hier $\gamma = c, \frac{\gamma}{2}, \frac{\gamma}{3}, \frac{\gamma}{4}$ u. s. w. Für die Fläche erhält man nach der Schichtenformel

$$\overset{r_1}{\underset{0}{F}} = c\,\frac{r_1^3}{3}, \quad \overset{r_2}{\underset{r_1}{F}} = \frac{c}{3}(r_2^3 - r_1^3).$$

§ 46) So kann man fortfahren. Bis zur Ordnung *3* hat man Reihenbetrachtungen nicht nötig. Bis dahin kann man auch die Simpsonsche Formel anwenden. Dabei ist

$$\overset{r_2}{\underset{r_1}{F}} = \frac{r_2 - r_1}{6}[q_u + q_0 + 4q_m],$$

wobei z. B. beim dritten Grade

$$q_u = d r_1^3,\ q_0 = d r_2^3,\ q_m = d\left(\frac{r_2 + r_1}{2}\right)^3$$

ist.

§ 47) Demnach lassen sich auch die Spiral- oder Polarparabeln gemischter Ordnung vom Querschnitt

$$q = a + br + cr^2 + dr^3$$

nach der Formel

$$\overset{r_1}{\underset{0}{F}} = ar_1 + b\frac{r_1^2}{2} + c\frac{r_1^3}{3} + d\frac{r_1^3}{4}$$

bezw.

$$\overset{r_2}{\underset{r_1}{F}} = \left(ar_2 + b\frac{r_2^2}{2} + c\frac{r_2^3}{3} + d\frac{r_2^4}{4}\right) - \left(ar_1 + b\frac{r_1^2}{2} + c\frac{r_1^3}{3} + d\frac{r_1^4}{4}\right)$$

berechnen, oder auch nach der obigen Simpsonschen Formel.

§ 48) Mit Hilfe der bei der Schichtenformel angewandten Reihen ist aber auch für jedes $p > -1$ die Fläche der Polarparabel p^{ter} Ordnung, d. h. vom Querschnitt $q = kr^p$ zu berechnen als

$$\overset{r_1}{\underset{0}{F}} = k\frac{r^{p+1}}{p+1},\ \overset{r_2}{\underset{r_1}{F}} = \frac{k}{p+1}(r_2^{p+1} - r_1^{p+1}).$$

§ 49) Für den Grenzfall $p = -1$ ist der Querschnitt von der Form

$$q = kr^{-1},$$

die Fläche von $r = 1$ aus gerechnet wird

$$\overset{r_1}{\underset{1}{F}} = k\,{}^e\!lg\, r_1,$$

von r_1 bis r_2 gerechnet

$$\overset{k}{\underset{r_1}{F}} = k^e lg\left(\frac{r_2}{r_1}\right).$$

Dagegen würde $\overset{r_1}{\underset{0}{F}} = \infty$ werden.

§ 50) Für $p < -1$ gelten die Formeln

$$\overset{\infty}{\underset{r_1}{F}} = -k\frac{r_1^{p+1}}{p+1}, \quad \overset{r_2}{\underset{r_1}{F}} = -\frac{k}{p+1}[r_2^{p+1} - r_1^{p+1}].$$

Für $p > 0$ sind die Polarparabeln steigende, d. h. q wächst mit r_1.

Für $p = 0$ sind die Polarparabeln weder steigend noch fallend, d. h. q ist konstant.

Für $p < 0$ sind die Polarparabeln fallende, d. h. q nimmt ab, wenn r wächst.

§ 51) Die Polarmomente für die Polarparabel p^{ter} Ordnung sind der Reihe nach

$$\text{für } p > -2, \quad M_p = k\frac{r_1^{p+2}}{p+2},$$

$$\text{für } p > -3, \quad T_p = k\frac{r_1^{p+3}}{p+3},$$

u. s. w. Was bei $p = -2$ für M_p, bei $p = -3$ für T_p eintritt, stelle man ebenso fest, wie bei den gewöhnlichen Parabeln n^{ter} Ordnung, ebenso was für $p < -2$ bei M_p, für $p < -3$ bei T_p geschieht. Die Analogie ist eine vollkommene.

§ 52) Für die Spirale $q = kr^p$ ist der zu r_1 gehörige Kreisbogen $kr_1^p = r_1\vartheta$, und daraus folgt allgemein

$$\vartheta = k\frac{r^p}{r} = kr^{p-1}, \text{ es ist also } r = \sqrt[p-1]{\frac{\vartheta}{k}} = \left(\frac{\vartheta}{k}\right)^{\frac{1}{p-1}}.$$

Der Querschnitt $q = kr^p$ ist also, durch ϑ ausgedrückt

$$q = k\left(\frac{\vartheta}{k}\right)^{\frac{p}{p-1}} = \frac{1}{k^{\frac{1}{p-1}}}\vartheta^{\frac{p}{p-1}} = k^{\frac{-1}{p-1}}\vartheta^{\frac{p}{p-1}} = k_1\vartheta^{\frac{p}{p-1}}.$$

Jede Polarparabel $q = kr^p$ läfst sich also auch betrachten als eine Polarparabel $q = k_1 \vartheta^{\frac{p}{p-1}}$, so dafs z. B.

$$\overset{\vartheta}{\underset{0}{F}} = k_1 \frac{\vartheta^{\frac{p}{p-1}+1}}{\frac{p}{p-1}+1} = k_1 \frac{\vartheta^{\frac{2p-1}{p-1}}}{\frac{2p+1}{p-1}}.$$

ist. Setzt man $\frac{p}{p-1} = p_1$, so ist die Berechnung ebenso bequem, wie vorher. Man kann aber von den Formeln mit ϑ ganz absehen.

§ 53) Ist der kreisförmige Querschnitt durch

1) $$q = a + br + cr^2 + dr^3 + \ldots + kr^p$$

gegeben, so ist die Fläche der Polarparabel gemischter Ordnung

2) $$\overset{r}{\underset{0}{F}} = a\frac{r}{1} + b\frac{r^2}{2} + c\frac{r^3}{3} + d\frac{r^4}{4} + \ldots + k\frac{r^{p+1}}{p+1},$$

das Polarmoment erster Ordnung in Bezug auf P ist

3) $$\overset{r}{\underset{0}{M_p}} = a\frac{r^2}{2} + b\frac{r^3}{3} + c\frac{r^4}{4} + \ldots + k\frac{r^{p+2}}{p+2},$$

das polare Trägheitsmoment in Bezug auf P wird

4) $$\overset{r}{\underset{0}{T_p}} = a\frac{r^3}{3} + b\frac{r^4}{4} + c\frac{r^5}{5} + \ldots + k\frac{r^{p+3}}{p+3}.$$

Hier bedeutet ferner

5) $$r_s = \frac{\overset{r}{\underset{0}{M_p}}}{\overset{r}{\underset{0}{F}}}$$

den mittleren Abstand der Flächenpunkte vom Punkte P,

6) $$r_t = \sqrt{\frac{\overset{r}{\underset{0}{T_p}}}{\overset{r}{\underset{0}{F}}}}$$

den mittleren Trägheitsradius in Bezug auf P,

7) $$r_\sigma = \frac{\overset{r}{\underset{0}{T_p}}}{\overset{r}{\underset{0}{M_p}}}$$

den Abstand des Schwingungspunktes von P, sobald P Aufhängepunkt der in ihrer Ebene pendelnden Fläche ist.

§ 54) Die Einführung der obigen konzentrischen Schichten ist nicht ganz so wichtig, wie die der Parallelschichten, aber es

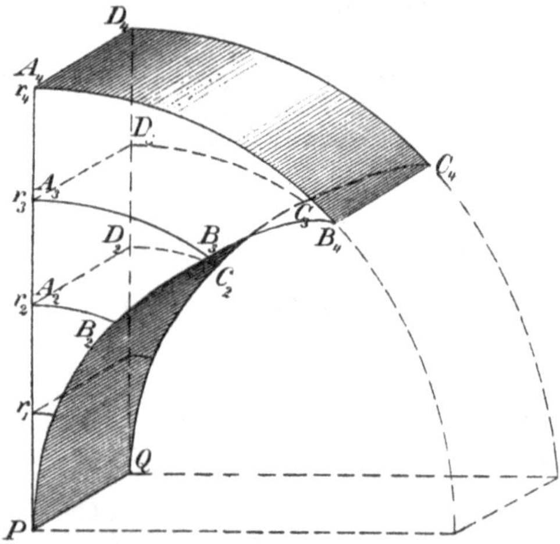

Fig. 13.

lassen sich doch sehr viele Probleme dadurch der elementaren Lösung zugänglich machen, die auch praktischen Wert haben. Stereometrische Inhaltsberechnungen u. dergl. sind damit zunächst nur für Körper von der Tiefe *1* gegeben. Wie aber bei den Parabeln p^{ter} Ordnung die Drehung, Verschiebung und Umformung der Querschnitte in den Parallelschichten den Inhalt und die untersuchten Momente nicht beeinflussen, können auch hier innerhalb der Kreiscylinderflächen Drehungen, Verschiebungen und Umformungen stattfinden, die auf Inhalt und Polarmomente einfluſslos bleiben, sobald nur die Flächeninhalte nicht geändert werden.

Dadurch lassen sich unzählige neue Gebilde für die Stereometrie herstellen, die der einfachsten Behandlung fähig sind. Von praktischem Werte aber scheint dies im allgemeinen nicht zu sein.

Selbstverständlich sind bei den Drehungen und Verschiebungen die cylindrischen Schichten als biegsam aufzufassen, Dehnungen aber dürfen nicht stattfinden.

Angenommen, in Figur 13) sei $ABCD$ cylindrisch, also in die Ebene abgewickelt ein Rechteck, so läſst sich in dieses die sogenannte Hauptellipse einzeichnen, deren Inhalt sich zu dem des Rechtecks verhält wie $\pi : 4$. Macht man dies in allen unendlich dünnen cylindrischen Schichten, so entsteht ein neuer Körper, dessen Inhalt $\frac{\pi}{4}$ des gezeichneten ist, dessen Polarmoment erster Ordnung in Bezug auf die Achse PQ ebenfalls $\frac{\pi}{4}$ vom Polarmoment erster Ordnung des ursprünglichen Körpers ist, dessen Trägheitsmoment in Bezug auf PQ ebenfalls $\frac{\pi}{4}$ vom Trägheitsmoment des ersten Körpers ist, u. s. w.

Man versuche sich z. B. auch den Körper vorzustellen, der entsteht, wenn jedes der cylindrischen Rechtecke in der zugehörigen cylindrischen Fläche um einen Winkel gedreht wird, der z. B. proportional dem Radius r ist. Dann würde man das Analogon für ein gewisses Schraubengewinde erhalten. J, M_p und T_p würden für den neuen Körper unverändert die alten Werte haben.

In diesem Sinne läſst sich allerdings mit Hilfe der cylindrischen konzentrischen Schichten dieselbe Mannigfaltigkeit erreichen, wie mit den parallelen Schichten der Parabeln höherer Ordnung.

Davon aber kann hier abgesehen werden.

η) Die Momente der aus Parabeln und Polarparabeln höherer Ordnung entstehenden Drehungskörper.

§ 55) Die in Figur 14) dargestellte Parabel p^{ter} Ordnung $x = k y^p$ drehe sich um die Achse PQ. Der dadurch entstehende Körper kann als Paraboloid p^{ter} Ordnung bezeichnet werden, gehört aber hinsichtlich der Querschnittsformel

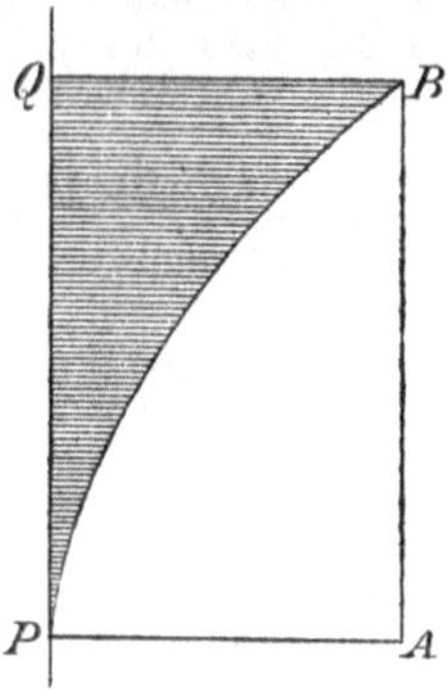

Fig. 14.

$$q = 2\pi \frac{x^2}{2} \pi x^2 = \pi k^2 y^{2p}$$

zu den Körpern von der Ordnung $2p$, was hier festgehalten werden mufs. [Die Drehung um PA giebt, da $y = \frac{1}{k} x^{\frac{1}{p}}$ ist, das Paraboloid $\left(\frac{1}{p}\right)^{\text{ter}}$ Ordnung, welches aber unter denen der obigen Paraboloide sich bereits befindet, so dafs man nichts Neues hat.]

Das Polarmoment erster Ordnung der Kreisfläche mit Radius $x = k y^p$ ist für den Mittelpunkt von der Form

$$2\pi \frac{x^3}{3} = \frac{2}{3} \pi k^3 y^{3p},$$

das Polarmoment zweiter Ordnung (polares Trägheitsmoment) ist

$$2\pi \frac{x^4}{4} = \frac{\pi x^4}{2} = \frac{\pi}{2} k^4 y^{4p}.$$

Das Moment erster Ordnung der Kreisfläche in Bezug auf die Grundfläche PA ist

$$(\pi x^2) y = \pi k^2 y^{2p+1},$$

das Trägheitsmoment in Bezug auf dieselbe Ebene ist

$$(\pi x^2) y^2 = \pi k^2 y^{2p+2}.$$

§ 56) Mit Hilfe der Schichtenformel erhält man daraus für den von $y = 0$ bis $y = y_1$ gerechneten Körper folgendes:

1) $$\overset{y_1}{\underset{0}{J}} = \pi k^2 \frac{y_1^{2p+1}}{2p+1}$$

ist für $2p + 1 > 0$ der Inhalt des Körpers.

2) $$\overset{y_1}{\underset{0}{M_a}} = \frac{2\pi}{3} k^3 \frac{y_1^{3p+1}}{3p+1}$$

ist für $3p + 1 > 0$ das Moment erster Ordnung des Körpers in Bezug auf die Achse PQ.

3) $$\overset{y_1}{\underset{0}{T_a}} = \frac{\pi}{2} k^4 . \frac{y_1^{4p+1}}{4p+1}$$

ist für $4p + 1 > 0$ das Trägheitsmoment des Körpers in Bezug auf die Achse PQ.

4) $$\overset{y_1}{\underset{0}{M}} = \pi k^2 \frac{y_1^{2p+2}}{2p+2}$$

ist für $2p + 2 > 0$ das statische Moment des Körpers in Bezug auf die Grundebene PA.

5) $$\overset{y_1}{\underset{0}{T}} = \pi k^2 \frac{y_1^{2p+3}}{2p+3}$$

ist für $2p + 3 > 0$ das Trägheitsmoment des Körpers in Bezug auf die Grundebene PA.

§ 57) Daraus folgt Schwerpunktshöhe des Körpers

$$h_s = \frac{\overset{y_1}{\underset{0}{M}}}{\overset{y_1}{\underset{0}{J}}} = \frac{2p+1}{2p+2} y_1,$$

mittlerer Trägheitsabstand

$$h_m = \sqrt{\frac{\overset{y_1}{\underset{0}{T}}}{\overset{y_1}{\underset{0}{J}}}} = \sqrt{\frac{2p+1}{2p+3} y_1^2} = y_1 \sqrt{\frac{2p+1}{2p+3}}.$$

Mittlerer Abstand der Körperpunkte von der Achse PQ

$$r'_m = \frac{\overset{y_1}{\underset{0}{M_a}}}{\overset{y_1}{\underset{0}{J}}} = \frac{2}{3} k \frac{2p+1}{3p+1} y_1^p = \frac{2}{3} \frac{2p+1}{3p+1} x_1.$$

Mittlerer Trägheitsabstand des Körpers in Bezug auf die Achse PQ

$$r''_m = \frac{\overset{y_1}{\underset{0}{T_a}}}{\overset{y_1}{\underset{0}{J}}} = \frac{1}{2} k^2 \frac{2p+1}{4p+1} y^{2p} = \frac{1}{2} \frac{2p+1}{4p+1} x_1^2.$$

Diese vier Formeln gelten für die Fälle, wo der Nenner gröfser als Null ist.

§ 57) Der Leser lege sich selbst zurecht, was in den angedeuteten Grenzfällen geschieht, die auf den natürlichen Logarithmus führen, und was endlich in den Fällen festzusetzen ist, für die p noch kleiner ist. Man hat nur nach den früher gegebenen Methoden zu verfahren.

Ebenso versuche man die Formeln für den Fall aufzustellen, dafs es sich um Parabeln gemischter Ordnung handelt, z. B. um

$$x = a + by + cy^2 + \ldots + ky^p.$$

Die Anwendbarkeit der Simpsonschen Regel ist dieselbe wie vorher.

§ 59) Nach diesen Methoden kann man auch Drehungskörper behandeln, die durch Polarparabeln höherer Ordnung PA begrenzt sind, wobei an Stelle der geradlinigen Parallelschichten des Hauptschnittes die von konzentrischen Kreisen gebildeten treten, die in § 54 behandelt wurden. Bei der Umdrehung um die gewählte Achse PQ gehen die Kreisschichten in Kugelschichten über, so dafs an Stelle der cylindrischen Schichten der Figur 12) jetzt Kugelkalotten entstehen. (Hierher gehört als besonderer Fall der Kugelsektor, bei dem PA eine gerade Linie ist.) Man kann nicht nur neben dem Inhalte die

Momente in Bezug auf die Achse PQ berechnen, sondern auch in Bezug auf den Punkt P und auf jede der durch P gelegten Normalen zu PQ. Ist die Umdrehung um PQ eine unvollständige, so kann man mit den Kugelschichten gewisse Cavalierische Verschiebungen auf den entsprechenden Kugelflächen vornehmen, ohne daſs in Bezug auf die Achse PQ sich die Momente ändern. Solche Verschiebungen sind auch möglich, ohne daſs sich irgend etwas in Bezug auf eine der zu PQ senkrechten durch P gehenden Achsen ändert.

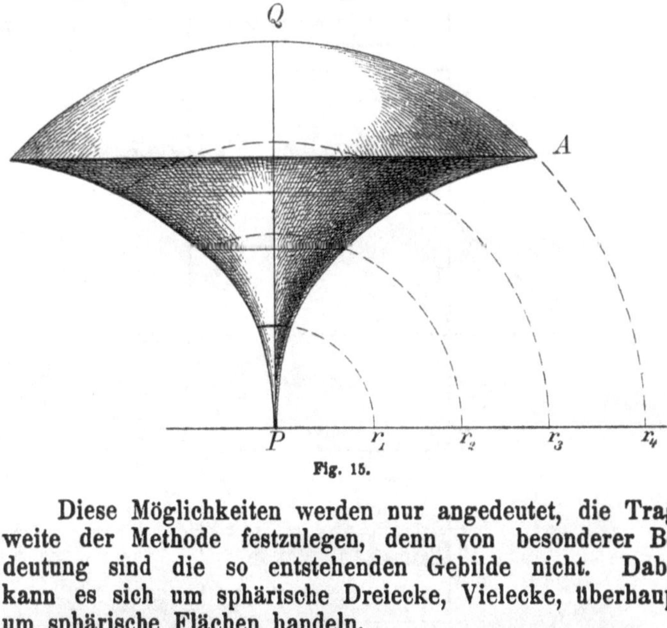

Fig. 15.

Diese Möglichkeiten werden nur angedeutet, die Tragweite der Methode festzulegen, denn von besonderer Bedeutung sind die so entstehenden Gebilde nicht. Dabei kann es sich um sphärische Dreiecke, Vielecke, überhaupt um sphärische Flächen handeln.

Eine wichtigere Ausdehnung der Schichtenformel soll aber im folgenden Abschnitt besprochen werden.

ϑ) Ausdehnung der Schichtenformel auf die Berechnung der Länge und der Momente für ebene Kurven und der Fläche und der Momente für die mit jenen zusammenhängenden Oberflächen.

§ 60) Die hier einzuschlagende Methode ist schon bei der Flächenberechnung für das Drehungsparaboloid angewandt worden. Sie soll zunächst für die Parabel p^{ter} Ordnung erläutert werden, die durch die Gleichung

$$x = y^p$$

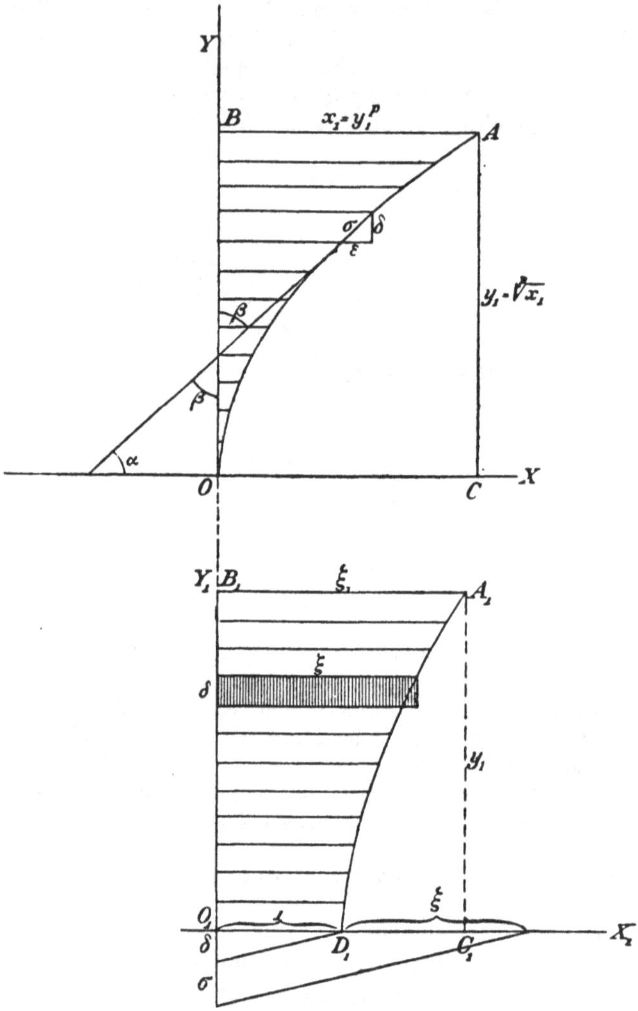

Fig. 16.

gegeben sei, wobei p zunächst eine ganze positive Zahl sein soll. Man denke sich, um das die Abstände y betreffende zu behandeln, die Achse der Y bis zur Höhe $OB = y_1$ in n gleiche Teile $\delta = \frac{y_1}{n}$ eingeteilt und durch die Teilpunkte horizontalen Parallele gelegt, durch welche die Kurve OA in kleine fast geradlinige Teilchen σ zerlegt wird, die von einander verschieden sind. Kennt man die Neigung β der Kurventangente in irgend einem Punkte P gegen die positive Richtung der Y-Achse, so ist dort auch $\frac{\sigma}{\delta} = \frac{1}{\cos\beta}$ bekannt. Selbstverständlich ist $\sum \sigma = s$ die Länge des Bogens OA (für die Grenze $n = \infty$).

Man denke sich nun auf der XY-Ebene in den Kurvenpunkten Lote von der Länge 1 errichtet; was eine zur Kurve gehörige cylindrische Fläche giebt. Dann hat jeder Streifen f dieser Fläche den Inhalt $\sigma . 1 = \sigma$. Dieses kleine „Rechteck" ist gleich einem andern von der Grundlinie $\delta = \frac{y_1}{n}$. Ist dessen Höhe gleich ξ, so bestimmt sie sich aus $\xi\delta = \sigma . 1$ als $\xi = \frac{\sigma . 1}{\delta} = \frac{\sigma}{\delta}$. Dieses ξ denke man sich mittels der Proportion $\xi : 1 = \sigma : \delta$ konstruiert, und in der entsprechenden Höhe y als Horizontale an die Y-Achse angetragen. Über dem entsprechenden δ hat man dann ein kleines Rechteck vom Inhalte $\delta\xi$ zu konstruieren, dessen Inhalt also mit dem des in gleicher Höhe liegenden cylindrischen Streifens um so genauer übereinstimmt, je kleiner $\delta = \frac{y_1}{n}$ genommen ist.

Denkt man sich dies an allen Stellen durchgeführt, so erhält man eine neue Kurve, deren von 0 bis y_1 gerechnete Fläche durch die Gleichung

$$\overset{y_1}{\underset{0}{F}} = \sum \delta . \xi = \sum \sigma . 1 \text{ oder } \overset{y_1}{\underset{0}{F}} = \delta \sum \xi = \sum \sigma$$

gegeben ist. Der Flächeninhalt der neuen Kurve wird also durch dieselbe Zahl bezw. Formel dargestellt, wie die Bogenlänge der gegebenen Kurve.

Damit ist der ersten Kurve eine von einer zweiten begrenzte Fläche zugeordnet, deren Berechnung mit der Kurve innig zusammenhängt.

§ 61) Die Gleichung der neuen Kurve ist zunächst nur in der Form $\xi = \frac{\sigma}{\delta} = \frac{n}{y_1} . \sigma = \frac{1}{\cos\beta}$ gegeben. Es fragt sich, ob $\frac{\sigma}{\delta}$ durch y in geschlossener Form ausgedrückt werden kann. Dies kann folgendermaſsen geschehen. In dem kleinen Dreiecke bei P ist, wenn man die zugehörigen Koordinaten mit y und y_2 bezw. mit x und x_2 bezeichnet (wobei $x = y^p$, $x_2 = y_2^p$ ist),

$$\tan\beta = \frac{\varepsilon}{\delta} = \frac{x_2 - x}{y_2 - y} = \frac{y_2^p - y^p}{y_2 - y}.$$

Da p als ganze positive Zahl angenommen ist, geht die Division auf, und man erhält

$$\tan\beta = y_2^{p-1} + y_2^{p-2} . y + y_2^{p-3} . y^2 + \ldots + y_2 y^{p-2} + y^{p-1}.$$

Ist nun $\delta = \frac{y_1}{n}$ unendlich klein, so kann der ebenfalls unendlich klein werdende Unterschied $y_2 - y$ gegen die endlichen Längen y_2 und y vernachlässigt werden, d. h. man hat für die Grenze $y_2 = y$ zu setzen und erhält für die Parabel $x = y^p$

1) $$\frac{\varepsilon}{\delta} = \tan\beta = p y^{p-1}.$$

Nun war aber $\frac{\delta}{\sigma} = \cos\beta$, und da $\cos\beta = \frac{1}{\sqrt{1 + \tan^2\beta}}$ ist, so folgt

$$\frac{\sigma}{\delta} = \frac{1}{\cos\beta} = \sqrt{1 + \tan^2\beta} = \sqrt{1 + (p y^{p-1})^2}.$$

Die Gleichung der neuen Kurve ist also

2) $$\xi = \sqrt{1 + (p y^{p-1})^2}.$$

Also: Zu jeder Parabel höherer Ordnung von der Gleichung $x = y^p$ (p ganz und positiv) gehört eine Kurve von der Gleichung $\xi = \sqrt{1 + (p y^{p-1})^2}$, deren Fläche von 0 bis y_1 gerechnet durch dieselbe Formel oder Zahl ausgedrückt wird, wie die Länge der ersten Kurve von der Höhe $y = 0$ bis $y = y_1$.

Kennt man also die Länge der ersten Kurve, so kennt man auch die Fläche der zweiten, kennt man umgekehrt die Fläche der zweiten, so kennt man die Länge der ersten. Die Aufgaben der Rektifikation und der Quadratur lassen sich also auf dieselbe Aufgabe zurückführen.

Handelt es sich um die Gleichung

$$x = k y^p,$$

so wird $\tan\beta = k \frac{y_2^p - y^p}{y_2 - y}$, und für die Grenze $y_2 = y$

$$\tan\beta = k p y^{p-1},$$

also

$$\cos\beta = \frac{1}{\sqrt{1 + (k p y^{p-1})^2}}.$$

Die Gleichung der zugeordneten Kurve wird also

$$\xi = \sqrt{1 + (k p y^{p-1})^2}.$$

§ 62) Die Fläche, die durch Drehung der parabolischen Kurve OA um die X-Achse entsteht, ist durch dieselbe Formel auszudrücken, wie der Inhalt des durch Drehung der schraffierten Fläche der zweiten Kurve entstehenden Drehungskörpers. Nach Guldin ist daher der Schwerpunkt der parabolischen Kurve ebenso weit von der X-Achse entfernt, wie der der Fläche der zweiten Kurve. Dazu vergleiche man Band III §§ 90 bis 93, wo der Fall $p = 2$ behandelt wurde. Auch die verschiedenen Momente der Kurve in Bezug auf die X-Achse und die ihrer besprochenen Drehungsfläche stimmen mit denen der Fläche formal überein.

§ 63) Die Berechnungen von Kurvenlängen mit Hilfe der Schichtenformel sind im allgemeinen so umständlich, dafs die Aufgaben besser der höheren Mathematik überlassen bleiben. Die Schwierigkeiten liegen darin, dafs hier der Ausdruck

$$\xi = \sqrt{1 + (py^{p-1})^2} = [1 + (py^{p-1})^2]^{\frac{1}{2}}$$

im allgemeinen für den Konvergenzbereich in binomischer Reihe zu entwickeln ist. Dies führt auf

$$3)\quad \xi = 1 + \frac{1}{2 \cdot 1}(py^{p-1})^2 - \frac{1}{2^2 \cdot 1 \cdot 2}(py^{p-1})^4 + \frac{1 \cdot 3}{2^3 \cdot 1 \cdot 2 \cdot 3}(py^{p-1})^6 - \frac{1 \cdot 3 \cdot 5}{2^4 \cdot 1 \cdot 2 \cdot 3 \cdot 4}(py^{p-1})^8 + \dots$$

Die Fläche der zweiten Kurve wird also nach der Schichtenformel (innerhalb des Konvergenzbereichs)

$$4)\quad \overset{y_1}{\underset{0}{F}} = y_1 + \frac{1}{2 \cdot 1} p^2 \frac{y_1^{2p-1}}{2p-1} - \frac{1}{2^2 \cdot 1 \cdot 2} p^4 \frac{y^{4p-3}}{4p-3} + \frac{1 \cdot 3}{2^3 \cdot 1 \cdot 2 \cdot 3} p^6 \frac{y^{6p-5}}{6p-5} - \frac{1 \cdot 3 \cdot 5}{2^4 \cdot 1 \cdot 2 \cdot 3 \cdot 4} p^8 \frac{y^{8p-7}}{8p-7} + \dots$$

Durch dieselbe Formel wird die Länge $\overset{y_1}{\underset{0}{s}}$ der parabolischen Kurve ausgedrückt. Die Summierung solcher Reihen ist das Umständliche bei der Sache.

§ 64) Für den Sonderfall $p = 2$ wird

$$\xi = 1 + \frac{1}{2 \cdot 1}(2y)^2 - \frac{1}{2^2 \cdot 1 \cdot 2}(2y)^4 + \frac{1 \cdot 3}{2^3 \cdot 1 \cdot 2 \cdot 3}(2y)^6 - \frac{1 \cdot 3 \cdot 5}{2^4 \cdot 1 \cdot 2 \cdot 3 \cdot 4}(2y)^8 + \dots$$

Die Fläche der zweiten Kurve wird also dargestellt durch die Reihe

$$\overset{y_1}{\underset{0}{F}} = y_1 + \frac{1}{2 \cdot 1} 2^2 \frac{y_1^3}{3} - \frac{1}{2^2 \cdot 1 \cdot 2} 2^4 \frac{y_1^5}{5} + \frac{1 \cdot 3}{2^3 \cdot 1 \cdot 2 \cdot 3} 2^6 \frac{y_1^7}{7} - \frac{1 \cdot 3 \cdot 5}{2^4 \cdot 1 \cdot 2 \cdot 3 \cdot 4} 2^8 \frac{y_1^9}{9} + \dots$$

Und diese Reihe mufs für den Konvergenzbereich gleich

$$\frac{1}{2}\left[y_1\sqrt{1+4y_1^2}+\frac{1}{2}{}^e lg(\sqrt{1+4y_1^2}+2y_1)\right]$$

sein, wozu Band III §§ 90 bis 93 verglichen werde.

Dasselbe Resultat gilt für die Länge der Parabel $x=y^2$ oder $y=x^{\frac{1}{2}}$. In der Schlufsformel kann natürlich y_1 durch das zugehörige x_1 ersetzt werden.

§ 65) Durch Drehung um die X-Achse entsteht aus der Fläche der zweiten Kurve ein Drehungskörper, dessen cylindrische Schichten von der Gröfse

$$5)\qquad q=2\pi y\xi=2\pi y\sqrt{1+(py^{p-1})^2}$$

oder

$$q=2\pi y\left[1+\frac{1}{2}(py^{p-1})^2-\frac{1}{2^2.1.2}(py^{p-1})^4+\frac{1.3}{2^3.1.2.3}(py^{p-1})^6-\ldots\right]$$

oder

$$q=2\pi\left[y+\frac{1}{2}p^2y^{2p-1}-\frac{1}{2^2.1.2}p^4.y^{4p-3}+\frac{1.3}{2^3.1.2.3}p^6y^{6p-5}-\ldots\right]$$

sind. Nach der Schichtenformel für Drehungsgebilde wird also der Inhalt

$$6)\qquad \overset{y_1}{\underset{0}{J}}=2\pi\left[\frac{y_1^2}{2}+\frac{1}{2}p^2\frac{y_1^{2p}}{2p}-\frac{1}{2^2.1.2}p^4\frac{y_1^{4p-2}}{4p-2}+\frac{1.3}{2^3.1.2.3}p^6\frac{y_1^{6p-4}}{6p-4}-\ldots\right].$$

Durch dieselbe Reihe wird die Fläche des Drehungskörpers der Parabel $x=y^p$ dargestellt.

§ 66) Für den Sonderfall $p=2$ wird daraus

$$\overset{y_1}{\underset{0}{J}}=2\pi\left[\frac{y_1^2}{2}+\frac{1}{2}2^2\frac{y_1^4}{4}-\frac{1}{2^2.1.2}2^4\frac{y_1^6}{6}+\frac{1.3}{2^3.1.2.3}2^6\frac{y_1^8}{8}-\ldots\right].$$

Nach Band III §§ 90 bis 93 wird aber der Inhalt auch dargestellt durch

$$\overset{y_1}{\underset{0}{J}} = \frac{\pi}{6}\left[\sqrt{1+4y_1^2}^{\,3} - 1\right].$$

In binomischer Reihe entwickelt giebt dies in der That

$$\frac{\pi}{6}\left[1 + \frac{3}{2}(2y_1)^2 + \frac{3}{2}\cdot\frac{1}{2}\cdot\frac{1}{1.2}(2y_1)^4 - \frac{3}{2}\cdot\frac{1}{2^2}\cdot\frac{1}{1.2.3}(2y_1)^6 + \frac{3}{2}\cdot\frac{1.3}{2^3.1.2.3.4}(2y_1)^8 - \ldots - 1\right],$$

oder da 1 sich weghebt und dann 3.2^2 herausgesetzt werden kann,

$$2\pi\left[\frac{y_1^2}{2} + \frac{2^2}{2}\frac{y_1^4}{4} - \frac{2^4}{2^2.1.2}\frac{y_1^6}{6} + \frac{1.3}{2^3.1.2.3}\frac{y_1^8}{8} - \ldots\right]$$

und dies stimmt wirklich mit der obigen Reihe überein.

Durch die Reihe war nicht nur der Inhalt des zweiten Drehungskörpers, sondern auch die Fläche des Paraboloids dargestellt.

§ 67) Die Schwerpunktshöhe y_s für die Parabel höherer Ordnung $x = y^p$ und für die ihr zugeordnete Fläche ist nun nach Guldin

$$7)\qquad y_s = \frac{\overset{y_1}{\underset{0}{J}}}{2\pi \overset{y_1}{\underset{1}{F}}}$$

wo rechts für J und F die Reihensummen einzusetzen sind. Für den Fall $p = 2$ ist der Wert von y_s schon in Bd. III §§ 90 bis 93 dargestellt worden.

§ 68) Es steht nun nichts im Wege, auch die höheren Momente in Bezug auf die X-Achse durch Reihen darzustellen, denn man hätte nur die Reihen für ξ mit $y^2, y^3, y^4, \ldots$ zu multiplizieren und dann die Schichtenformel anzuwenden. Dabei zeigt sich, dafs die Multiplikation mit geraden Potenzen von y auf schwieriger zu summierende Reihen führt, die mit ungeraden Potenzen auf leichter zu summierende. Aber für allgemeines p häufen sich die Schwierigkeiten. Deshalb soll als Beispiel nur der Fall $p = 2$ behandelt werden.

Der entsprechende Drehungskörper der Fläche der zweiten Kurve kann behandelt werden als Unterschied eines Cylinders und eines Drehungshyperboloids, ebenso das Trägheitsmoment in Bezug auf die X-Achse als Unterschied zweier Trägheitsmomente. Im Abstande ξ giebt das entsprechende y der Hyperbel einen Kreis mit dem Trägheitsmomente $\frac{\pi y^4}{2}$, oder, da jetzt $\xi = \sqrt{1 + 4y^2}$ und daher $y = \sqrt{\frac{\xi^2}{4} - \frac{1}{4}}$ ist, mit dem Trägheitsmomente

$$q_\xi = \frac{\pi}{2}\left(\frac{\xi^2}{4} - \frac{1}{4}\right)^2 = \frac{\pi}{32}[\xi^4 - 2\xi^2 + 1].$$

Durch die Schichtenformel erhält man

$$\overset{\xi_1}{\underset{1}{T_1}} = \frac{\pi}{32}\left[\frac{\xi_1^5}{5} - \frac{2\xi_1^3}{3} + \xi_1\right] - \frac{\pi}{32}\left[\frac{1^5}{5} - \frac{2 \cdot 1^3}{3} + 1\right]$$

$$= \frac{\pi}{480}[3\xi_1^5 - 10\xi_1^3 + 15\xi_1] - \frac{\pi}{480} \cdot 8.$$

Dies ist abzuziehen vom Momente des Cylinders, d. h. von

$$\frac{\pi y_1^4}{2}\xi_1 = \frac{\pi}{32}\xi(\xi_1^4 - 2\xi_1^2 + 1) = \frac{\pi}{480}\left[15\xi_1^5 - 30\xi_1^3 + 15\xi_1\right].$$

Das Trägheitsmoment der zugeordneten Fläche in Bezug auf die X-Achse ist also

$$8)\qquad \overset{\xi_1}{\underset{0}{T}} = \frac{\pi}{480}\left[12\xi_1^5 - 20\xi_1^3 + 8\right].$$

oder

$$8^*)\qquad \overset{y_1}{T} = \frac{\pi}{480}\left[12\sqrt{1 + 4y_1^2}^{\,5} - 20\sqrt{1 + 4y_1^2}^{\,3} + 8\right].$$

Letzteres ist zugleich das Trägheitsmoment der Fläche des Drehungsparaboloids $x = y^2$ in Bezug auf die Drehungsachse X, welches jetzt auch geschrieben werden kann

$$9)\quad \overset{y_1}{\underset{0}{T}} = \frac{\pi}{480}\left[12\sqrt{1+2x_1}^{5} - 20\sqrt{1+2x_1}^{3} + 8\right].$$

§ 69) Die entsprechende Reihenberechnung würde gegeben haben

cylindrische Schicht des Drehungskörpers $= 2\pi y\sqrt{1+(2y)^2} = 2\pi y\xi$,
Trägheitsmoment der Schicht $= 2\pi y^3\xi$ oder

$$10)\quad q = 2\pi y^3\left[1 + \frac{1}{2.1}(2y)^2 - \frac{1}{2^2.1.2}(2y)^4 + \frac{1.3}{2^3.1.2.3}(2y)^6 - \frac{1.3.5}{2^4.1.2.3.4}(2y^8) + \ldots\right]$$

oder

$$q = 2\pi\left[y^3 + \frac{1}{2.1}2^2.y^5 - \frac{1}{2^2.1.2}2^4y^7 + \frac{1.3}{2^3.1.2.3}2^6.y^9 - \frac{1.3.5}{2^4.1.2.3.4}2^8y^{11} + \ldots\right].$$

Die Schichtenmethode giebt also

$$11)\quad \overset{y_1}{\underset{0}{T}} = 2\pi\left[\frac{y^4}{4} + \frac{1}{2.1}.2^2\frac{y^6}{6} - \frac{1}{2^2.1.2}2^4\frac{y^8}{8} + \frac{1.3}{2^3.1.2.3}2^6\frac{y^{10}}{10} - \frac{1.3.5}{2^4.1.2.3.4}2^8\frac{y^{12}}{12} + \ldots\right].$$

Die Summe dieser Reihe mufs also nach 8*) sein

$$\overset{y_1}{\underset{0}{T}} = \frac{\pi}{480}\left[12\sqrt{1+4y_1^2}^{5} - 20\sqrt{1+y_1^2}^{3} + 8\right],$$

was allerdings mit elementaren Hilfsmitteln der Arithmetik (ohne vorherige Kenntnis des Resultates) schwer zu zeigen sein würde, von 8*) aus aber durch Reihenentwickelung bestätigt werden kann.

Diesem Beispiel lassen sich noch andere anschliefsen. Dem Leser sei es überlassen, durch Halbierung die zugehörigen Planmomente festzustellen und auch die durch Umdrehung der parabolischen Kurve in Bezug auf die Y-Achse entstehende Fläche und ihre Momente zu untersuchen, wobei es sich um Schichten $q = 2\pi x \frac{\sigma}{\delta} = 2\pi y^2 \xi$, $q = 2\pi y^3 \xi$, $q = 2\pi y^4 \xi$ u. s. w. handelt, die auch sonstige Bedeutung haben.

§ 70) Noch eine zweite Fläche läfst sich der parabolischen Kurve $x = y^p$ oder $y = x^{\frac{1}{p}}$, wie sie jetzt geschrieben werden soll, zuordnen. Für den Fall $p = 2$ wurde schon darauf aufmerksam gemacht.

Während vorher $\tan \beta$ mafsgebend für die Neigung der Tangente war, handelt es sich jetzt um

$$\tan \alpha = \frac{1}{\tan \beta} = \frac{1}{p\, y^{p-1}} = \frac{1}{p\, x^{\frac{p-1}{p}}} = \frac{1}{p\, x^{1-\frac{1}{p}}} = \frac{1}{p}\, x^{\frac{1}{p}-1}.\text{*)}$$

Demnach wird jetzt

$$11)\quad \cos \alpha = \frac{1}{\sqrt{1 + \tan^2 \alpha}} = \frac{1}{\sqrt{1 + \left(\frac{1}{p}\, x^{\frac{1}{p}-1}\right)^2}} = \frac{\delta'}{\sigma},$$

wobei $\delta' = \frac{x_1}{n}$ ist.

Jetzt denke man sich an den entsprechenden Stellen der X-Achse Lote

$$\eta = \frac{\sigma}{\delta'} = \sqrt{1 + \left(\frac{1}{p}\, x^{\frac{1}{p}-1}\right)^2}$$

*) Setzt man $\frac{1}{p} = q$, so erhält man für die Tangentenneigung α der Parabel $y = x^q$ die Formel $\tan \alpha = q\, x^{q-1}$, so dafs diese Formel auch für gebrochene Exponenten q von der Form $\frac{1}{p}$ nachgewiesen ist. Sie kann aber auch für beliebige reelle q bewiesen werden, wie die algebraische Analysis am Ausdruck $\frac{y_2^q - y^q}{y_2 - y}$ elementar zeigt.

errichtet, die also eine Fläche von der Gleichung

$$\eta = \sqrt{1 + \left(\frac{1}{p} x^{\frac{1}{p} - 1}\right)^2} \tag{12}$$

geben, dann ist die Fläche der neuen Kurve (zwischen dieser und der X-Achse) von 0 bis x_1 gleich der schon in Reihenform berechneten Länge der Parabel höherer Ordnung $y = x^{\frac{1}{p}}$ von 0 bis x_1, multipliziert mit 1.

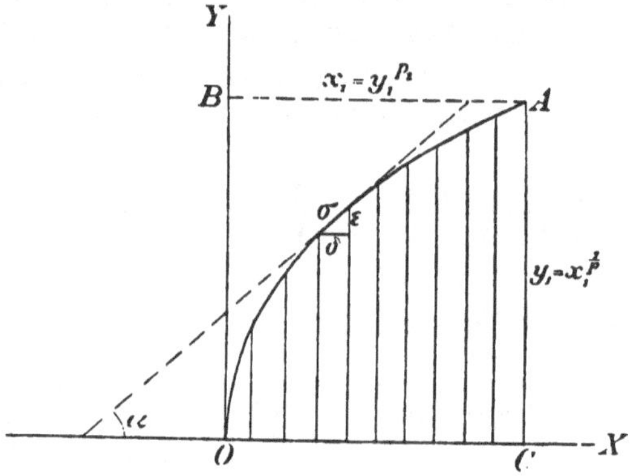

Fig. 17.

Für $p = 2$ war die Kurve bereits untersucht und der Flächeninhalt berechnet worden. (Bd. III § 94.)

Kennt man den Abstand x_s des Parabelschwerpunktes von der Y-Achse, so hat man zugleich den der Fläche.

Hatte die Kurve die Gleichung

$$x = k y^p \quad \text{oder} \quad y = \left(\frac{x}{k}\right)^{\frac{1}{p}} = \frac{x^{\frac{1}{p}}}{k^{\frac{1}{p}}},$$

so wird

$$\tan \alpha = \frac{1}{\tan \beta} = \frac{1}{k p y^{p-1}} = \frac{1}{kp\left(\frac{x}{k}\right)^{\frac{1}{p} - 1}} = \frac{1}{k^{\frac{1}{p}}} \cdot \frac{1}{p} x^{\frac{1}{p} - 1}.$$

Die zugeordnete Kurve also wird

$$\eta = \sqrt{1 + \left(\frac{1}{k^{\frac{1}{p}}} \cdot \frac{1}{p} x^{\frac{1}{p} - 1}\right)^2}.$$

§ 71) Ist die Gleichung einer Kurve ganz allgemein $x = f(y)$ oder $y = f_1(x)$, und kennt man für jede Höhe y oder für jede Abscisse x die Neigungswinkel β, ausgedrückt durch y bezw. ausgedrückt durch x, so kann man der Kurve ebenfalls zwei Flächen zuordnen, mit denen entsprechend zu verfahren ist, wie vorher. Die Gleichung der einen Grenzkurve ist der Ausdruck für $\xi = \frac{1}{\cos \beta}$, die der andern der Ausdruck für $q = \frac{1}{\cos \alpha}$.

Jeder beliebigen Kurve lassen sich also zwei solche Flächen zuordnen. Kann man die letzteren nach der Methode der Schichtenformel behandeln, so gelten die Resultate auch für die Kurve.

Die hier behandelte Methode für Kurven hat also denselben Geltungsbereich, wie die Schichtenformel, auch für den Fall unendlicher Reihen, die allerdings konvergent sein müssen.

§ 72) Will man über den Konvergenzbereich der Reihen hinausgehen, so wandle man die Kurvengleichung dadurch um, dafs man z. B. die Grenzlinie der Konvergenz (sei sie $x = a$ oder $y = b$) zur Achse eines neuen Koordinatensystems macht. Die Entwickelung des neuen Ausdrucks des der neuen Gleichung $x = f_1(y)$ bezw. $y = f_1(x)$ entsprechenden ξ oder η in Reihenform giebt dann einen neuen Konvergenzbereich. Die neue Reihe heifst die Fortsetzung der Funktion über die erste Konvergenzgrenze hinaus.

§ 73) Die Umkehrung der Methode macht konstruktiv keine Schwierigkeit. Geht man z. B. bei gegebener Fläche $\xi = f(y)$ von der Einteilung der y Achse in kleine Teile $\delta = \frac{y_1}{n}$ aus, so verwandle man jedes Rechteck $\delta \xi$ in ein Rechteck $\sigma . 1$. Die einzelnen σ trage man dann aufeinander folgend (von einem beliebigen Punkte der entsprechenden Ordinate ausgehend) so in die Streifen ein, daſs ein zusammenhängender Kurvenzug entsteht. Man kann z. B. wie in Figur 15 mit dem Punkte O beginnen. Dagegen ist die Berechnung im allgemeinen nicht ganz leicht.

§ 74) Beispiel der Geraden $\frac{y}{x} = \tan\alpha = a = \frac{1}{\cot\beta}$.

Aus $\tan\alpha = a$ folgt $\cos\alpha = \frac{1}{\sqrt{1+a^2}}$, aus $\tan\beta = \frac{1}{a}$ folgt $\cos\beta = \frac{1}{\sqrt{1+\frac{1}{a^2}}}$.

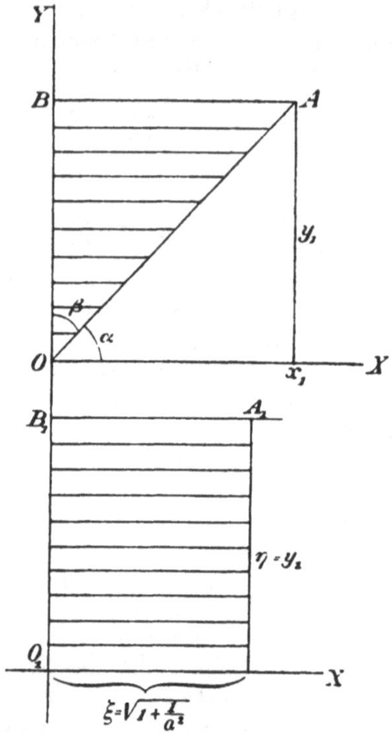

Fig. 18.

Die beiden zugeordneten Flächen sind also begrenzt durch die geraden Linien

$$\xi = \sqrt{1+\frac{1}{a^2}}$$

und

$$\eta = \sqrt{1+a^2},$$

so daſs es sich für die Strecke von o bis y_1 um das Rechteck

$$y_1\sqrt{1+\frac{1}{a^2}},$$

für die Strecke von o bis x_1 um das Rechteck

$$x_1\sqrt{1+a^2}$$

handelt. Diese Inhalte stimmen mit der entsprechenden Länge der Geraden überein.

Für das erste dieser Rechtecke ist das Moment erster, zweiter, dritter u. s. w. Ordnung in Bezug auf die X-Achse beziehungsweise

$$\frac{y_1^2}{2}\sqrt{1+\frac{1}{a^2}},\quad \frac{y_1^3}{3}\sqrt{1+\frac{1}{a^2}},\quad \frac{y_1^4}{4}\sqrt{1+\frac{1}{a^2}},\ldots$$

Der Schwerpunkt des Rechtecks liegt in der Höhe $\frac{y_1}{2}$, der mittlere Trägheitsabstand ist $\sqrt{\frac{y_1^2}{3}} = \frac{y_1}{\sqrt{3}}$, der Schwingungspunkt in Bezug auf die X-Achse hat die Höhe $\frac{2}{3} y_1$. Alle diese Werte gelten auch von der Geraden OA in Bezug auf die X-Achse. Für den durch Drehung um die Achse X auf dem Rechteck entstehenden Kreiscylinder ist der Inhalt gleich $\frac{2\pi y_1^2}{2}\sqrt{1+\frac{1}{a^2}} = \pi y_1^2 \sqrt{1+\frac{1}{a^2}}$, das Moment erster Ordnung in Bezug auf diese Achse gleich $\frac{2\pi y_1^3}{3}\sqrt{1+\frac{1}{a^2}}$, das Trägheitsmoment in Bezug auf diese Achse $\frac{2\pi y_1^4}{4}\sqrt{1+\frac{1}{a^2}} = \frac{\pi y_1^4}{2}\sqrt{1+\frac{1}{a^2}}$, das Planmoment zweiter Ordnung in Bezug auf einen Hauptschnitt durch die X-Achse gleich $\frac{\pi y_1^4}{4}\sqrt{1+\frac{1}{a^2}}$. Dieselben Ausdrücke gelten für die Fläche des aus der Geraden durch Drehung um die X-Achse entstehenden Kegels in Bezug auf die X-Achse.

Die entsprechende Behandlung des anderen Rechtecks in Bezug auf die Y-Achse wird ebenso durchgeführt, bezieht sich auf die andere Kegelfläche, bietet aber sonst nichts Neues.

§ 75) Beispiel der Kreislinie $x^2+y^2=1$ und der zugeordneten Flächen. Die Betrachtung soll auf den ersten Quadranten beschränkt werden, das Wort Kreislinie soll also stets den Viertelkreis bedeuten. Für jeden Punkt der Kreislinie ist $\tan\alpha = -\tan\gamma = -\frac{x}{y}$, also

$$\cos\alpha = \frac{1}{\sqrt{1+\frac{x^2}{y^2}}} = \frac{y}{\sqrt{y^2+x^2}} = \frac{y}{1} = \sqrt{1-x^2}.$$

Die Gleichung der Grenzkurve für die zweite zugehörige Fläche ist also

$$\eta = \frac{1}{\sqrt{1-x^2}} \quad \text{oder} \quad \frac{1}{\eta} = \sqrt{1-x^2}.$$

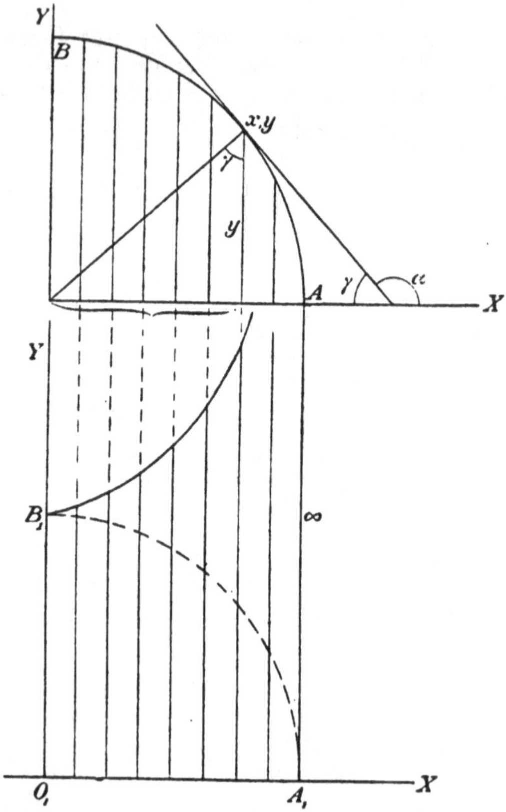

Fig. 19.

Aus der zweiten Schreibart erkennt man, daſs die Ordinaten der neuen Kurve die Reciproken der Ordinaten des Kreises sind, also mittels der Proportion $y : 1 = 1 : \eta$ leicht konstruiert werden können.

[Für die erste zugeordnete Fläche ergiebt sich aus

$\tan\beta = -\frac{y}{x}$ ebenso $\cos\beta = \frac{1}{\sqrt{1+\frac{y^2}{x^2}}} = \frac{x}{1} = \sqrt{1-y^2}$,

als Grenzkurve ebenso $\xi = \frac{1}{\sqrt{1-y^2}}$, was nichts Neues giebt.]

Für die Kreislinie (im ersten Quadranten) kennt man die Länge $\overset{x=r}{\underset{x=0}{l}} = \frac{\pi}{2} r = \frac{\pi}{2}$, den Schwerpunktsabstand von der Y-Achse $x_s = \frac{2r}{\pi} = \frac{2}{\pi}$, das statische Moment in Bezug auf die Y-Achse $M_y = x_s l = \frac{2r}{\pi} \cdot \frac{\pi r}{2} = r^2 = 1$. Da ferner der Kreisquadrant in Bezug auf O das polare Trägheitsmoment $\frac{\pi}{2} r \cdot r^2 = \frac{\pi}{2} r^3 = \frac{\pi}{2}$ hat, so ist das axiale in Bezug auf die Y-Achse $T_y = \frac{\pi r^3}{4} = \frac{\pi}{4}$. Der mittlere Trägheitsabstand des Quadranten der Kreislinie von der Y-Achse ist also

$$x_m = \sqrt{\frac{T_y}{l}} = \sqrt{\frac{\frac{\pi r^3}{4}}{\frac{\pi}{2}}} = r\sqrt{\frac{1}{2}} = \sqrt{\frac{1}{2}}.$$

Der entsprechende Schwingungsmittelpunkt hat den Abstand

$$x_\sigma = \frac{T_y}{M_y} = \frac{\frac{\pi r^3}{4}}{r^2} = \frac{\pi r}{4} = \frac{\pi}{4}.$$

Die Drehung um die Y-Achse giebt eine Halbkugelfläche, die im Vergleich mit einem umbeschriebenen Cylinder mit horizontalem Grundkreis zu betrachten ist. [Jede Kugelzone $DEFG$ ist dabei gleichflächig mit der entsprechenden

$D_1 E_1 F_1 G_1$ des Cylinders. Für diesen sei nach der Schichtenmethode $q = 2\pi r$, also die Fläche

$$\overset{y=y_1}{\underset{y=0}{F}} = 2\pi r \frac{y_1}{1}, \text{ also } \overset{r}{\underset{0}{F}} = 2\pi r^2,$$

das statische Moment in Bezug auf die Grundebene

$$\overset{y_1}{\underset{0}{M}} = 2\pi r \frac{y_1^2}{2}, \text{ also } \overset{r}{\underset{0}{M}} = \pi r^3,$$

das Trägheitsmoment in Bezug auf die Grundebene

$$\overset{y_1}{\underset{0}{T}} = 2\pi r \frac{y_1^3}{3}, \text{ also } \overset{r}{\underset{0}{T}} = \frac{2}{3}\pi r^4.$$

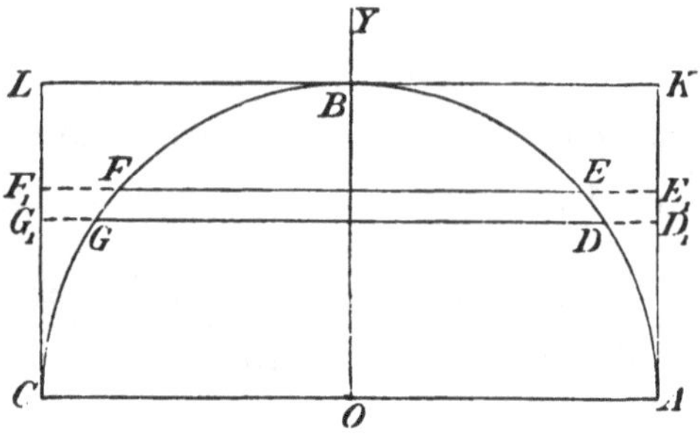

Fig. 20.

Daraus folge für die Halbkugel in Bezug auf die Grundfläche dasselbe. Für die ganze Kugel sei

$$\overset{+y_1}{\underset{-y_1}{M}} = 0, \text{ dagegen sei } \overset{+y_1}{\underset{-y_1}{T}} = 4\pi r \frac{y_1^3}{3}, \text{ also } \overset{+r}{\underset{-r}{T}} = \frac{4}{3}\pi r^4,$$

und das axiale Trägheitsmoment für jeden Durchmesser sei doppelt so grofs, d. h. $T = \frac{8}{3}\pi r^4$, für die Halbkugel also in Bezug auf die Y-Achse $T_y = \frac{4}{3}\pi r^4$.]

Für die vorliegende Halbkugel mit Radius 1 ist also in Bezug auf die Y-Achse $T_y = \frac{4}{3}\pi r^4 = \frac{4}{3}\pi$, das statische

Moment in Bezug auf die YZ-Ebene $= 0$, das Trägheitsmoment in Bezug auf diese Ebene $T_{yz} = \frac{2}{3}\pi$ u. s. w.

Für die dem Kreise zugeordnete Fläche $O_1 A_1 \infty B_1$ folgt also Fläche $\overset{x_1}{\underset{0}{F}} = \frac{2}{\pi}$, Schwerpunktsabstand $x_s = \frac{2r}{\pi} = \frac{2}{\pi}$, $M_y = r^2 = 1$, Trägheitsmoment $T_y = \frac{\pi}{4}$, mittlerer Trägheitsabstand $x_m = \sqrt{\frac{1}{2}}$, Abstand des Schwingungsmittelpunktes $x_\sigma = \frac{T_y}{M_y} = \frac{\pi}{4}$.

Für den durch Drehung dieser Fläche um die Y-Achse entstehenden Körper folgt: Inhalt $J = 2\pi$, Trägheitsmoment in Bezug auf die YZ-Ebene $T_{yz} = \frac{2\pi r^4}{3}$ $= \frac{2\pi}{3}$, axiales Trägheitsmoment $T_y = \frac{4\pi r^4}{3} = \frac{4\pi}{3}$, u. s. w.

[Ohne die vorliegende Methode hätte man, um die Fläche zu finden, $\eta = \frac{1}{\sqrt{1 - x^2}}$ in binomscher Reihe entwickeln müssen, also

$$(1 - x^2)^{-\frac{1}{2}} = 1 + \frac{x^2}{2 . 1} + \frac{1 . 3}{2^2 . 1 . 2} x^4 + \frac{1 . 3 . 5}{2^3 . 1 . 2 . 3} x^6 + \frac{1 . 3 . 5 . 7}{2^4 . 1 . 2 . 3 . 4} x^8 + \ldots,$$

woraus nach der Schichtenmethode folgt

$$\frac{x}{1} + \frac{1}{2 . 1}\frac{x^3}{3} + \frac{1 . 3}{2^2 . 1 . 2}\frac{x^5}{5} + \frac{1 . 3 . 5}{2^3 . 1 . 2 . 3}\frac{x^7}{7} + \ldots = \arcsin x,$$

was in der That von 0 bis 1 auf $\arcsin 1 = \frac{\pi}{2}$ führt, u. s. w.

Hätte es sich um den Kreis $x^2 + y^2 = r^2$ gehandelt, so hätte man erhalten

$$\cos \alpha = \frac{y}{\sqrt{x^2 + y^2}} = \frac{y}{r} = \frac{1}{r} \sqrt{r^2 - x^2} = \sqrt{1 - \left(\frac{x}{r}\right)^2}.$$

Die Gleichung der Kurve wäre also geworden $\eta = \frac{1}{\sqrt{1 - \left(\frac{x}{r}\right)^2}}$ und dies mufs von $x = 0$ bis $x = r$ auf die Fläche $\frac{\pi}{2} r$ führen, weil dies der Länge der Kreislinie entspricht. Alo mufs

$$\frac{\left(\frac{x}{r}\right)}{1} + \frac{1}{2.1} \frac{\left(\frac{x}{3}\right)^3}{3} + \frac{1.3}{2^2.1.2} \frac{\left(\frac{x}{r}\right)^5}{5} + \ldots = r \arcsin\left(\frac{x}{r}\right)$$

sein.]

§ 76) Nun lassen sich aber auch Bogen der Kreislinie mit beliebigem Centriwinkel behandeln. So ist z. B. das polare Trägheitsmoment eines Kreisbogens mit dem Centriwinkel $2\gamma^0$ in Bezug auf den Mittelpunkt O ($r = 1$ als Radius vorausgesetzt)

$$T_p = 2 . \hat{\gamma} . 1^2 = 2 \pi \frac{\gamma^0}{180^0} . 1^2,$$

also, wenn die X-Achse Symmetrieachse des Bogens ist,

$$T_y - \hat{\gamma} . 1^2 = \pi \frac{\gamma^0}{180^0} . 1^2.$$

Die Bogenlänge $2 \pi \frac{\gamma^0}{180^0}$, der Schwerpunktsabstand x_o, das statische Moment M_y u. s. w. ist ebenfalls nach den früheren Untersuchungen bekannt. Alles also gilt für das „Segment" $P_1 Q_1 (+\infty) (-\infty)$ der zugeordneten Fläche.

Da ferner die durch Drehung des Kreisbogens um die Y-Achse entstehende Zone bezüglich der Momente u. s. w. keine Schwierigkeiten macht, so ist das entsprechende für den Drehungskörper des Segments der zugeordneten Fläche ebenfalls leicht zu erledigen.

Setzt man aber

$$OD = x, \quad DQ = y,$$

so ist

$$\hat{\gamma} = \arcsin y = \arccos x$$

$$= \arctan \frac{y}{\sqrt{1-y^2}}$$

$$= \operatorname{arccot} \frac{x}{\sqrt{1-x^2}}.$$

Die Reihen-Entwickelungen geben also auf geometrischem Wege Summen, die mit den genannten Funktionen zusammenhängen. Vergleiche Band III Seite 160 des methodischen Lehrbuchs des Verfassers, wo die Reihen für π, $\arcsin y$ und $\arccos y$ in dieser Weise geometrisch abgeleitet werden.

Das vorliegende Beispiel ist also ein besonders instruktives, da es auch für die Reihenlehre auf bequeme Weise wichtige Resultate giebt.*)

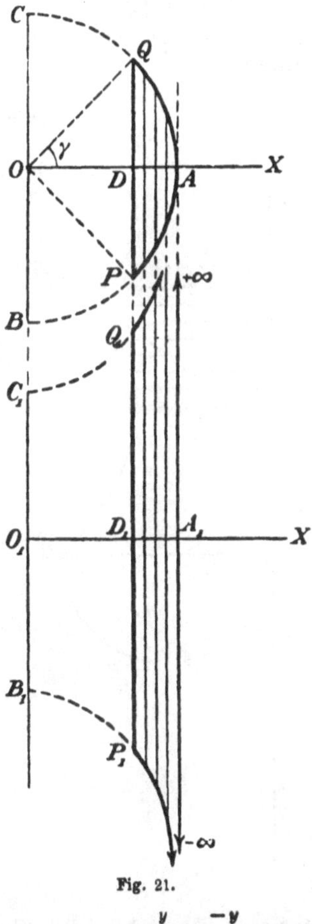

Fig. 21.

§ 77) Beispiel der Kettenlinie $x = \frac{e^y + e^{-y}}{2}$ oder $y = lg(x + \sqrt{x^2 - 1})$ und der beiden ihr zugeordneten Flächen.

*) Analytisch betrachtet handelt es sich bei dieser Methode häufiger um die Integration irrationaler Funktionen mit Quadratwurzeln aus Ausdrücken zweiten und, wie sich zeigen wird, auch höheren Grades.

Nach § 122 hat die Tangente dieser Kettenlinie (im Punkte $x_1\, y_1$) gegen die Y-Achse eine Neigung β, die sich durch

$$\cos\beta = \frac{1}{x_1} = \frac{2}{e^{y_1} + e^{-y_1}}$$

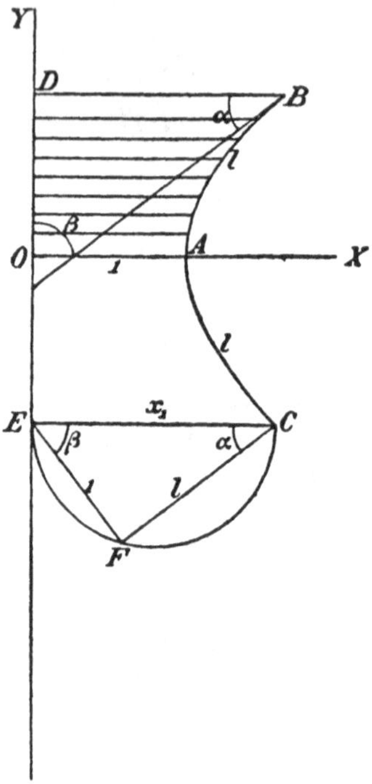

Fig. 22.

bestimmt. Die Gleichung der Grenzlinie für die zugeordnete Fläche ist also

$$\xi = \frac{e^{y} + e^{-y}}{2},$$

d. h. die Kettenlinie selbst. Demnach mufs die Formel für die Länge AB der Kettenlinie mit der für die Fläche $OABD$ übereinstimmen. In der That war im § 125 des dritten Bandes gezeigt,*) dafs

$$\overset{y_1}{\underset{0}{l}} = \sqrt{x_1^2 - 1} = \frac{e^{y_1} - e^{-y_1}}{2}$$

und ebenso

$$\overset{y}{\underset{0}{F}} = \sqrt{x_1^2 - 1} = \frac{e^{y_1} - e^{-y_1}}{2}$$

ist. Der Schwerpunktsabstand y_s für Fläche und Kurve müssen also ebenfalls übereinstimmen. Dort war gezeigt, dafs für die Fläche

$$y_s = \frac{y_1\left(e^{y_1} - e^{-y_1}\right) - \left(e^{y_1} + e^{-y_1}\right) + 2}{e^{y_1} - e^{-y_1}}$$

*) Die x und y der dortigen Formeln müssen mit einander vertauscht werden.

ist. Dies gilt also zugleich für die Kurve, wie dort bereits angedeutet war. Demnach ist auch die Formel $2\pi y_s F$ für die durch Umdrehung der Fläche $OABD$ um die X-Achse entstehenden Körper übereinstimmend mit der Mantelfläche $2\pi y_s . l$ des durch Umdrehung der Kettenlinie um die X-Achse entstehenden Gebildes.

Für die Grenzlinie der zweiten zugeordneten Kurve folgt aus

$$\cos\alpha = \sqrt{1-\cos^2\beta} = \sqrt{1-\frac{1}{x_1^2}} = \frac{1}{x_1}\sqrt{x_1^2-1}$$

die Gleichung

$$\eta = \frac{x}{\sqrt{x^2-1}}.$$

Die Fläche für die neue Kurve, von $x=1$ bis $x=x_1$ gerechnet, ist ebenfalls gleich $\sqrt{x_1^2-1}$, was der Kurvenlänge $AB=\sqrt{x_1^2-1}$ entspricht. Der Schwerpunktsabstand der neuen Fläche ist gleich dem der Kettenlinie, der als

$$x_s = \frac{x_1\sqrt{x_1^2-1}+lg\,(x_1+\sqrt{x_1^2-1})}{2\sqrt{x_1^2-1}}$$

bestimmt worden war. Die Umdrehungsfläche der Kettenlinie, das Katenoid, giebt zugleich die Formel für den Umdrehungskörper der Fläche (um die Y-Achse). Auch jene Mantelfläche war dort als

$$\overset{+y}{\underset{-y}{M}} = \frac{\pi}{2}\left[e^{2y}-e^{-2y}+4y\right]$$

bestimmt worden.

Entwickelt man $\eta = \dfrac{x}{\sqrt{x^2-1}}$ und $\overset{x}{\underset{0}{F}} = \sqrt{x^2-1}$ als binomische Reihen, und wendet man auf diese die Methode der Schichten an, so geben die gefundenen Resultate die Summierung der neuen Reihen. Auch die Reihen für

$$x = \frac{e^y+e^{-y}}{2} = 1+\frac{x^2}{1.2}+\frac{x^4}{1.2.3.4}+\frac{x^6}{1.2.3.4.6}+\ldots$$

und

$$x = \frac{e^{y} - e^{-y}}{2} = \frac{x}{1} + \frac{x^3}{1.2.3} + \frac{x^5}{1.2.3.4.5} + \dots$$

lassen hier einfache Verwendungen zu.

Die weitere Ausführung des Gegenstandes sei dem Leser überlassen. In ähnlicher Weise führt bei der logarithmischen Linie $x = e^{y}$ die Methode auf $\xi = \sqrt{1 + e^{2y}}$ und $\eta = \sqrt{1 + \frac{1}{x^2}}$.

§ 78) Beispiel der gleichseitigen Hyperbel $y = \frac{1}{x}$. Für den Punkt x_1, y_1 der Kurve ist

$$\tan\alpha = -\tan\gamma = \frac{y_1}{x_1},$$

also

$$\cos\alpha = \frac{1}{\sqrt{1 + \left(\frac{y_1}{x_1}\right)^2}} = \frac{x_1}{\sqrt{x_1^2 + y_1^2}} = \frac{x_1}{\sqrt{x_1^2 + \frac{1}{x_1^2}}} = \frac{x_1^2}{\sqrt{x_1^4 + 1}},$$

die eine zugeordnete Kurve erhält also die Gleichung

$$\eta = \frac{1}{x_1^2}\sqrt{1 + x_1^4}.$$

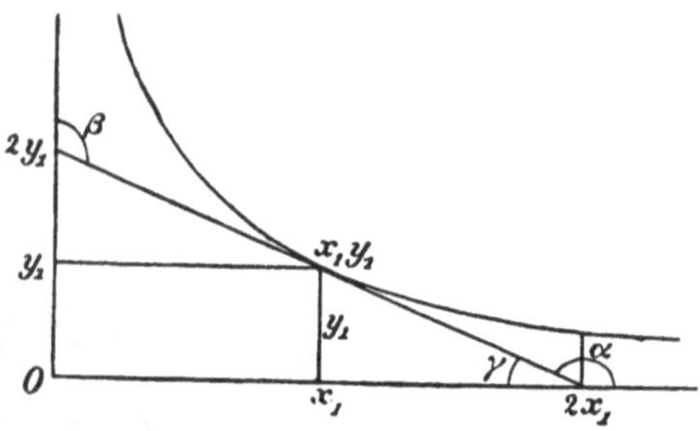

Fig. 23.

Die andere zugeordnete Kurve giebt nichts Neues. Man versuche auf Grund der für diese Hyperbel bekannten Resultate solche für die zugeordneten Flächen abzuleiten. (Die Reihenentwickelung und die Anwendung der Schichtenmethode führt auf neue Reihen, die in der Analysis auf die Theorie der elliptischen Integrale hinausläuft. Deshalb wird hier auf ausführliche Besprechung verzichtet.

§ 79) Beispiel der Hyperbel $\frac{x^2}{a^2}-\frac{y^2}{b^2}=1$. Die Gleichung der Tangente wird, wie leicht zu zeigen ist,

$$\frac{x x_1}{a^2}-\frac{y y_1}{b^2}=1 \text{ oder } y=\frac{x_1 b^2}{y_1 a^2}x-\frac{b^2}{y_1},$$

so dafs

$$\tan\alpha=\frac{b^2 x_1}{a^2 y_1},$$

allgemein also

$$\cos\alpha=\frac{a\sqrt{x^2-a^2}}{\sqrt{x^2(a^2+b^2)-a^4}},$$

die Gleichung der einen zugeordneten Kurve also

$$\eta^2=\frac{x^2(a^2+b^2)-a^4}{a^2(x^2-a^2)}$$

wird. Jetzt ist η in binomischer Reihe zu entwickeln u. s. w.

§ 80) Für die Ellipse $\frac{x^2}{a^2}+\frac{y^2}{b^2}=1$ wird die Tangentengleichung ebenso $\frac{x x_1}{a^2}+\frac{y y_1}{b^2}=1$, oder $y=\frac{b^2}{y_1}-\frac{b^2 x_1}{a^2 y_1}x$, also $\tan\alpha=-\frac{b^2 x_1}{a^2 y_1}$, allgemein also

$$\cos\alpha-\frac{a\sqrt{x^2-a^2}}{\sqrt{a^4+x^2(b^2-a^2)}},$$

so dafs die Gleichung der zugeordneten Kurve wird

$$\eta^2=\frac{x^2(b^2-a^2)+a^4}{a^2(x^2-a^2)}.$$

Wiederum ist η in binomscher Reihe zu entwickeln.

Die Lösung der drei letzten Aufgaben gehört der höheren Mathematik an, da sie auf elliptische Integrale führt.

§ 81) Bemerkungen. Die hier behandelte Methode scheint zuerst von Huygens angedeutet zu sein. Wenigstens hat dieser die Rektifizierung der Parabel mit der Quadrierung einer Hyperbel in Verbindung gebracht. Bekanntlich verhielt er sich ablehnend gegen die ihm von Leibniz brieflich mitgeteilten Methoden der Differential- und Integralrechnung. Aber gerade hier hätte sich ihm der Gedanke aufdrängen sollen, dafs die Notwendigkeit gewisser Reihensummierungen, die geschlossen nicht durchgeführt werden konnten, auf einen Ausbau der Analysis hindrängen mufste. Gerade der Umstand, dafs die gewonnenen Ausdrücke mehrfacher Deutung fähig waren, erstens als Kurve, zweitens als Fläche, dafs sie auch für die Mechanik nutzbringend gedeutet werden konnten, hätte ihn zur Überzeugung darüber bringen sollen, dafs die Sprache der Analysis die allgemeinere war. Dafs ferner die hier stets auftretende Neigung der Tangente und die Schlufskoordinate der Kurve nichts anderes waren, als Deutungen des Differentialquotienten, konnte ihm ebenfalls nicht verborgen bleiben. Jener Briefwechsel spielte sich allerdings in den letzten Lebensjahren des grofsen Holländers ab. Vielleicht würde er bei längerer Lebensdauer die Fortschritte der neuen Sprache der höheren Analysis verfolgt und den Versuch gemacht haben, der Differentialrechnung eine wirkliche Differentialgeometrie im oben besprochenen Sinne gegenüberzustellen, die auf die Zeichensprache der ersteren verzichtet, etwa so, wie es bei der algebraischen Analysis der Fall ist. Die letztere wurde allerdings erst durch Euler zu einiger Vollkommenheit gebracht, der erstens die Reihenlehre und zweitens die Behandlung des Imaginären ganz aufserordentlich förderte und die Periodizität und Vieldeutigkeit der Exponentialfunktion bezw. des Logarithmus erkannte, und damit die Theorie der doppeltperiodischen Funktionen und der doppelt vieldeutigen Integrale ermöglichte. Huygens würde also sehr bald auf damals unüberwindliche Schwierigkeiten gestofsen sein.

Eine Anzahl von Reihensummierungen, die vor der allgemeinen Einführung der Differential- und Integralrechnung ausgeführt wurden, verdankt man übrigens, wie es scheint, nicht arithmetischen, sondern geometrischen Methoden. Man fand z. B. gewisse Flächeninhalte, leitete daraus geometrisch andere ab, drehte oder verschob auch das Koordinatensystem. So erhielt man Reihen von anderer Gestalt, deren Summe man schon vorher kannte. Die Angelegenheit ist also immerhin von historischem Interesse.

Die höhere Analysis hat im vergangenen Jahrhundert

eine grofse Zahl der vorliegenden Schwierigkeiten überwunden und die Geometrie der Ebene, des dreidimensionalen Raumes und der n-dimensionalen Räume, ebenso die Mechanik der letzteren dadurch in ungeahnter Weise gefördert. Der Geometrie ist es bisher nicht gelungen, es ihr gleich zu thun, obwohl z. B. Steiner und Lie bedeutende Vorstöfse in Gebiete gemacht haben, die von der Analysis noch nicht in Angriff genommen waren. Ob es der Geometrie möglich sein wird, die Analysis wieder einzuholen, läfst sich schwer entscheiden. Die Unmöglichkeit ist sicher bisher noch nicht nachgewiesen worden.

ι) Stereometrische und mechanische Veranschaulichung der statischen Momente, der Trägheitsmomente und der Centrifugalmomente und der Polarmomente für ebene Flächen und ebene Kurven nebst Anwendungen.

§ 82) In der Ebene des Rechtecks $ABCD$ sei eine beliebige Fläche F gegeben. Über dieser denke man sich einen senkrechten Cylinder, der durch eine unter 45^0 geneigte und

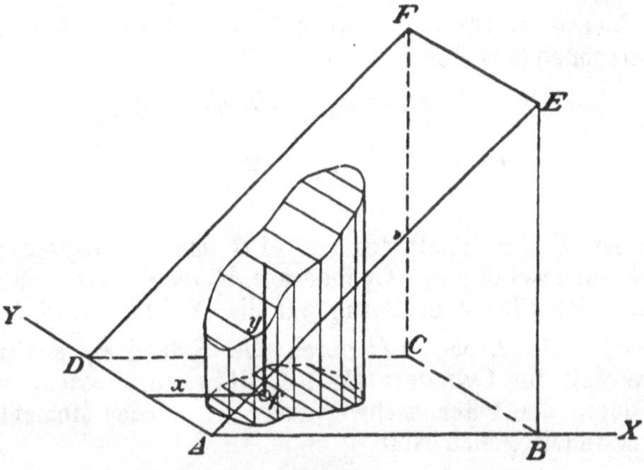

Fig. 24.

durch AB gehende Ebene abgeschrägt wird. An dem so gestalteten Cylinder lassen sich die oben genannten Momente bequem veranschaulichen und deuten.

Über jedem kleinen Flächenteilchen f steht nämlich ein Cylinder von einer Höhe x, die wegen des Winkels 45^0

gleich dem Abstande des Flächenteilchens von der Achse AB ist. Folglich ist der Inhalt des kleinen Cylinders $f.x$ zugleich das statische Moment seiner Grundfläche in Bezug auf die Achse AD. Dies gilt auch von der Summe aller Cylinder und Flächenteilchen. Folglich:

Der Inhalt des abgeschrägten Cylinders ist gleich dem statischen Momente seiner Grundfläche in Bezug auf die Achse AD.

Nach Band II, § 111 ist aber der Inhalt des abgeschrägten Cylinders $J = F.h_s = F.x_s$, wo $h_s = x_s$ die Höhe des Cylinders über dem Schwerpunkte der Fläche ist. Bezeichnet man also das statische Moment der Fläche F in Bezug auf die Achse AD (Y-Achse) mit M_y, so ist

$$M_y = J = F x_s,$$

der Schwerpunktsabstand der Fläche also

$$x_s = \frac{J}{F} = \frac{M_y}{F}.$$

Ebenso ist für die Achse AB der Schwerpunktsabstand zu berechnen aus der Formel

$$M_x = J_1 = F.y_s,$$

als

$$y_s = \frac{J_1}{F} = \frac{M_x}{F},$$

dabei ist J_1 der Inhalt des von AB aus in entsprechender Weise abgeschrägten Cylinders, $M_x = J_1$ das statische Moment der Fläche in Bezug auf die X-Achse AB.

Geht die Achse AD durch die Fläche F, so ist der untere Teil des Cylinders als negativ aufzufassen. Geht AD durch den Flächenschwerpunkt, so werden Moment und Cylinderinhalt gleich Null.

§ 83) Das statische Moment des abgeschrägten Cylinders in Bezug auf die Achse AD ist gleich dem Trägheitsmomente der Grundfläche in Bezug auf dieselbe Achse.

Jede kleine Säule hat nämlich den Inhalt fx, ihr statisches Moment in Bezug auf die Y-Achse ist also gleich

$f \cdot x \cdot x = f x^2$, d. h. gleich dem Trägheitsmoment des Flächenteilchens f in Bezug auf die Achse AD. Dehnt man dies über die Summe der Flächenteilchen aus, so hat man den behaupteten Satz.

Wird die Fläche von AD geschnitten, so ist für den unteren Teil des Cylinders zwar jeder Inhalt fx als negativ aufzufassen, aber auch jeder Abstand x, so daſs jedes fx^2 positiv bleibt.

Der abgeschrägte Cylinder hat einen Schwerpunkt. Die durch diesen gelegte Senkrechte soll die Schwerpunktsachse heiſsen. Ist x_σ deren Abstand von AD, so ist $x_\sigma J = T_y$, wenn das Trägheitsmoment der Fläche F in Bezug auf die Y-Achse AD mit T_y bezeichnet wird, denn $x_\sigma J$ ist das statische Moment des Cylinders. Daraus folgt als **Abstand der Schwerpunktsachse des abgeschrägten Cylinders von der Schnittlinie der Schrägfläche und der Grundfläche**

$$x_\sigma = \frac{T_y}{J} = \frac{T_y}{M_y} = \frac{\text{Trägheitsmoment.}}{\text{statisches Moment.}}$$

In dem Abstande x_σ liegen die Punkte, welche für die um die Y-Achse schwingende (pendelnde) Fläche F als Schwingungspunkte zu betrachten sind.

[Ebenso findet man $y'_\sigma = \frac{T_x}{J} = \frac{T_x}{M_x}$ als Abstand der Schwingungspunkte derselben Fläche in Bezug auf AB, wenn man sich den Cylinder durch die durch AB gehende Schrägfläche von 45^0 Neigung abgeschrägt denkt.]

§ 84) Für die Schwerpunktsachse des ersten abgeschrägten Cylinders war oben der eine Abstand x_σ bestimmt worden. Um sie vollständig zu bestimmen, braucht man noch den Abstand der Achse von einer beliebig liegenden X-Achse, z. B. von AB. Bezeichnet man diesen Abstand mit y_σ, so ist er zu bestimmen aus

$$y_\sigma J = M'_x.$$

Demnach ist

$$y_\sigma = \frac{M'_x}{J} = \frac{M'_x}{M_y},$$

wo eben M'_x das statische Moment des Cylinders auf die X-Achse ist. Nun hat aber jede kleine Säule den Inhalt fx und von der X-Achse einen Abstand y. Das Moment der Säule ist also gleich $(fx)\,y = fxy$ und daher $M'_x = \Sigma fxy$ d. h. gleich dem Centrifugalmoment der Fläche in Bezug auf beide Achsen, welches mit C_{xy} zu bezeichnen ist.

Der Abstand der Schwerpunktsachse des abgeschrägten Cylinders der Figur 24 ist also

$$y_\sigma = \frac{C_{xy}}{M_y} = \frac{\text{Centrifugalmoment}_{xy}}{\text{statisches Moment}_y},$$

wobei x und y die Achsen bedeuten, auf welche die Momente zu beziehen sind.

Der Schwerpunkt des Cylinders liegt also auf der durch x_σ und y_σ bestimmten Achse, und zwar in halber Höhe der letzteren.

Letzteres ist der Fall, weil jedes der Säulchen seinen Schwerpunkt in einer Ebene hat, welche die Höhen sämtlicher kleinen Säulchen halbiert.

Für manche Fälle ist y_σ leicht zu bestimmen, dann kann man die Formel benutzen, das Centrifugalmoment$_{xy}$ zu bestimmen durch die Gleichung

$$\text{Centrifugalmoment}_{xy} = y_\sigma \,.\, \text{stat. Moment}_y$$

oder

$$C_{xy} = y_\sigma \,.\, M_y \,.$$

Handelt es sich z. B. um das Rechteck $ABCD$ der Figur 24 mit den Seiten x und y, so hat der Dachkörper den Inhalt $J = xy \,.\, \frac{x}{2} = \frac{x^2 y}{2}$, seine Schwerpunktsachse aber hat von der X-Achse den Abstand $y_\sigma = \frac{y}{2}$. Das statische Moment der Fläche ist $M_y = \frac{x^2 y}{2}$, also ist

$$C_{xy} = \frac{x^2 y}{2} \,.\, \frac{y}{2} = \frac{x^2 y^2}{4}\,.$$

Bemerkung. Nach Cavalieri gilt die Bestimmung der Schwerpunktsachse des abgeschrägten Cylinders oder Prismas auch dann, wenn der Neigungswinkel der Abschrägungsfläche ein anderer als 45^0 ist, denn die Verlängerung aller Höhen in demselben Verhältnis ändert die Lage der Schwerpunktsachse nicht.

Damit ist für das Centrifugalmoment einer ebenen Fläche in Bezug auf zwei auf einander senkrechte Achsen ihrer Ebene erstens eine bequeme mechanische Deutung, zweitens ein wichtiges Anwendungsbeispiel gefunden.

Diesem läfst sich sofort ein zweites anschliefsen.

§ 85) Aufgabe. Wo liegt der Schwerpunkt für den Sektor eines Guldinschen Drehungskörpers von beliebigem Profil?

Auflösung. Man denke sich die obige Fläche F um $A_1 D_1$ drehend und so den Guldinschen Körper erzeugend. Figur 25 stellt dies für dessen Hälfte im Aufrifs und Grundrifs dar. Im Aufrifs erkennt man, dafs jeder kleine Sektor PQQ_1P_1 als abgeschrägter Cylinder betrachtet werden

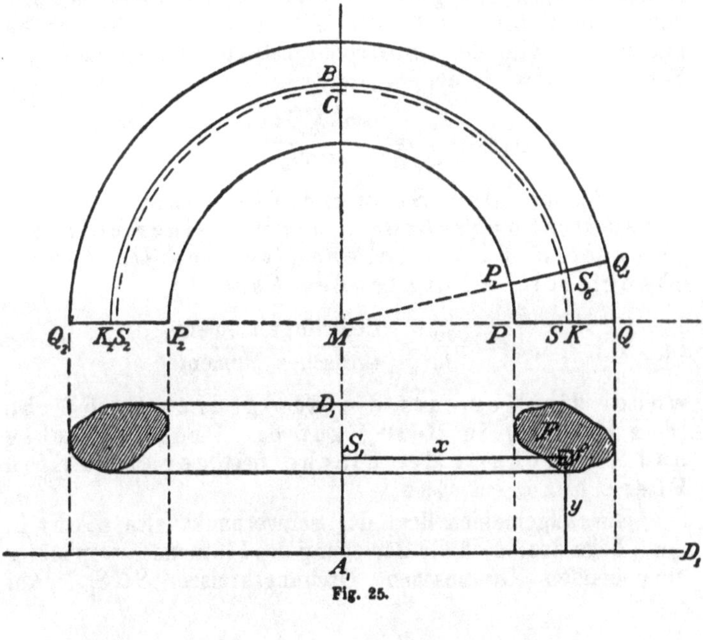

Fig. 25.

kann, dessen Schwerpunkt S_σ auf einer „Achse" liegt, die von M die Entfernung $r_\sigma = \frac{T_y}{M_y}$ hat, wo die beiden Momente die der Profilfläche in Bezug auf die durch M dargestellte Achse AD sind. Folglich:

Die Schwerpunkte der kleinen Sektoren eines Guldinschen Drehungskörpers liegen auf einem Kreise KBK_2 vom Radius $r_\sigma = \frac{T_y}{M_y}$.

(Sie liegen also nicht auf dem Guldinschen Kreise SCS_2, wie in einigen Lehrbüchern irrtümlich angenommen wird.) Dadurch ist zunächst für die Schwerpunktslage nur ein Cylinder bestimmt.

Im Grundrifs ist jetzt der Abstand der Ebene dieser Schwerpunkte von einer willkürlich gewählten Ebene $A_1 D_1$ zu suchen. Jedes Flächenteilchen f bildet einen Ring vom Inhalte $2\pi f x$, wenn x sein Abstand von der Drehungsachse ist. Das statische Moment dieses Ringes in Bezug auf die Ebene AD ist also gegeben durch $2\pi f x y$, wenn der Abstand mit y bezeichnet wird. Für den ganzen Körper bestimmt sich also der Schwerpunktsabstand y_σ mit Hilfe der Formel $y_\sigma . J = M$ als

$$y_\sigma = \frac{M}{J} = \frac{2\pi \sum f x y}{2\pi M_y} = \frac{C_{xy}}{M_y}.$$

Folglich: Der Schwerpunkt eines Guldinschen Drehungskörpers hat von einer beliebig gewählten Parallelebene (zu den Drehungsebenen seiner Punkte) den Abstand

$$y_\sigma = \frac{C_{xy}}{M_y} = \frac{\text{Centrifugalmoment}}{\text{statisches Moment}},$$

wobei die Momente die der gedrehten Fläche (des Profils) in Bezug auf die Drehungsachse und den Schnitt der Fläche mit der gewählten Ebene bezogen sind.

[Im allgemeinen liegt der Schwerpunkt also nicht in der Ebene des durch die Bewegung des Flächenschwerpunktes entstehenden Guldinschen Drehungskreises SCS_2. Auf

Seite 71 der Ingenieurmathematik des Verfassers wird gezeigt, dafs, wenn die rotierende Fläche eine zur Drehungsachse parallele Symmetrieachse besitzt, ein Ausgleich derart stattfindet, dafs der Schwerpunkt in die Ebene des Guldinschen Drehungskreises fällt.]

Damit ist für die Lage des Schwerpunktes eine Kreislinie auf dem oben gefundenen Cylinder bestimmt. Der Schwerpunkt des Körpers ist nun identisch mit dem des Bogens der so bestimmten Kreislinie.

Für den Halbkreis z. B. hat er von der Drehungsachse den Abstand $e = \frac{2r_\sigma}{\pi}$. Für den allgemeinen Sektor ist der Abstand

$$e = \frac{r_\sigma h}{\hat{s}} - \frac{h}{\hat{\alpha}} = \frac{2\, r_\sigma \sin\frac{\alpha}{2}}{\hat{\alpha}}.$$

Hier bedeutet h die Sehne des Kreisbogens, $\hat{s}$ seine Länge, $\hat{\alpha}$ den zum Centriwinkel α gehörigen Bogen des Einheitskreises.

Damit ist die Aufgabe vollständig gelöst.

§ 86) Aus der Gleichung $C_{xy} = \sum fxy = \sum fyx$ geht hervor, dafs man x und y vertauschen kann, ohne dafs das Centrifugalmoment sich ändert. Denkt man sich also den über F stehenden Cylinder durch eine Schrägfläche, die unter 45^0 Neigung durch AB geht, abgeschrägt, so hat der neue Cylinder in Bezug auf AD dasselbe statische Moment, wie der alte in Bezug auf AB. Demnach ist

$$C_{xy} = y_\sigma M_y = x'_\sigma M_x.$$

Für den ersten hatte die Schwerpunktsachse die Abstände

$$x_\sigma = \frac{T_y}{M_y},\ y_\sigma = \frac{C_{xy}}{M_y},\ \text{für den zweiten}\ x'_\sigma = \frac{C_{xy}}{M_x},\ y'_\sigma = \frac{T_x}{M_x}.$$

§ 87) Entsprechendes für die Umrandung der Fläche F. Man hat nur nötig, von der Umrandung

u der Fläche kleine Bogenelemente s zu betrachten (statt der früheren f), um folgende Sätze zu erhalten:

Die Mantelfläche des unter 45^0 abgeschrägten Cylinders ist gleich dem statischen Momente M_y seiner Grundlinie in Bezug auf die Abschrägungsachse AD. Der Schwerpunktsabstand der Grundlinie von AD ist bestimmt durch $x_s = \frac{M_y}{u}$. Das statische Moment der Mantelfläche in Bezug auf AD ist gleich dem Trägheitsmomente T_y der Grundlinie in Bezug auf AD, das statische Moment derselben Mantelfläche in Bezug auf AB ist gleich dem Centrifugalmomente C_{xy} der Grundlinie für die beiden Achsen. Die Schwerpunktsachse des abgeschrägten Cylindermantels hat von beiden Achsen die Entfernungen $x_\sigma = \frac{T_y}{M_y}$, $y_\sigma = \frac{C_{xy}}{M_y}$.

Für den zweiten Cylindermantel stelle man die Formeln selbst auf.

Alle Bemerkungen über die Schwingungspunkte, reduzierten Pendellängen, über die freien Drehungsachsen, über den Trägheitsradius u. s. w. bleiben bestehen.

Auch die Aufgabe über den Schwerpunkt der Guldinschen Drehungsfläche ist in derselben Weise, wie vorher, zu lösen.

§ 88) Deutung des Namens Centrifugalmoment an einer Centrifugal-Betrachtung.

Man denke sich eine homogene Fläche F, die sich um eine Achse AD dreht. Ist ϑ die Winkelgeschwindigkeit der Drehung, so erhält jedes Teilchen f eine Centrifugalkraft $fx\vartheta^2$. Die gesamte Centrifugalkraft ist also gleich

$$\vartheta^2 \sum f x = \vartheta^2 M_y,$$

d. h. ebenso grofs, als ob die Masse im Schwerpunkte vereinigt wäre. Der Angriffspunkt der Centrifugalkraft ist aber nicht etwa der Schwerpunkt der Fläche, sondern ein anderer. Die an gleichen Flächenteilchen wirkenden Kräfte sind nämlich proportional den Abständen von der Drehungsachse, ebenso, wie die Höhe des oben betrachteten Cylinders. Die Schwerpunktsachse des letzteren, bezw. ihr Fufspunkt giebt den Angriffspunkt an. Dieser ist also, wenn eine beliebige Grundebene AB angenommen wird, gegeben durch die Abstände

$$x_\sigma = \frac{T_y}{M_y}, \; y_\sigma = \frac{C_{xy}}{M_y}.$$

Angenommen, die Achse AD wäre bei A in einer Vertiefung aufgestellt, so würde das Centrifugalmoment, welches sie umstürzen will, von der Gröfse

$$\vartheta \sum f x \,.\, y = \vartheta^2 C_{xy}$$

sein. Dieses Moment ist also proportional dem oben behandelten Centrifugalmoment. Da es sich um ein Bestreben handelt, aus der Kreisbahn abzuweichen, so trägt das Moment auch den Namen Deviationsmoment. — An den Centrifugalkräften untersucht man am bequemsten, ob Gleichgewicht herrscht, oder ob z. B. Kräftepaare auftreten, deren Moment eben das Centrifugalmoment ist.

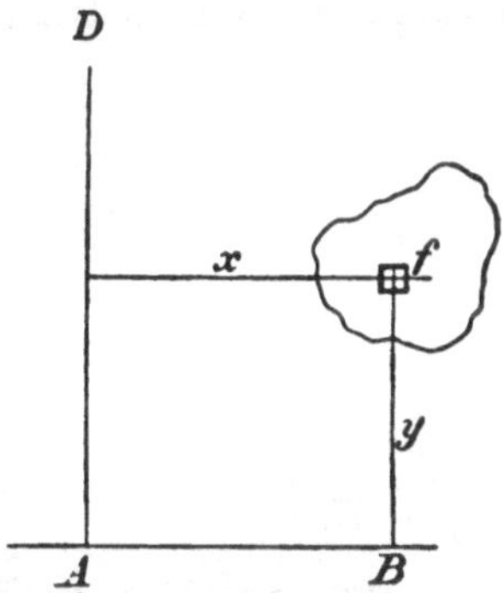

Fig. 26.

§ 89) Eine andere Veranschaulichung des axialen Trägheitsmomentes ebener Umrandungen. Man denke sich wiederum eine Grundebene $ABCD$ und in ihr eine Fläche F, deren Trägheitsmoment in Bezug auf die Achse AD untersucht werden soll. Zur Veranschaulichung denke man sich über der Fläche einen Cylinder stehend, und zwar über jedem Flächenteilchen einen solchen von der Höhe x^2, wobei x der Abstand von AD sein soll. Der Cylinder wird dann abgeschrägt durch eine parabolisch-cylindrische Fläche, die durch die Gleichung $z = x^2$ dargestellt wird.

Der Inhalt des parabolisch begrenzten Cylinders ist gleich dem Trägheitsmomente T_y

seiner Grundfläche in Bezug auf die Achse AD; seine Mantelfläche ist gleich dem entsprechenden Trägheitsmomente ihrer Grundlinie. Die mittlere Höhe des Cylinders ergiebt sich aus $h_t F = J = T_y$ als $h_t = \frac{T_y}{F}$ und befindet sich im Abstande $x_m = \sqrt{h_t} = \sqrt{\frac{T_y}{F}}$. Entsprechendes gilt für den Mantel, für den $h_t' = \frac{T_y'}{u}$ ist.

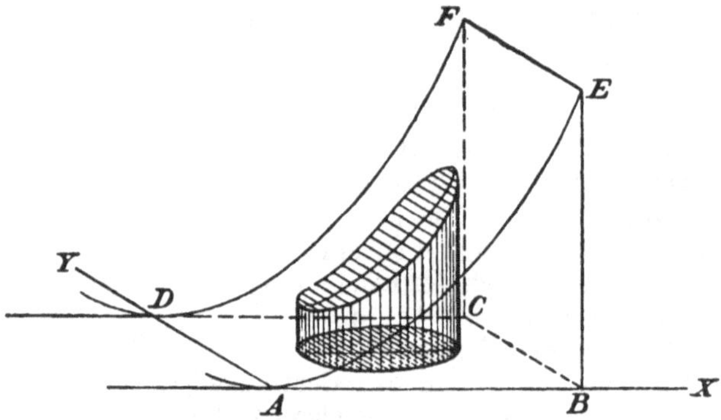

Fig. 27.

Das statische Moment dieses Körpers in Bezug auf AD und AB würde auf die Momente höherer Ordnung $\sum f x^3$ und $\sum f x^2 y$ führen, die ebenso, wie die früher besprochenen untersucht werden können.

§ 90) Stereometrische Veranschaulichung des Centrifugalmoments für ebene Flächen und ihre Umrandungen.

Man denke sich ein horizontales Quadrat $ABCD$ von der Seite 1 und über CD ein senkrecht stehendes Dreieck DCE von der Seite $CE = 1$ errichtet. Dann verbinde man B mit E, so dafs ein windschiefes Viereck $ABED$ entsteht, durch welches ein hyperbolisches Paraboloid bestimmt wird. Die beiden Scharen von Geraden dieser Fläche erhält man, indem man die gegenüberliegenden Seiten in eine gleiche Anzahl kleiner Teile einteilt und die entsprechenden Teilpunkte mit einander verbindet. Es fragt sich nun, wie grofs das Lot z in einem Punkte G (oder Flächenteilchen f) der Grundfläche ist, der die Abstände $FG = x$ und $JG = y$ haben möge. Man lege durch G eine senkrechte Ebene parallel zu AD, was ein Dreieck JKL giebt. In diesem ist $KL = x$, aber GH bestimmt sich aus $y : 1 = z : x$, so dafs

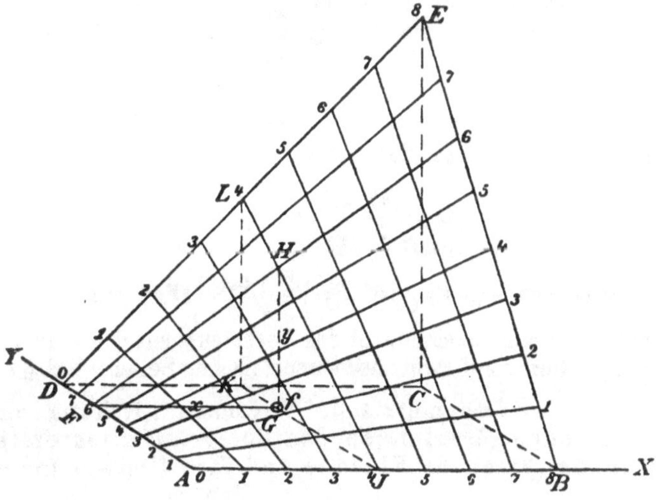

Fig. 28.

$z = xy$ ist.*) (Gleichung eines hyperbolischen Paraboloids.) Denkt man sich die Fläche durch die Geraden bis ins Unendliche fortgesetzt, so ergiebt sich für eine ebene Fläche F, die in die Grundebene gelegt ist, dafs der über ihr stehende Cylinder durch das hyperbolische Paraboloid so begrenzt wird, dafs sein Inhalt gleich $\sum fxy$, sein Mantel gleich $\sum sxy$ ist. Durch Cylinder und Mantel sind also die Centrifugalmomente der Grundfläche F und ihrer Umrandung in Bezug auf die Achsen AB und AD dargestellt.

*) In der Figur ist GH irrtümlich mit y bezeichnet. Es mufs heifsen z.

Handelt es sich um ein Rechteck mit den Seiten x_1 und y_1, so ist die Linie $D'E'$ natürlich nicht mehr unter 45^0 geneigt, ebensowenig die Gerade B_1E_1. Das Centrifugalmoment des Rechtecks bestimmt sich dann folgendermafsen: Die Höhe KL wird im Verhältnis von $1 : y_1$ vergröfsert, also wird $K_1L_1 = x \cdot y_1$, das Dreieck JK_1L_1 also gleich $xy_1 \cdot \frac{y_1}{2} = \frac{xy_1^2}{2}$. Dies ist der Querschnitt über JK in der Entfernung x, man hat also die Querschnittsformel

$$q_x = \frac{y_1^2}{2} \cdot x,$$

nach der Schichtenformel ist demnach der Inhalt des Körpers von $x = 0$ bis x von der Gröfse

$$\overset{x}{\underset{0}{J}} = \frac{y_1^2}{2}\frac{x^2}{2} = \frac{x^2 y_1^2}{4}.$$

Also von 0 bis x_1 ist $J = \frac{x^2 y_1^2}{4}$. Dies war in der That das Centrifugalmoment des Rechtecks mit den Seiten x_1 und y_1 in Bezug auf zwei zusammenstofsende Seiten. Vgl. § 84.

§ 91) Stereometrische Veranschaulichung und verschiedene Deutungen des Polarmomentes erster Ordnung für ebene Flächen und ihre Umrandungen.

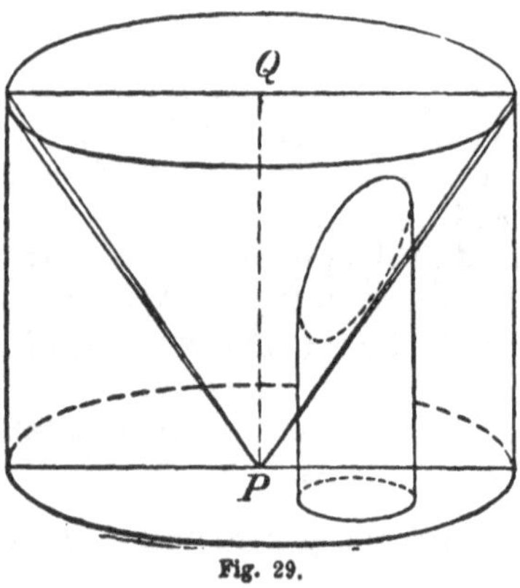

Fig. 29.

Man denke sich einen Kreiskegel, dessen Leitlinien die Neigung 45^0 haben, mit der Spitze P auf horizontaler Ebene stehend, so dafs seine Achse senkrecht ist. Errichtet man dann in einem beliebigen Punkte auf der Grundebene ein Lot, welches bis zur Kegelfläche reicht, so erhält dieses die Länge $z = r$, wo z der Abstand des Punktes von P ist. [$z = r$ ist also die Gleichung des Kegels, den man sich nach oben bis ins Unendliche verlängert zu denken hat. Über jedem kleinen Flächenteilchen f der Grundebene denke man sich wie früher durch solche Lote einen Cylinder errichtet, dann ist dessen Inhalt $J = fr$. Der über einer beliebig gestalteten Fläche errichtete Cylinder aber erhält den Inhalt $J = \sum fr = M'_p$, d. h. einen Inhalt, der gleich dem Polarmoment erster Ordnung der Fläche in Bezug auf den Punkt P ist. Der Cylindermantel stellt das Polarmoment für die Umrandung der Fläche dar.

Ist z. B. die Fläche F ein Quadrat von der Seite 2, und wird das Polarmoment für dessen Mittelpunkt gesucht,

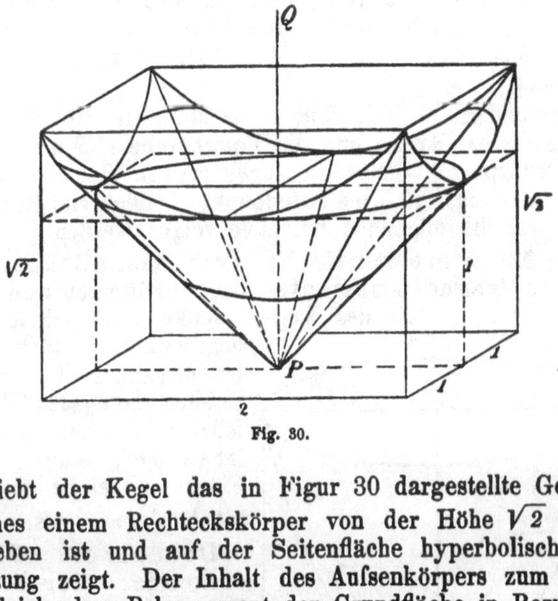

Fig. 30.

so giebt der Kegel das in Figur 30 dargestellte Gebilde, welches einem Rechteckskörper von der Höhe $\sqrt{2}$ einbeschrieben ist und auf der Seitenfläche hyperbolische Begrenzung zeigt. Der Inhalt des Aufsenkörpers zum Kegel ist gleich dem Polarmoment der Grundfläche in Bezug auf P, die Summe der Fläche der Aufsenwände, aus denen hyperbolische Stücke auszuschneiden sind, giebt das Polarmoment der Umrandung des Quadrates. Die Hyperbeln sind gleichseitige, weil die nach ihren unendlich fernen Punkten gehenden Geraden die Neigung 45° haben. Bei der Berechnung der letzteren Momente spielt also der Flächeninhalt des Segments der gleichseitigen Hyperbel eine Rolle. Dies gilt von den Polarmomenten jeder beliebigen Parabel.

Die mittlere Höhe des Cylinders $h_m = \frac{J}{F} = \frac{M'_p}{F}$ stellt stets den mittleren Abstand der Flächenteilchen der Grundfläche vom Punkte P dar, die des Mantels den mittleren Abstand der Randpunkte von P.

Dreht sich also die Fläche F oder ihre Umrandung mit konstanter Winkelgeschwindigkeit um die Achse PQ, so daſs jedes Teilchen die wirkliche Geschwindigkeit $r\vartheta$ hat, so giebt h_m zugleich den Abstand der Punkte an, welche die mittlere Geschwindigkeit haben, und wo die mittlere Centrifugalkraft $mr\vartheta^2$ herrscht. Diese Entfernung soll heiſsen der Radius des Polarmomentes erster Ordnung.

Besonders einfach sind diese Momente für die zu P konzentrischen Kreise und die Polarparabeln (Spiralen) mit dem Centrum P. Schon die regelmäſsigen Vielecke machen sogar in Bezug auf ihren Mittelpunkt ziemlich viel Rechnung nötig, wie die folgenden Beispiele zeigen werden.

§ 92) Stereometrische Veranschaulichung des polaren Trägheitsmomentes ebener Flächen und ihrer Umrandung. Statt des Kegels denke man sich jetzt als begrenzende Fläche das Drehungsparaboloid $z = r^2$. Bei ihm giebt jedes Flächenteilchen f einen Cylinderinhalt fr^2, jede gröſsere Fläche F einen Cylinder inhalt $\sum fr^2$. Also:

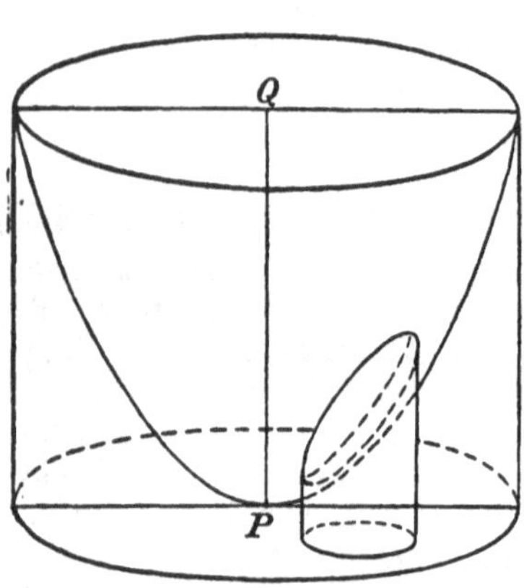

Fig. 31.

Der über einer Fläche stehende, durch das Paraboloid begrenzte Cylinder hat einen Inhalt, der gleich dem Trägheits-Momente T_p seiner Grundfläche in Bezug auf den Punkt P

ist. Seine Mantelfläche ist gleich dem Polarmomente zweiter Ordnung der Umrandung in Bezug auf P.

Die mittlere Höhe des Cylinders bestimmt sich als $h_m = \frac{T_p}{F}$. Sie befindet sich im Abstande $r_m = \sqrt{\frac{T_p}{F}}$ und giebt die Stellen mittleren Trägheitsmomentes an. r_m heifst der Radius des Trägheitsmomentes. Entsprechendes gilt vom Cylindermantel.

Denkt man sich jede Flächeneinheit von F mit der Masse 1 belegt und dreht sich die Fläche F um die Achse PQ, so hat jedes Flächenteilchen die Bewegungsenergie $fr^2 \frac{\vartheta^2}{2}$, die ganze Fläche also $\frac{\vartheta^2}{2} \sum fr^2 = \frac{\vartheta^2}{2} T_p$, so dafs die Energie proportional dem Trägheitsmomente ist. Die Wichtigkeit des Begriffs für die Dynamik liegt auf der Hand. Wird eine beliebig gestaltete Scheibe durch eine am gegebenen Hebelarm wirkende Triebkraft in gleichförmig beschleunigte Bewegung versetzt, so ist die Winkelbeschleunigung von der Gröfse

$$\gamma = \frac{pr}{T_p} = \frac{\text{Moment der Triebkraft}}{\text{Trägheitsmoment}}.$$

Schwingt die Scheibe als Pendel in ihrer Ebene um den Punkt P, so ist die Schwingungsdauer $t = \pi \sqrt{\frac{T_p}{Mg}}$, wo M jetzt das statische Moment in Bezug auf den Drehungspunkt bedeutet. Die reduzierte Pendellänge also ist gegeben durch $l = \frac{T_p}{M}$. Auch der Mittelpunkt des Stofses liegt in der Entfernung $\frac{T_p}{M}$. Für ihn ist die Drehungsachse beim Stofse eine freiwillige Achse, die also keine Erschütterung erhält. Die ausgedehnteste Anwendung findet das polare Trägheitsmoment in der Lehre von der Torsionsfestigkeit.

§ 93) **Bemerkung.** Alle diese stereometrischen Veranschaulichungen geben brauchbare Übungsaufgaben für die darstellende Geometrie, und zwar handelt es sich um Durchdringungen senkrechter Cylinder und Prismen von beliebiger Grundfläche mit den begrenzenden Momentflächen, also mit der um 45^0 geneigten Ebene, dem parabolischen Cylinder, dem Kegel mit Neigung 45^0 der Geraden, des Drehungsparaboloids, wobei man auch noch zu Momenten höherer Ordnung übergehen kann.

Die nachstehenden Berechnungen von Momenten für gegebene ebene Flächen und Kurven geben also zugleich Berechnungen für die damit zusammenhängenden stereometrischen Gebilde und eine ganze Reihe von Sätzen über diese Gebilde. Jede genau konstruierte Figur dieser Art, sei sie in schräger oder senkrechter Parallelprojektion dargestellt, fördert den Schüler zugleich hinsichtlich des korrekten Zeichnens, der räumlichen Anschauung und auch der Vorstellung mechanischer Begriffe. Über die genannten Anwendungen, besonders solche technischer Art giebt des Verfassers Ingenieur-Mathematik Band I zahlreiche Beispiele.

Die oben abgeleiteten Verschiebungssätze $T_1 = T + e^2F$ und $T_{p_1} = T_p + e^2F$ (für Flächen) bezw. $T_1 = T + e^2s$ und $T_{p_1} = T_p + e^2s$ (für Bogen) geben für Cylinder und Cylindermäntel, die in der besprochenen Weise parabolisch begrenzt sind, leicht auszusprechende stereometrische Sätze, von denen namentlich der für T_p angedeutete von überraschender Einfachheit ist. Dabei sind T und T_p die für eine Schwerpunktsachse bezw. den Schwerpunkt geltenden Momente. Auch der Satz $T_p = T_x + T_y$ läfst eine einfache Deutung stereometrischer Art zu.

ϰ) Beispiele von Momenten ebener Flächen und Kurven, nebst Sätzen über die Poinsotschen und Clebsch-Culmannschen Trägheitsellipsen und über die Lemniskate des Centrifugalmoments.

a) Statische Momente und Schwerpunkte ebener Flächen und ihrer Umrandung.

§ 94) Hinsichtlich der Schwerpunkte sind schon in Band II und Band III zahlreiche Beispiele durchgeführt, durch die zugleich die statischen Momente in Bezug auf irgend welche Achsen der Ebene erledigt sind. Abgesehen von den Flächen und Kurven mit mehreren Symmetrieachsen, bei denen der Schwerpunkt Mittelpunkt ist, handelt es sich z. B. um das Dreieck und dessen Umrandung, um das Viereck und seine Umrandung, um den Kreissektor und den zugehörigen Kreisbogen, auch um dessen gesamte Umrandung, um den Kreisabschnitt und seine Umrandung. Bei den Abschnitten und Sektoren der Ellipsen, Hyperbeln und Parabeln aber handelt es sich nur um die Flächen, nicht um die Bogen. In Band I geschah es in dem Kapitel über Cylinder und Prismen, besonders auch abgeschrägte Cylinder und Prismen, in Band III bei den Untersuchungen über die Guldinsche Inhaltsformel und Flächenformel.

§ 96) Gelegentlich der Schichtenformel und der Erweiterung der Simpsonschen Regel wurden auch die Momente für die Flächen der Parabeln höherer Ordnung erledigt. Der Vollständigkeit halber mufs aber einiges beigefügt werden, wobei die Parabel zweiter Ordnung $x = ky^2$ als Beispiel dienen soll, die sich auch in der Form

$$y = \sqrt{\frac{x}{k}} = \left(\frac{x}{k}\right)^{\frac{1}{2}}$$

schreiben läfst, also in Bezug auf die andere Achse von der $\frac{1}{2}$ter Ordnung ist. Die Fläche ACD ergab

$$\overset{y_1}{\underset{0}{F}} = k\frac{y_1^3}{3}, \quad \overset{y_1}{\underset{0}{M_x}} = k\frac{y_1^4}{4},$$

also die Schwerpunktshöhe

$$y_s = \frac{M_x}{F} = \frac{3}{4} y_1.$$

Für dieselbe Fläche führt aber die Gleichung

$y = \sqrt{\frac{x}{k}}$ auf senkrechte

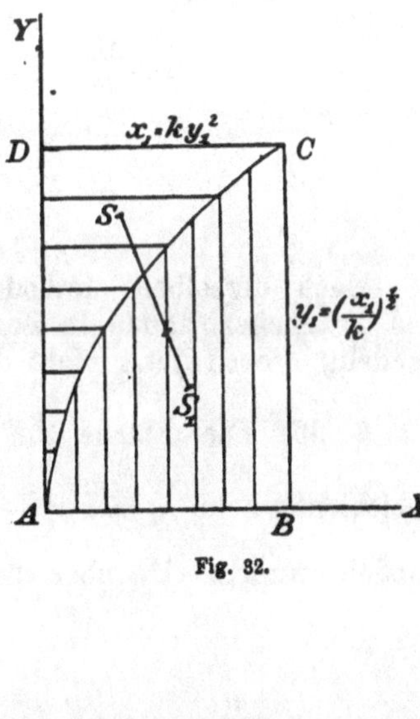

Fig. 32.

Querschnitte von der Form $q_1 = \sqrt{\frac{1}{k}}\left[x_1^{\frac{1}{2}} - x^{\frac{1}{2}}\right]$, wobei x_1 als konstant, x als veränderlich zu betrachten ist. Man erhält also für die Fläche

$$\overset{x_1}{\underset{0}{F}} = \sqrt{\frac{1}{k}}\left[x_1^{\frac{1}{2}} \cdot \frac{x_1}{1} - \frac{x_1^{\frac{3}{2}}}{\frac{3}{2}}\right] = \sqrt{\frac{1}{k}}\left[x_1^{\frac{3}{2}} - \frac{2}{3}x_1^{\frac{3}{2}}\right] = \frac{1}{3}\frac{x_1^{\frac{3}{2}}}{k^{\frac{1}{2}}},$$

für das statische Moment in Bezug auf AD also

$$\overset{x_1}{\underset{0}{M_y}} = \sqrt{\frac{1}{k}}\left[x_1^{\frac{1}{2}}\frac{x_1^2}{2} - \frac{x_1^{\frac{5}{2}}}{\frac{5}{2}}\right] = \sqrt{\frac{1}{k}}\left[\frac{x_1^{\frac{5}{2}}}{2} - \frac{2}{5}x_1^{\frac{5}{2}}\right] = \frac{1}{10}\frac{x_1^{\frac{5}{2}}}{k^{\frac{1}{2}}}.$$

Demnach wird der Schwerpunktsabstand von der Y-Achse

$$x_s = \frac{M_y}{F} = \frac{\frac{1}{10}\frac{x_1^{\frac{5}{2}}}{k^{\frac{1}{2}}}}{\frac{1}{3}\frac{x_1^{\frac{3}{2}}}{k^{\frac{1}{2}}}} = \frac{3}{10}x_1.$$

Nach derselben Methode sind die Trägheitsmomente und Trägheitsabstände in Bezug auf beide Achsen zu behandeln, wovon jetzt nicht die Rede sein soll.

§ 96) Die Fläche ABC kann ebenfalls nach den Schichtenformeln $q = ky_1^2 - ky^2$ bezw. $q_1 = \frac{1}{\sqrt{k}}x^{\frac{1}{2}}$ behandelt werden. Da aber die Fläche hier das Doppelte von der vorigen ist, läfst sich auch die Verlängerung von SM um die Hälfte anwenden, was S_1 giebt. Letzteres führt auf $\frac{3}{8}y_1$ und $\frac{3}{5}x_1$ als Schwerpunktsabstände von der Y-Achse und X-Achse. Die Schichtenformel führt auf dieselben Werte, denn

$$q = k[y_1^2 - y^2] \text{ giebt } F = k\left[y_1^2 \cdot \frac{y_1}{1} - \frac{y_1^3}{3}\right] = \frac{2}{3}ky_1^3,$$

$$M = k\left[y_1^2 \cdot \frac{y_1^2}{2} - \frac{y_1^4}{4}\right] = \frac{1}{4}ky_1^4,$$

also wird jetzt

$$y_s = \frac{M}{F} = \frac{\frac{1}{4}ky_1^4}{\frac{2}{3}ky_1^3} = \frac{3}{8}y_1,$$

$$\text{und } q_1 = \frac{1}{\sqrt{k}}x^{\frac{1}{2}} \text{ führt auf } F = \frac{1}{\sqrt{k}} \cdot \frac{x_1^{\frac{3}{2}}}{\frac{3}{2}} = \frac{2}{3}\frac{1}{\sqrt{k}} \cdot x_1^{\frac{3}{2}},$$

$$M = \frac{1}{\sqrt{k}} \cdot \frac{x_1^{\frac{5}{2}}}{\frac{5}{2}} = \frac{2}{5}\frac{1}{\sqrt{k}}x_1^{\frac{5}{2}},$$

also wird jetzt

$$x_s = \frac{M}{F} = \frac{\frac{2}{5}\frac{1}{\sqrt{k}}x_1^{\frac{5}{2}}}{\frac{2}{3}\frac{1}{\sqrt{k}}x_1^{\frac{3}{2}}} = \frac{3}{5}x_1.$$

§ 97) Nach diesem Vorgange kann man z. B. folgende Tabelle für die Parabeln $y = ky^p$ aufstellen:

*) M ist der Mittelpunkt des Rechtecks $ABCD$.

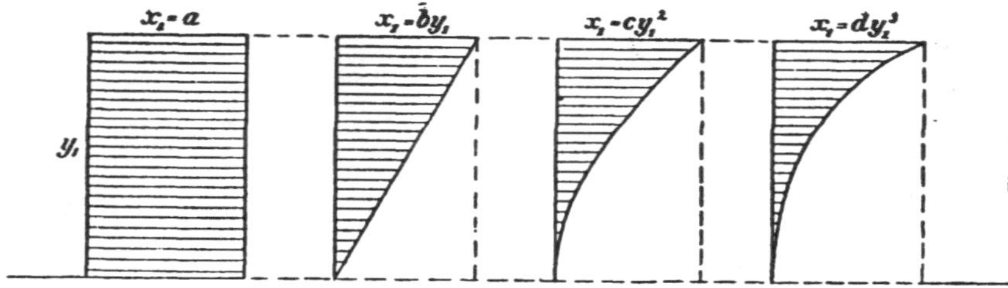

Fig. 83.

Horizontalschnitt q in Höhe y	a	by	cy^2	dy^3	…
Senkrechter Schnitt q_1 im Abst. x	h	$h - \frac{x}{b}$	$h - \left(\frac{x}{c}\right)^{\frac{1}{2}}$	$h - \left(\frac{x}{d}\right)^{\frac{1}{3}}$	…
Fläche	$x_1 y_1$	$\frac{x_1 y_1}{2}$	$\frac{x_1 y_1}{3}$	$\frac{x_1 y_1}{4}$	…
Stat. Moment M_x (Grundlinie)	$\frac{x_1 y_1^2}{2}$	$\frac{x_1 y_1^2}{3}$	$\frac{x_1 y_1^2}{4}$	$\frac{x_1 y_1^2}{5}$	…
Stat. Moment M_y (Seitenlinie)	$\frac{y_1 x_1^2}{2}$	$\frac{y_1 x_1^2}{6}$	$\frac{y_1 x_1^2}{10}$	$\frac{y_1 x_1^2}{14}$	…
Schwerpunktshöhe h_s	$\frac{1}{2} y_1$	$\frac{2}{3} y_1$	$\frac{3}{4} y_1$	$\frac{4}{5} y_1$	…
Horizontalabstand des Schwerpunkts x_s	$\frac{1}{2} x_1$	$\frac{2}{6} x_1$	$\frac{3}{10} x_1$	$\frac{4}{14} x_1$	…

Die Schwerpunktsabstände können zur Inhaltsberechnung entsprechender Drehungskörper benutzt werden.

In jeder Horizontalreihe erkennt man bei dieser Schreibweise ein Fortschreiten der Zahlen in den Zählern bezw. Nennern nach arithmetischer Reihe, so dafs z. B. die letzte Reihe weitergeht mit $\frac{5}{18}x$, $\frac{6}{22}x_1$, $\frac{7}{26}x_1$ u. s. w.

§ 98) Daraus geht zugleich hervor, dafs man für die gebrochenen Exponenten einfach interpolieren kann. So würde z. B. für die Parabeln $x = ky^{\frac{1}{2}}$, $x = k_1 y^{\frac{3}{2}}$, $x = k_2 y^{\frac{5}{2}}$ in der letzten Reihe einzuschalten sein

$$x_s = \frac{\frac{1+2}{2}}{\frac{2+6}{2}} x_1 = \frac{3}{8} x_1, \quad x_s = \frac{\frac{2+3}{2}}{\frac{6+10}{2}} x_1 = \frac{5}{16} x_1, \quad x_s = \frac{\frac{3+4}{2}}{\frac{10+14}{2}} x_1 = \frac{7}{24} x_1$$

und würde es weitergehen mit $\frac{9}{32}x_1$, $\frac{11}{40}x_1$ u. s. w. Für die Parabeln $x = k y^{\frac{1}{3}}$ und $k y^{\frac{1}{3}}$ würde zwischen $1 = \frac{3}{3}$ und $2 = \frac{6}{3}$ einzuschalten sein $\frac{4}{3}$ und $\frac{5}{3}$, zwischen $2 = \frac{6}{3}$ und $6 = \frac{18}{3}$ dagegen $\frac{10}{3}$ und $\frac{14}{3}$, man hätte also

$$x_s = \frac{\frac{4}{3}}{\frac{10}{3}} x_1 = \frac{4}{10} x_1, \quad \text{bezw.} \quad x_s = \frac{\frac{5}{3}}{\frac{14}{3}} x_1 = \frac{5}{14} x_1 .$$

Die Reihe würde also im ganzen lauten $x_s = \frac{3}{6} x_1$, $\frac{4}{10} x_1$, $\frac{5}{14} x_1$, $\frac{6}{18} x_1$ u. s. w. Diese arithmetischen Reihen treten für gewisse Schreibweisen auch bei den Trägheitsmomenten, Centrifugalmomenten u. s. w. auf. Mit Hilfe einer Tabelle, die nur die ersten drei Kolonnen enthält, kann man also nicht nur mit Hilfe der Fortsetzung der Reihen nach rechts, sondern auch durch Interpolation und endlich durch Fortsetzung mit Hilfe der Schichtenformel für beliebige Momente höherer Ordnung zu allen möglichen Resultaten gelangen. Setzt man $a = b = c = d = \ldots$, so ergiebt sich zugleich, dafs jede der Flächen das statische Moment der vorhergehenden in Bezug auf die Grundlinie darstellt, also jeder zugehörige parabolische Cylinder das statische Moment des vorangegangenen in Bezug auf die Grundfläche.

b) Trägheitsmoment für ebene Flächen und Kurven, Trägheitsmittelpunkte u. dergl.

§ 99) Für die Flächen der Parabeln höherer Ordnung würde die obige Tabelle folgendermaſsen fortzusetzen sein.

Ordnung u. s. w.	0	1	2	3	…
1) Trägheitsmoment T_x in Bezug auf Grundlinie	$\frac{x_1 y_1^3}{3}$	$\frac{x_1 y_1^3}{4}$	$\frac{x_1 y_1^3}{5}$	$\frac{x_1 y_1^3}{6}$	…
2) Trägheitsmoment T'_y in Bezug auf Seitenlinie	$\frac{y_1 x_1^3}{3}$	$\frac{y_1 x_1^3}{12}$	$\frac{x_1 y_1^3}{21}$	$\frac{x_1 y_1^3}{30}$	…
3) Höhe h_m des Trägheitsmittelpunktes für T'_x	$y_1 \sqrt{\frac{1}{3}}$	$y_1 \sqrt{\frac{2}{4}}$	$y_1 \sqrt{\frac{3}{5}}$	$y_1 \sqrt{\frac{4}{6}}$	…
4) Horizontalabstand x_m des Trägheitsmittelpunktes für T'_y	$x_1 \sqrt{\frac{1}{3}}$	$y_1 \sqrt{\frac{2}{12}}$	$y_1 \sqrt{\frac{3}{21}}$	$y_1 \sqrt{\frac{4}{30}}$	…
5) Höhe des Schwingungspunktes beim Pendeln um die Grundlinie	$\frac{2}{3} y_1$	$\frac{3}{4} y_1$	$\frac{4}{5} y_1$	$\frac{5}{6} y_1$	…
6) Horizontalabstand des Schwingungspunktes beim Pendeln um die Seitenachse	$\frac{2}{3} x_1$	$\frac{6}{12} x_1$	$\frac{10}{21} x_1$	$\frac{14}{30} x_1$	…

7) Polares Trägheitsmoment in Bezug auf die linke Grundecke $T'_p = T'_x + T'_y$	$\frac{y_1 x_1}{3}\left(x_1^2 + \frac{3}{3} y_1^2\right)$	$\frac{x_1 y_1}{12}\left(x_1^2 + \frac{12}{4} y_1^2\right)$	$\frac{x_1 y_1}{21}\left(x_1^2 + \frac{21}{5} y_1^2\right)$	$\frac{x_1 y_1}{30}\left(x_1^2 + \frac{30}{6} y_1^2\right)$
8) Trägheitsmoment für Schwerpunktsachse $T_x = T'_x - h_s^2 F$	$\frac{x_1 y_1^3}{4.3}$	$\frac{x_1 y_1^3}{6.6}$	$\frac{x_1 y_1^3}{8.10}$	$\frac{x_1 y_1^3}{10.15}$ ...
9) Trägheitsmoment für Schwerpunktsachse $T_y = T'_y - h_s^2 F$	$y_1 x_1^3 \left[\frac{1}{3} - \frac{1}{2^2}\right]$	$y_1 x_1^3 \left[\frac{1}{12} - \frac{2}{6^2}\right]$	$y_1 x_1^3 \left[\frac{1}{21} - \frac{3}{10^2}\right]$	$y_1 x_1^3 \left[\frac{1}{30} - \frac{4}{14^2}\right]$

Diese Schreibweise läfst die Reihen noch erkennen. Bei der vereinfachten Form

8*) $T_x = \quad \frac{x_1 y_1^3}{12} \qquad \frac{x_1 y_1^3}{36} \qquad \frac{x_1 y_1^3}{80} \qquad \frac{x_1 y_1^3}{150} \quad \ldots$

9*) $T_y = \quad \frac{y_1 x_1^3}{12} \qquad \frac{y_1 x_1^3}{36} \qquad \frac{37}{2100} y_1 x_1^3 \qquad \frac{19}{1470} y_1 x_1^3 \ldots$

sind die Reihen nicht mehr zu übersehen. Endlich wäre noch das wichtige Polarmoment für den Schwerpunkt $T_p = T_x + T_y$ zu bilden, also z. B. in der Schreibweise

10) $$T_p = \frac{x_1 y_1^3}{4.3} + y_1 x_1^3 \left[\frac{1}{3} - \frac{1}{2^2}\right], \quad \frac{x_1 y_1^3}{6.6} + y_1 x_1^3 \left[\frac{1}{12} - \frac{2}{6^2}\right], \ldots$$

wobei man die Reihen erkennt, oder in der Form

10*) $$T_p = \frac{x_1 y_1 (x_1^2 + y_1^2)}{12}, \quad \frac{x_1 y_1 (x_1^2 + y_1^2)}{36}, \quad x_1 y_1 \left(\frac{37}{2100} x_1^2 + \frac{y_1^2}{80}\right), \ldots$$

wobei die Reihenübersicht verloren geht.

§ 100) Man suche noch folgende Trägheitsmomente für die Schwerpunktsachsen und den Schwerpunkt zu bilden:

Gleichschenkliges Dreieck:

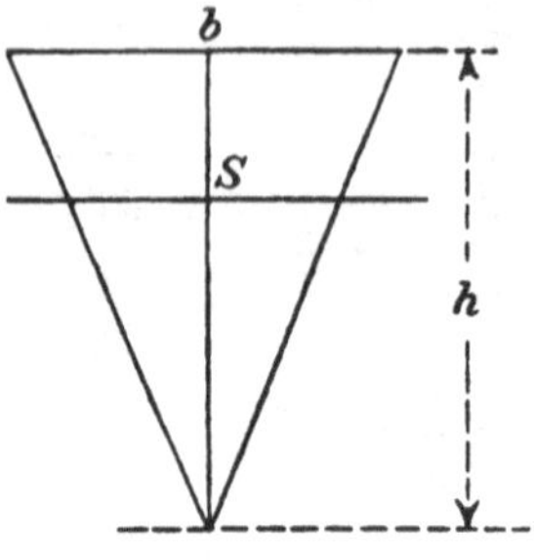

Fig. 34.

$$T_x = \frac{b\,h^3}{36}, \qquad T_y = \frac{h\,b^3}{48},$$

$$T_p = \frac{b\,h}{144}(4h^2 + 3b^2)$$

In Bezug auf die Spitze ist

$$T_p' = \frac{b\,h}{48}(12\,h^2 + b^2),$$

$$T_x' = \frac{b\,h^3}{4},$$

in Bezug auf die Basis ist

$$T_x = \frac{b\,h^3}{12}.$$

Beim Rechteck mit den Seiten a und b ist daher für die Diagonale

$$T = 2\frac{d\,h_1^3}{12} = \frac{d\,h_1^3}{6} = \frac{1}{6}\sqrt{a^2+b^2}\left(\frac{a\,b}{\sqrt{a^2+b^2}}\right)^3 = \frac{a^3 b^3}{6(a^2+b^2)}.$$

Symmetrisches Trapez:

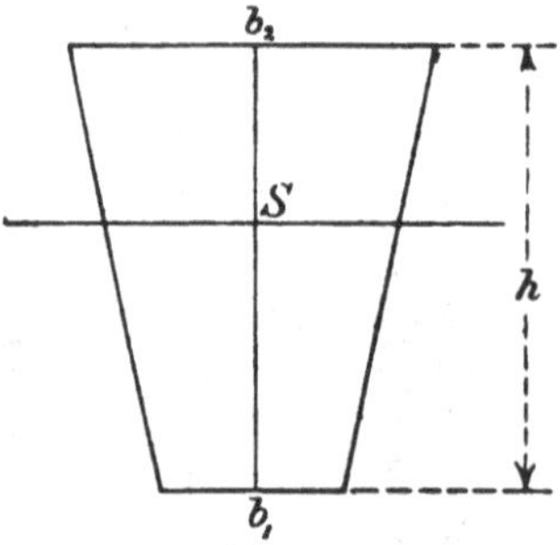

Fig. 35.

$$h_s = \frac{h(b_1 + 2\,b_2)}{3(b_1 + b_2)},$$

$$T_1 = \frac{h^3}{36}\,\frac{b_1^2 + 4b_1 b_2 + b_2^2}{b_1 + b_2},$$

$$T_2 = \frac{h}{48}\cdot[b_1^3 + b_1^2 b_2 + b_1 b_2^2 + b_2^3].$$

T_p ist die Summe der beiden.

§ 101) Mit Hilfe von T_p' für die Spitze des gleichschenkligen Dreiecks findet man für das regelmäfsige n-Eck

$$T_p = \frac{n b \varrho}{48}(12\varrho^2 + b^2) = \frac{u \varrho}{48}(12\varrho^2 + b^2),$$

wo b die Seite, ϱ der Radius des einbeschriebenen Kreises, n die Seitenzahl, u der Umfang ist. Das axiale Trägheitsmoment für jede beliebige Achse durch den Mittelpunkt ist nach dem Additionssatz $T_p = T_x + T_y$ halb so grofs, also

$$T_a = \frac{n b \varrho}{96}(12\varrho^2 + b^2).$$

Man hat also als polare Trägheitsmomente für

regelm. Dreieck $T_a = \frac{b^4}{96}\sqrt{3}$, $T_p = \frac{b^4}{48}\sqrt{3}$,

„ Viereck $T_a = \frac{b^4}{12}$, $T_p = \frac{b^4}{6}$,

„ Sechseck $T_a = \frac{5 b^4}{16}\sqrt{3}$ $T_p = \frac{5}{8} b^4 \sqrt{3}$

„ Achteck $T_a = \frac{b^4}{12}(11 + 8\sqrt{2})$, $T_p = \frac{b^4}{6}(11 + 8\sqrt{2})$.

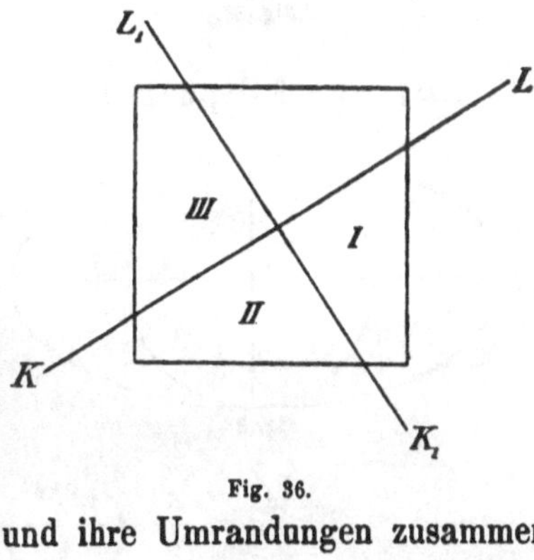

Fig. 36.

Für die regelmäfsigen Polygone mit gerader Seitenzahl ist der Satz

$$T_a = \frac{T_p}{2}$$

ohne weiteres klar, weil die Quadrantensumme $I + II$ sich in Bezug auf KL ebenso verhält wie $II + III$ in Bezug auf K_1L_1. Für ungerade Seitenzahl wird der Satz unten für regelmäfsige Flächen und ihre Umrandungen zusammen bewiesen.

§ 102) Für den Kreis war das polare Trägheitsmoment schon nachgewiesen als $T_p = \frac{\pi r^4}{2} = \frac{\pi d^4}{32}$, wobei es auf den Mittelpunkt bezogen war. Dies bestätigt sich, wenn man in T_p für das regelmäfsige n-Eck einsetzt $u = 2\pi$, $b = 0$. Für den Kreismittelpunkt und die durch ihn gelegten Achsen hat man also im ganzen

$$T_p = \frac{\pi r^4}{2}, \quad T_a = \frac{\pi r^4}{4}.$$

Für den konzentrischen Kreisring folgt

$$T_p = \frac{\pi}{2}(r^4 - r_1^4), \quad T_a = \frac{\pi}{4}(r^4 - r_1^4).$$

§ 103) Für die Halbkreisfläche wird in Bezug auf den Schwerpunkt und die durch ihn gelegten Hauptachsen

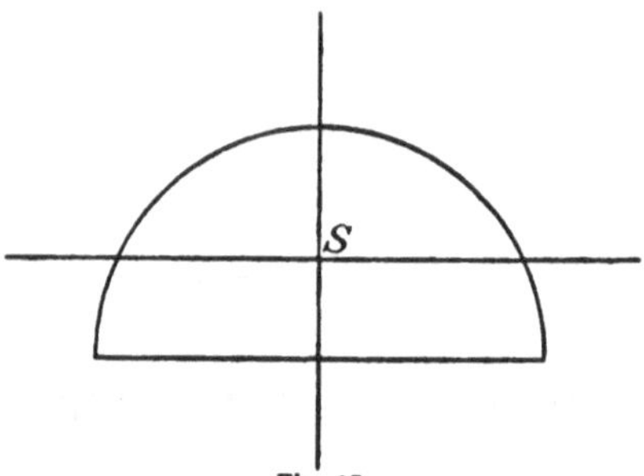

Fig. 37.

$$T_x = r^4\left(\frac{\pi}{8} - \frac{8}{9\pi}\right),$$

$$T_y = \frac{\pi r^4}{8},$$

$$T_p = r^4\left(\frac{\pi}{4} - \frac{8}{9\pi}\right).$$

104) Für Ellipsen mit den Halbachsen a und b ist, wie aus der Halbkreisformel

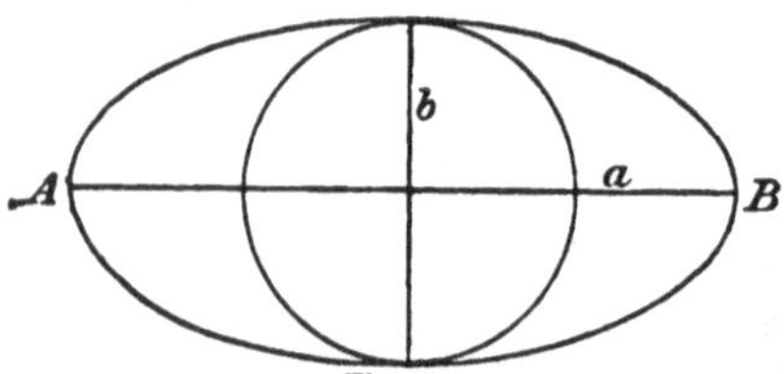

Fig. 38.

$$T = \frac{\pi b^4}{4}$$

in Bezug auf AB hervorgeht, nach Cavalieris Methode das axiale Trägheitsmoment

$$T_1 = \frac{a}{b}\cdot\left(\frac{\pi b^4}{4}\right) = \frac{\pi a b^3}{4}.$$

In Bezug auf CD folgt aus der Halbkreisformel $T = \frac{\pi a^4}{4}$ das $\frac{b}{a}$ fache, also $T_2 = \frac{b}{a}\left(\frac{\pi a^4}{4}\right) = \frac{\pi a^3 b}{4}$.

Das polare Trägheitsmoment in Bezug auf den Mittelpunkt ist für die Ellipsenfläche

$$T_p = \frac{\pi}{4}(a b^3 + a^3 b) = \frac{\pi a b}{4}(b^2 + a^2).$$

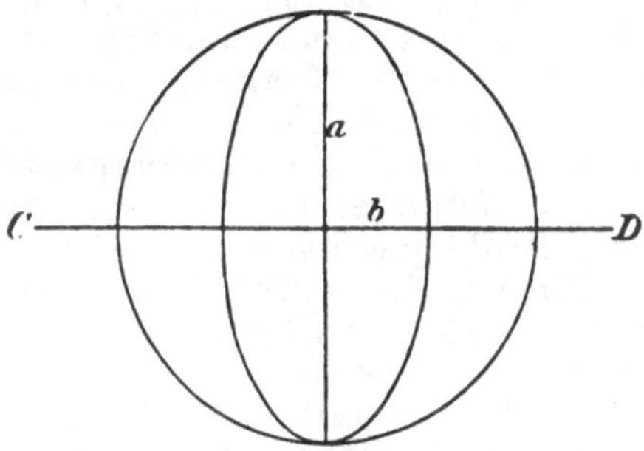

Fig. 89.

§ 105) In des Verfassers Ingenieurmathematik findet man noch elementar abgeleitet die Formeln für Viertelkreis, allgemeinen Sektor, allgemeines Kreissegment, allgemeine Halbellipse, elliptischen Ring, Querschnitt der Flügelachse und der Säule mit Verstärkungsrippen und die Momente für die wichtigsten Querschnitte des Maschinenbaues, als T-Eisen, Γ-Eisen, Z-Eisen, trapezförmige T-Träger, Gurtungen u. s. w., die für die Biegungsfestigkeit, Strebfestigkeit und Torsionsfestigkeit von Wichtigkeit sind, aber auch Beispiele für die Dynamik, Stereometrie u. s. w. abgeben.

Dort sind auch graphische Methoden zur Bestimmung der Schwerpunkte, z. B. auch die Methoden von Nehls, Mohr, Land, Culmann und Reye angegeben, denen Verfasser auch noch eine Methode mittels einfacher konformer Transformationen beigefügte, durch welche auch Aufgaben elementar gelöst werden, die sich auf schwierigere Begrenzungen der Flächen durch Parabeln, kardioidische Kurven höherer Ordnung, gleichseitige Hyperbeln zweiter und höherer Ordnung, Lemniskaten höherer Ordnung u. dergl. beziehen.

Jede der gelösten Aufgaben läſst sich auch als Lösung einer entsprechenden stereometrischen Aufgabe betrachten, die sich auf einen eben oder parabolisch abgeschrägten Cylinder bezieht, wobei das Paraboloid sowohl ein cylindrisches als auch ein Drehungsparaboloid sein kann.

Unter den dort gelösten Aufgaben seien folgende genannt: Schwerpunktsbestimmung für den Meridiankeil einer Kugel, Berechnung der Tragfähigkeit von Achsen und technischen Trägern, von Säulen und Streben beliebigen Querschnitts bei verschiedenen Arten der Belastung, die Drehungsenergie von Schleifsteinen, Mühlsteinen, Schwungringen einfacher Form, Probleme über den verzögerten Fall drehender Körper, die durch Abwickelung eines Fadens oder bei schiefer Ebene durch Reibung zum Drehen gezwungen werden, wobei falsche Auffassungen über das Verhalten des Drehungswinkels widerlegt werden, Aufgaben über die Atwoodsche Fallmaschine, über das Schwingen physischer Pendel, über die Leistungsfähigkeit cylindrischer Triebwellen, besonders der Schraubenwellen von Schiffsmaschinen, von Transmissionswellen, Bestimmungen für den Mittelpunkt des seitlichen Wasserdrucks u. s. w. Alle diese Aufgaben lassen sich mit Hilfe der für ebene Flächen bestimmten Trägheitsmomente lösen.

c) Trägheitsmomente ebener Linien in Bezug auf eine Achse ihrer Ebene.

Von diesen seien nur einige genannt.

§ 106) Für die Gerade denke man sich das Trägheitsmoment jedes Teilchens in Bezug auf die durch den Punkt A gehende Achse, die senkrecht auf der Ebene der Zeichnung steht, durch ein Lot, z. B. BC, dargestellt. Dann liegen die Endpunkte auf einer Parabel, denn jedes Lot $\frac{l}{n} x^2$

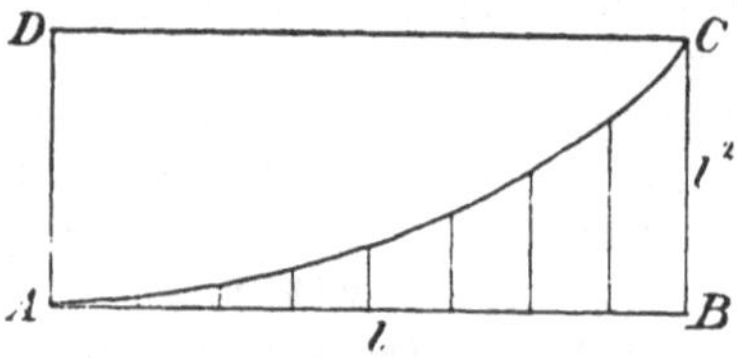

Fig. 40.

ist proportional dem Quadrate des Abstands x. Da die Parabelfläche vom Rechteck den dritten Teil abschneidet, handelt es sich um das Moment

$$T_1 = l\frac{l^2}{3} = \frac{l^3}{3}.$$

Dabei ist die durch AB und die Achse gehende Ebene als die des Trägheitsmomentes betrachtet.

Verschiebt man die Achse parallel zu sich selbst nach dem Halbierungspunkte, so wird nach dem Verschiebungssatze

$$T = T_1 - \left(\frac{l}{2}\right)^2 . l = \frac{l^3}{12}.$$

Faſst man aber die Ebene des Trägheitsmomentes als senkrecht gegen die obige Achse stehend auf, so erscheint dasselbe Trägheitsmoment $T_p' = \frac{l^3}{3}$ als das polare Trägheitsmoment der Geraden für A, ebenso $T_p = \frac{l^3}{12}$ als das Polarmoment für den Schwerpunkt.

[In der Physik wird daher das mechanische Trägheitsmoment eines dünnen Stabes (Drahtes u. dergl.) von der Masse m angenähert als $m\frac{l^2}{2}$ bezw. $m\frac{l^2}{12}$ betrachtet und bei der Theorie des physischen Pendels damit gerechnet. Es ist nämlich m an Stelle des einen l getreten.]

§ 107) Das polare Trägheitsmoment einer Geraden AB in Bezug auf einen beliebigen Punkt P der Ebene ist natürlich nach der Verschiebungsformel

$$T_p = \frac{l^3}{12} + e^2 l,$$

wo e die Entfernung des Poles P von S ist.

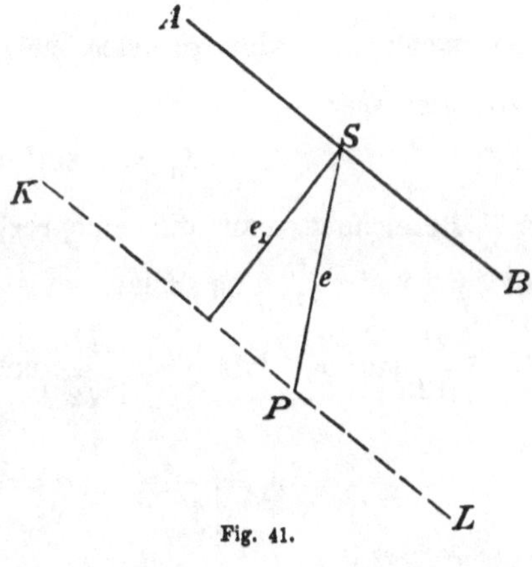

Fig. 41.

§ 108) Das axiale Trägheitsmoment der Geraden in Bezug auf eine zu ihr parallele Achse, die von ihr die Entfernung q hat, ist, da das der Geraden in Bezug auf sie selbst den Wert Null hat, von der Gröfse $0 + lq^2$.

Geht die gewählte Achse durch den Schwerpunkt der Geraden und bildet sie mit dieser den Winkel α, so denke man sich in B über dem Teilchen $\frac{l}{n}$ das Lot

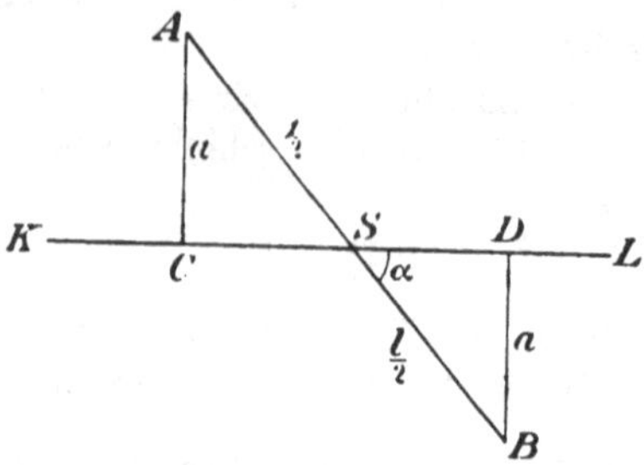

Fig. 42.

$$a^2 = BD^2 = \left(\frac{l}{2} \sin\alpha\right)^2$$

auf der Ebene errichtet. Geschieht dies an jeder Stelle der Geraden mit der entsprechenden Entfernung a_1, so steht über der Geraden AB eine Parabel, die vom Rechtecke aus l und $a^2 = \frac{l^2}{4} \sin^2\alpha$ den dritten Teil abschneidet. Das Trägheitsmoment nimmt also den Wert

$$T_1 = \frac{1}{3}\, l \frac{l^2}{4} \sin^2\alpha = \frac{l^3}{12} \sin^2\alpha\,,$$

oder wenn man den gröfsten möglichen Wert $\frac{l^3}{12} = T$ setzt, den Wert

$$T_1 = T \sin^2\alpha$$

an. Bezeichnet man die entsprechenden Trägheitsradien mit ϱ und ϱ_1, so folgt aus $\varrho^2 l = \frac{l^3}{12}$ und aus $\varrho_1^2 l = \frac{l^3}{12} \sin^2\alpha$, dafs $\varrho = \frac{l}{\sqrt{12}}$ und

$$\varrho_1 = \frac{l}{\sqrt{12}} \sin\alpha = \varrho \sin\alpha.$$

Denkt man sich also um S einen Kreis mit Radius $r = \frac{1}{\varrho} = \frac{\sqrt{12}}{l}$ gelegt und die beiden zu AB parallelen Tangenten gezeichnet, so ist

$$SE = \frac{1}{\varrho} \cdot \frac{1}{\sin\alpha} = \frac{1}{\varrho_1}$$

der reciproke Wert des zur Achse SE gehörigen Trägheitsradius.

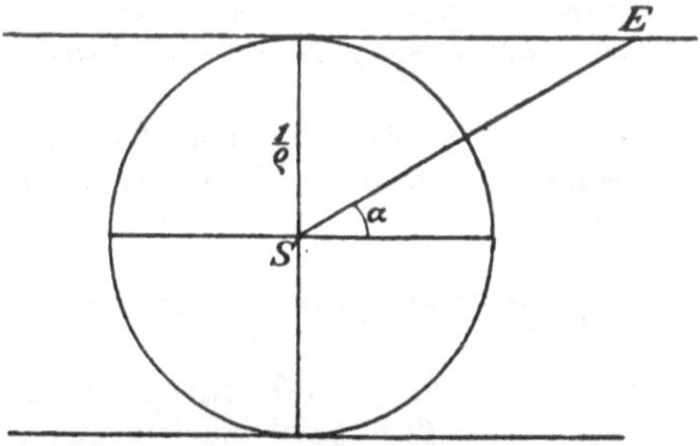

Fig. 43.

Denkt man sich also den reciproken Wert aller Trägheitsradien auf jeder durch S gehenden Achse von S aus angetragen, so erhält man als Endpunkte lauter Punkte dieser beiden Geraden. Die letzteren lassen sich als unendlich lange Ellipse betrachten. Es handelt sich also um einen Sonderfall der Poinsotschen Trägheitsellipse. Auf diese gelangt man hier bei folgender Betrachtung.

§ 109) Man denke sich die Achsen KL statt durch S durch einen beliebigen Punkt P der Ebene gelegt und

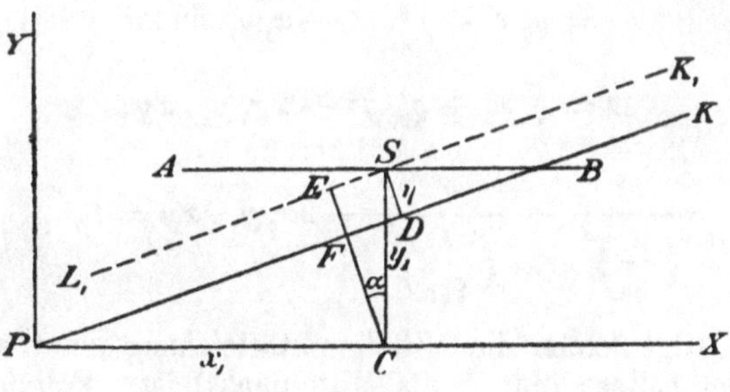

Fig. 44.

wähle z. B. die durch P gehende Parallele zu AB als X-Achse des Koordinatensystems, P als Anfangspunkt. Ist nun durch x_1, y_1 der Schwerpunkt S bestimmt, so ist für die durch P gelegte Gerade PK von der Neigung α die Gröfse der Verschiebung $\eta_1 = CE - CF = y_1 \cos\alpha - x_1 \sin\alpha$, also wird, da $\frac{l^3}{12}\sin^2\alpha$ das Trägheitsmoment der Geraden in Bezug auf die Parallele $L_1 K_1$ (durch S) ist, das Trägheitsmoment in Bezug auf PK.

$$T_\alpha = \frac{l^3}{12}\sin^2\alpha + (y_1 \cos\alpha - x_1 \sin\alpha)^2 l.$$

Setzt man diesen Ausdruck gleich $\varrho_\alpha^2 l$, so findet man den Trägheitsradius in Bezug auf die Achse PK mittels der Gleichung

$$\varrho_\alpha^2 = \frac{l^2}{12}\sin^2\alpha + (y_1 \cos\alpha - x_1 \sin\alpha)^2,$$

oder, wenn man den für $\alpha = 0$ entstehenden Ausdruck gleich ϱ_0, den für $\alpha = 90^0$ entstehenden gleich ϱ_{90} setzt,

$$\varrho_\alpha^2 = \left(\frac{l^2}{12} + x_1^2\right)\sin^2\alpha + y_1^2\cos^2\alpha - 2x_1 y_1 \sin\alpha\cos\alpha$$

oder

$$\varrho_\alpha^2 = \varrho_0^2 \sin^2\alpha + \varrho_{90}^2 \cos^2\alpha - 2x_1 y_1 \sin\alpha\cos\alpha.$$

Setzt man jetzt die nur von der Veränderlichen α abhängige Gröfse $\frac{\cos\alpha}{\varrho_\alpha} = y$, ebenso $\frac{\sin\alpha}{\varrho_\alpha} = x$, so geht die Gleichung über in

$$1 = \varrho_0^2 x^2 + \varrho_{90}^2 y^2 - x_1 y_1 \sin 2\alpha$$

oder

$$1 = \varrho_0^2 x^2 + \varrho_{90}^2 y^2 - 2x_1 y_1 . xy,$$

oder in

$$\frac{x^2}{\left(\frac{1}{\varrho_0}\right)^2} + \frac{y^2}{\left(\frac{1}{\varrho_{90}}\right)^2} - 2x_1 y_1 . xy = 1,$$

was im allgemeinen die Mittelpunktsgleichung einer schrägliegenden Ellipse (mit P als Mittelpunkt) ist. Folglich:

Trägt man für jede durch P gehende Gerade als Achse den reciproken Wert des Trägheitsradius für die Gerade AB als Gerade PE auf, so liegen alle Endpunkte auf einer Ellipse, die P zum Mittelpunkte hat.

Dieser Satz enthält den vorigen als besonderen Fall, ist aber selbst nur ein Sonderfall eines weit allgemeineren, auf den erst später eingegangen werden soll.

§ 110) War $x_1 = 0$, so ging die Gleichung der Ellipse über in die einfachere Form

$$\frac{x^2}{\left(\frac{1}{\varrho_0}\right)^2} + \frac{y^2}{\left(\frac{1}{\varrho_{90}}\right)^2} = 1,$$

das Trägheitsmoment aber für jede Richtung der Achse in

$$T_\alpha = \frac{l^3}{12} \sin^2\alpha + y_1^2 \cos^2\alpha\, l.$$

Der Radius ϱ_α bestimmt sich aus

$$\varrho_\alpha^2 = \varrho_0^2 \sin^2\alpha + \varrho_{90}^2 \cos^2\alpha = \frac{l^2}{12} \sin^2\alpha + y_1^2 \cos^2\alpha\, l,$$

wobei $\varrho_0^2 = y_1^2 l$, $\varrho_{90}^2 = \frac{l^2}{12}$ ist.

Dabei kann $\varrho_0 = \varrho_{90}$ werden. Man hat nur zu setzen

$$y_1^2 l = \frac{l^2}{12} \text{ oder } y_1 = \sqrt{\frac{l}{12}}.$$

Es giebt also für eine Gerade stets zwei Punkte P, für welche die sogenannte Trägheits-Ellipse in einen Kreis übergeht.

Auch dieser Satz hat allgemeinere Geltung.

§ 111) Das polare Trägheitsmoment der Kreislinie in Bezug auf den Mittelpunkt ist

$$T_p = 2 r \pi \,.\, r^2 = 2 \pi r^3.$$

In Bezug auf jeden Durchmesser ist das Achsialmoment halb so groſs, also

$$T = \pi r^3.$$

§ 112) **Das polare Trägheitsmoment der Umrandung eines regelmäſsigen n-Seits (n-Fcks) ist wie groſs?** Jede Gerade von der Länge b hat in Bezug auf ihren Halbierungspunkt das polare Trägheitsmoment $\frac{b^3}{12}$, also in Bezug auf den Mittelpunkt M des ganzen Gebildes das polare Trägheitsmoment

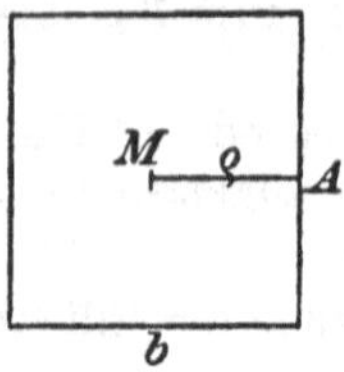

Fig. 45.

$$\frac{b^3}{12} + \varrho^2 b.$$

Für den gesamten Umfang u ist also

$$T_p = n\,b\left(\frac{b^2}{12} + \varrho^2\right) = u\left(\frac{b^2}{12} + \varrho^2\right).$$

(Für die Kreislinie ist $u = 2\varrho\pi$, b wird, da $n = \infty$ ist, gleich $\frac{u}{\infty} = 0$, also bleibt $T_p = 2\varrho\pi\,.\,\varrho^2 = 2\varrho^3\pi$, was mit dem obigen Resultate übereinstimmt.)

§ 113) Ist die Anzahl der Seiten eine gerade, so ist das **Achsialmoment** für eine beliebige Mittelpunktsachse KL ebenso groſs, wie für eine darauf senkrechte Mittelpunktsachse K_1L_1, denn die vier Quadranten sind kongruent, es verhält sich also $I + II$ in Bezug auf KL ebenso, wie $II + III$ in Bezug auf K_1L_1.*) **Folglich ist hier das achsiale Trägheitsmoment in Bezug auf jede beliebige Mittelpunktsachse gleich der Hälfte des polaren Trägheitsmomentes in Bezug auf den Mittelpunkt.** Alle solche Achsialmomente stimmen daher überein.

Ist die Anzahl der Seiten eine ungerade, so ist der Beweis für die Fortsetzung des Satzes etwas unbequemer. Man kann ihn aber beweisen mit Hilfe des allgemeinen Satzes von der Trägheitsellipse für ebene Gebilde. Denn diese geht in einen Kreis über, sobald mehr als zwei Symmetrieachsen vorhanden sind. Dieser Satz soll daher ganz allgemein für ebene Gebilde, mögen sie Flächen oder Linien sein, bewiesen werden.

---

*) Vgl. Fig. 35.

d) Satz von der Poinsotschen Trägheits-Ellipse für ebene Gebilde.

§ 114) Kennt man von einem ebenen Gebilde die Trägheitsmomente in Bezug auf zwei auf einander senkrechte Achsen X und Y die Trägheitsmomente T_x und T_y und das Centrifugalmoment C_{xy} in Bezug auf diese beiden Achsen, so ist in Bezug auf jede durch den Schnittpunkt von X und Y gelegte Achse, die gegen die erstere um α gedreht ist

$$T_\alpha = T_x \cos^2\alpha + T_y \sin^2\alpha - 2\sin\alpha\cos\alpha\, C_{xy}.$$

Der Beweis dafür ist für dreidimensionale Gebilde schon in § 15 gegeben, gilt also auch hier. Setzt man die Summe l der Linien des Gebildes bezw. die Summe F der Flächen des Gebildes gleich m, so ist hier der Trägheitsradius ϱ_x in Bezug auf die X-Achse $\varrho_x^2 m = T_x$, ebenso ist $\varrho_y^2 m = T_y$, $\varrho_\alpha^2 m = T_\alpha$. Ebenso kann man ganz formell setzen $c^2 . m = C_{xy}$. Die Gleichung geht also über in

$$\varrho_\alpha^2 m = \varrho_x^2 m \cos^2\alpha + \varrho_y^2 m \sin^2\alpha - 2c^2 m \sin\alpha\cos\alpha,$$

oder in

$$\varrho_\alpha^2 = \varrho_x^2 \cos^2\alpha + \varrho_y^2 \sin^2\alpha - 2c^2 \sin\alpha\cos\alpha,$$

oder, wenn man einfacher ϱ statt ϱ_α schreibt, in

$$1 = \frac{\left(\frac{\cos\alpha}{\varrho}\right)^2}{\left(\frac{1}{\varrho_x}\right)^2} + \frac{\left(\frac{\sin^2\alpha}{\varrho}\right)}{\left(\frac{1}{\varrho_y}\right)^2} - \frac{2\frac{\sin\alpha}{\varrho}\cdot\frac{\cos\alpha}{\varrho}}{\left(\frac{1}{c}\right)^2}.$$

Setzt man die veränderlichen Gröfsen $\frac{\cos\alpha}{\varrho} = x$, $\frac{\sin\alpha}{\varrho} = y$ und die gegebenen Gröfsen $\frac{1}{\varrho_x} = a$, $\frac{1}{\varrho_y} = b$, so geht die Gleichung über in

$$\frac{x^2}{a_1^2} + \frac{y^2}{b_1^2} - \frac{2xy}{\left(\frac{1}{c}\right)^2} = 1,$$

und dies ist die Mittelpunktsgleichung einer Ellipse. Folglich:

Trägt man auf allen Achsen, die durch denselben Punkt P gehen, die ihnen entsprechenden Trägheitsradien ϱ reciprok von P aus auf, so dafs z. B. $PK_\alpha = \frac{1}{\varrho_\alpha}$ ist, so liegen alle Endpunkte auf einer Ellipse, der sogenannten Trägheitsellipse.

Häufig wird statt $\frac{1}{\varrho_\alpha}$ auf den Achsen $\frac{1}{\sqrt{T}}$ angetragen, was aber nur einen konstanten Faktor $\frac{1}{\sqrt{J}}$ bedeutet, der nur den Mafsstab ändert.

§ 115) Fällt P mit dem Schwerpunkt der Figur zusammen, so heifst die Ellipse die Centralellipse, und zwar die Poinsotsche Centralellipse.

Hat diese Figur eine Symmetrieachse, so ist diese zugleich eine der Symmetrieachsen der Centralellipse.

Hat die Figur zwei Symmetrieachsen, so fallen beide mit denen der Centralellipse zusammen.

Sind mehr als zwei Symmetrieachsen vorhanden, so geht die Centralellipse in einen Kreis über.

Folglich: Die Centralellipsen der regelmäfsigen n-Ecke sind Kreise. Für sämtliche durch den Schwerpunkt gelegten Achsen stimmen die axialen Trägheitsmomente überein und sind gleich der Hälfte des polaren Trägheitsmomentes.

§ 116) Demnach ist für die Umrandung eines regelmäfsigen n-Ecks das Trägheitsmoment in Bezug auf jede durch den Mittelpunkt gehende Achse

$$T = \frac{nb}{2}\left(\frac{b^2}{12} + \varrho^2\right) = \frac{u}{2}\left(\frac{b^2}{12} + \varrho^2\right),$$

für die Fläche des regelmäfsigen n-Ecks ist ebenso

$$T = \frac{nb\varrho}{96}(12\varrho^2 + b^2) = \frac{u\varrho}{96}(12\varrho^2 + b^2).$$

§ 117) Daraus folgt z. B. der stereometrische Satz: Wird ein senkrechtes regelmäfsiges Prisma durch einen festen parabolischen Cylinder in dem durch die Gleichung $x = y^2$ definierten Sinne abgeschnitten, und dreht man das Prisma um seine Mittellinie, so bleibt während der Drehung sowohl der körperliche Inhalt, als auch die Mantelfläche für den abgeschnittenen Teil konstant, obwohl die Gestalt dabei im Wechsel begriffen ist.

Es bleibt nämlich der Mantel konstant gleich

$$T_1 = \frac{u}{2}\left(\frac{b^2}{12} + \varrho^2\right) + e^2 u,$$

und der körperliche Inhalt konstant gleich

$$T_2 = \frac{u\varrho}{96}(12\varrho^2 + b^2) + e^2 F,$$

wobei u der Umfang, F die Fläche der Grundfigur, e der Abstand ihres Schwerpunktes von der Nulllinie des parabolischen Cylinders ist.

Der Leser versuche auch den Satz über die Trägheitsellipse rein stereometrisch zu deuten, wobei es sich um den über einer beliebigen Grundfigur stehenden Cylinder bezw. seinen Mantel handelt.

Sämtliche vorstehenden Resultate lassen sich in mehrfacher Weise stereometrisch deuten.

§ 118) Wichtig ist noch folgendes: Ist das Centrifugalmoment C_{xy} gleich Null, so geht die Gleichung für T_α über in

$$T_\alpha = T_x \cos^2\alpha + T_y \sin^2\alpha,$$

die Gleichung für ϱ_α in

$$\varrho_\alpha^2 = \varrho_x^2 \cos^2\alpha + \varrho_y^2 \operatorname{ein}^2\alpha,$$

die Gleichung für die allgemeine Trägheitsellipse in

$$\varrho_x^2 x^2 + \varrho_y^2 y^2 = 1$$

bezw.

$$\frac{x^2}{\left(\frac{1}{\varrho_x}\right)^2} + \frac{y^2}{\left(\frac{1}{\varrho_y}\right)^2} = 1.$$

Eins von den Trägheitsmomenten T_x und T_y ist also das gröfste, das andere das kleinste, sobald das Centrifugalmoment $C_{xy} = 0$ ist.

In Bezug auf Achsen, für die $C_{xy} = 0$ ist, werden also alle Formeln erheblich vereinfacht. Der kleinste und gröfste Trägheitsradius möge stets mit ϱ_x und ϱ_y bezeichnet werden, so dafs $a = \frac{1}{\varrho_x}$, $b = \frac{1}{\varrho_y}$ ist.

e) Satz über die Clebsch-Culmannsche Trägheitsellipse oder die zweite Trägheitsellipse.

§ 119) Legt man durch einen beliebigen Punkt O ein Strahlenbüschel und zieht man zu jedem Strahle eine Parallele in dem Abstande ϱ, der dem Trägheitsradius eines gegebenen ebenen Gebildes (Fläche, Liniensystem oder Punktsystem) in Bezug auf jenen Strahl als Achse entspricht, so umhüllen die Parallelen eine Ellipse von der Gleichung $\frac{x^2}{\varrho_y^2} + \frac{y^2}{\varrho_x^2} = 1$, wobei ϱ_x den kleinsten, ϱ_y den gröfsten Trägheitsradius bedeutet.

Beweis. In Figur 46 sei $OB = \varrho_y$, $OD = \varrho_x$, also die gezeichnete Ellipse, die im Satz besprochene. Macht man $OF = e = \sqrt{\varrho_y^2 - \varrho_x^2}$, so ist F ein Brennpunkt. Legt man um die Ellipse den umbeschriebenen Kreis, so umhüllt der rechte Winkel $FH'K'$, sobald H' stets auf dem Kreise wandert, die Ellipse.

Dabei ist für das Lot OJ

$$OJ^2 = OH'^2 - JH'^2$$

$$= \varrho_y^2 - ON^2 = \varrho_y^2 - e^2 \cos^2 \alpha = \varrho_y^2 - (\varrho_y^2 - \varrho_x^2) \cos^2 \alpha.$$

oder

$$OJ^2 = \varrho_x^2 \cos^2 \alpha + \varrho_y^2 \sin^2 \alpha.$$

Nach den Schlufsbemerkungen des vorigen Paragraphen ist aber

$$\varrho_\alpha^2 = \varrho_x^2 \cos^2 \alpha + \varrho_y^2 \sin^2 \alpha,$$

folglich ist

$$OJ = \varrho_\alpha.$$

Damit ist der Satz bewiesen.

Ist O der Schwerpunkt, so heifst die Ellipse die Culmannsche Centralellipse.

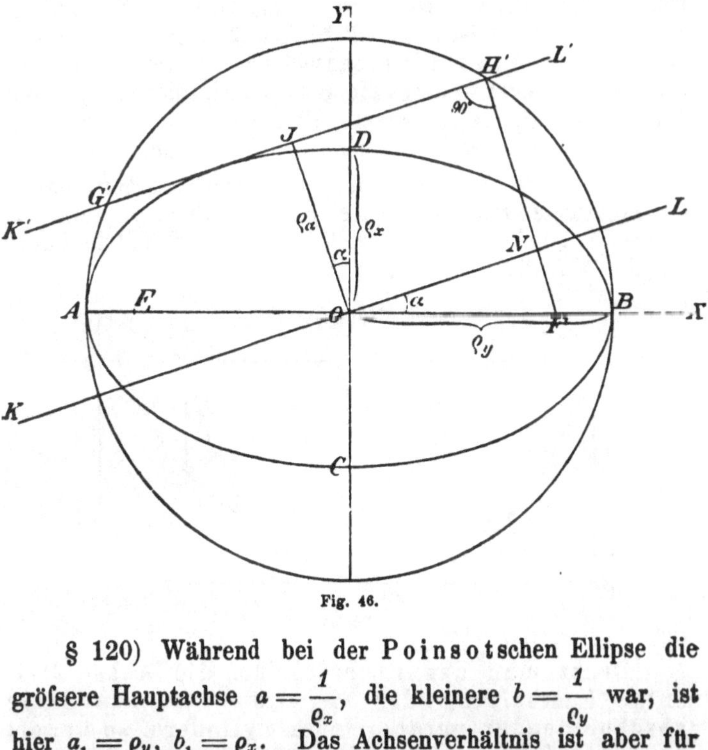

Fig. 46.

§ 120) Während bei der Poinsotschen Ellipse die gröfsere Hauptachse $a = \frac{1}{\varrho_x}$, die kleinere $b = \frac{1}{\varrho_y}$ war, ist hier $a_1 = \varrho_y$, $b_1 = \varrho_x$. Das Achsenverhältnis ist aber für beide Ellipsen $\frac{b}{a} = \frac{\varrho_x}{\varrho_y} = \frac{b_1}{a_1}$, d. h. die Ellipsen sind ähnlich und ähnlich liegend. Für die aufeinander liegenden gröfseren Halbachsen ist $a : a_1 = \frac{1}{\varrho_x} : \varrho_y = 1 : \varrho_x \varrho_y$.

Durch Culmanns graphische Statik ist diese zuerst von Clebsch aufgestellte Ellipse den Technikern noch geläufiger geworden, als die von Poinsot aufgestellte Trägheitsellipse.

In der Ingenieurmathematik des Verfassers werden beide Arten von Trägheitsellipsen eingehender erörtert und auf zahlreiche Beispiele der technischen Praxis angewandt, besonders auf solche der Festigkeitslehre. Zeichnet man die Culmannsche Ellipse wie dort in die Querschnitte der behandelten Winkeleisen ┏, T-Eisen, Z-Eisen, ⊔-Eisen, ┏-Eisen, ⌒-Eisen, Eisenbahnschienen u. dergl. ein, so erkennt man ohne weiteres die Achsen geringster und größter Widerstandsfähigkeit, gegen Biegungs- und Strebungsbeanspruchung. Dort sehe man die Anwendungen nach.

§ 121) Was die stereometrischen Anwendungen angeht, so sei beispielsweise folgendes bemerkt. Figur 47 stellt das axiale Trägheitsmoment des Rechtecks $ABCD$ in Bezug auf die Mittellinie EF dar.

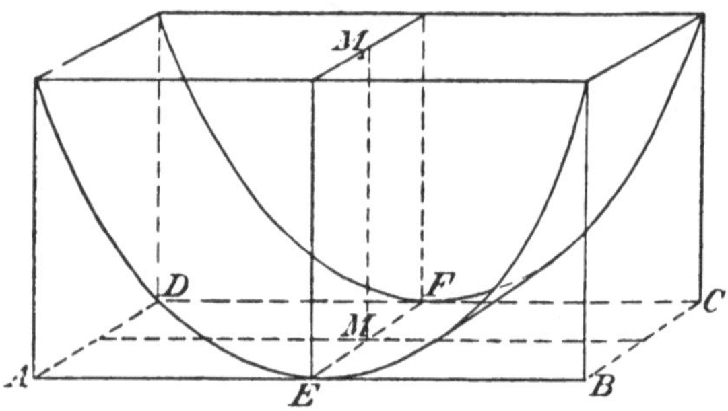

Fig. 47.

Dreht man das Rechteck um die Achse MM_1 unter Festhaltung des die drüberstehende Säule abschneidenden parabolischen Cylinders, so ändert sich der Inhalt proportional den entsprechenden Radien der Culmannschen Centralellipse. Dies gilt sowohl von der Fläche, als auch von dem Mantel der Säule.

Ebenso kann man das Rechteck festhalten und den parabolischen Cylinder um MM_1 drehen. Man kann den letzteren aber auch um einen beliebigen Punkt seiner Berührungslinie EF drehen, die nicht durch M zu gehen braucht. Die Änderungen des Inhalts und der Mantelfläche sind dann denen der Radien der zum Drehungspunkte gehörigen Culmannschen Centralellipse proportional.

Die Ausführung von Beispielen bleibe dem Leser überlassen.

f) Einige Polarmomente erster Ordnung.

§ 122) Für die Kreislinie handelt es sich in Bezug auf den Mittelpunkt um $M'_p = 2\pi r \, . \, r = 2\pi r^2$, also nach der Schichtenformel für die Kreisfläche um $\overset{r}{\underset{0}{M'_p}} = 2\pi \frac{r^3}{3}$. Das erstere ist veranschaulicht durch einen Cylindermantel, das andere durch den Restkörper zwischen Cylinder und Kegel. (Der Kegel hat Leitlinien von 45^0 Neigung.)

123) Für den Quadratumfang handelt es sich bei der Quadratseite $b = 2x_1$ nach Figur 30 um vier seitliche Rechtecke von den Seiten $2x_1$ und $x_1\sqrt{2}$, wobei aus jedem eine gleichseitige Hyperbel von der Gleichung $x^2 - y^2 = x_1^2$ ausgeschnitten ist. Jedes Hyperbelsegment hat die Fläche

$$\overset{x_1\sqrt{2}}{\underset{x_1}{F}} = x_1\sqrt{2}\sqrt{(x_1\sqrt{2})^2 - x_1^2} - x_1^2\,{}^e lg \frac{x_1\sqrt{2} + \sqrt{(x_1\sqrt{2})^2 - x_1^2}}{x_1}$$

$$= x_1^2\left[\sqrt{2} - {}^e lg(1 + \sqrt{2})\right].$$

Im ganzen ergiebt sich als Polarmoment erster Ordnung

$$1) \qquad M'_p = 4\left[2x_1^2\sqrt{2} - x_1^2\sqrt{2} + x_1^2\,{}^e lg(1 + \sqrt{2})\right]$$

$$= 4x_1^2\left[\sqrt{2} + {}^e lg(1 + \sqrt{2})\right] = b^2\left[\sqrt{2} + {}^e lg(1 + \sqrt{2})\right].$$

§ 124) Um auf die Formel für die Quadratfläche zu kommen, betrachte man nur das Dreieck MAB, bei dem die Schicht, welche den Abstand x hat, nach 1) den Beitrag

$$q = x^2\left[\sqrt{2} + {}^e lg(1 + \sqrt{2})\right]$$

giebt. Nach der Schichtenformel giebt dies für das ganze Dreieck

$$\frac{x_1^3}{3}\left[\sqrt{2} + {}^e lg(1 + \sqrt{2})\right],$$

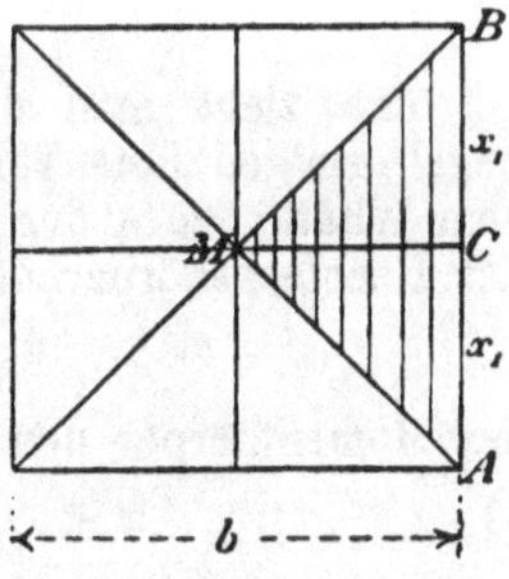

Fig. 48.

für die ganze Quadratfläche ist also das Polarmoment erster Ordnung in Bezug auf den Mittelpunkt M

$$2)\quad M'_p = \frac{4\,x_1^3}{3}[\sqrt{2} + {}^e lg(1+\sqrt{2})] = \frac{b^3}{6}[\sqrt{2} + {}^e lg(1+\sqrt{2})].$$

Der Punkt mittleren Abstandes von M ergiebt sich für den Umfang des Quadrates aus

$$\varrho_m = \frac{M'_p}{u} = \frac{4x_1^2[\sqrt{2} + {}^e lg(1+\sqrt{2})]}{8\,x_1} = \frac{x_1}{2}[\sqrt{2} + {}^e lg(1+\sqrt{2})]$$

$$= \frac{b}{4}[\sqrt{2} + {}^e lg(1+\sqrt{2})],$$

für die Quadratfläche aus

$$r_m = \frac{M'_p}{F} = \frac{\frac{4\,x_1^3}{3}[\sqrt{2} + {}^e lg(1+\sqrt{2})]}{4\,x_1^2} = \frac{x_1}{3}[\sqrt{2} + {}^e lg(1+\sqrt{2})]$$

$$= \frac{b}{6}[\sqrt{2} + {}^e lg(1+\sqrt{2})].$$

Dadurch sind für Drehungsbewegungen des Quadratumfangs oder der Quadratfläche die Punkte mittlerer Geschwindigkeit und mittlerer Centrifugalkraft gefunden.

§ 125) Denkt man sich ferner den Kegel der Figur 30, von dem hyperbolische „Segmente“ abgeschnitten sind, ergänzt, so dafs sein Inhalt

$$J = \frac{\pi}{3}(x_1\sqrt{2})^2 \,.\, x_1\sqrt{2} = \frac{\pi}{3}\,2\sqrt{2}\,.\,x_1^3$$

ist, und zieht man davon den in der Figur dargestellten kegelförmigen Innenkörper ab, so erhält man das vierfache vom Inhalte jedes der abgeschnittenen Segmente. Nun hat der Rechteckskörper den Inhalt

$$4\,x_1^3\sqrt{2},$$

der Momentkörper den Inhalt

$$\frac{4\,x_1^3}{3}[\sqrt{2} + {}^e lg(1+\sqrt{2})],$$

folglich ist der Inhalt des Innenkörpers gleich

$$4x_1^3\sqrt{2}-\frac{4x_1^3}{3}[\sqrt{2}+{}^e lg(1+\sqrt{2})]=\frac{4x_1^3}{3}[2\sqrt{2}-{}^e lg(1+\sqrt{2})],$$

was an sich ein bemerkenswertes Resultat ist. Die oben gesuchte Inhaltsdifferenz ist also

$$D=\frac{\pi}{3}2\sqrt{2}\,.\,x_1^3-\frac{4x_1^3}{3}[2\sqrt{2}-{}^e lg(1+\sqrt{2})],$$

oder

$$D=\frac{4x_1^3}{3}\left[\pi\sqrt{\frac{1}{2}}-2\sqrt{2}+{}^e lg(1+\sqrt{2})\right].$$

Jedes der abgeschnittenen Kegelsegmente hat demnach den Inhalt

$$J=\frac{x_1^3}{3}\left[\frac{\pi-4}{\sqrt{2}}+{}^e lg(1+\sqrt{2})\right].$$

Dieses letztere Resultat läfst sich verallgemeinern und giebt zu weiteren Aufgaben vorliegender Art Anlafs.

§ 126) Einige andere Beispiele findet man in der Ingenieurmathematik des Verfassers, wo sie mit den obigen auf anderem Wege abgeleitet worden sind, z. B.:

Für das Rechteck mit den Seiten $2a$ und $2b$ ist in Bezug auf die beiden Mittellinien

$$M_p=\frac{4ab}{3}\sqrt{a^2+b^2}+\frac{2a^3}{3}\,{}^e lg\frac{b+\sqrt{a^2+b^2}}{a}$$
$$+\frac{2b^3}{3}\,{}^e lg\frac{a+\sqrt{b^2+a^2}}{b}.$$

g) Einige Centrifugalmomente ebener Gebilde.

§ 127) Für das Rechteck $OABC$ mit den Seiten a und b ist das Centrifugalmoment in Bezug auf benachbarte Seiten a und b gleich dem statischen Momente des Körpers, der durch Abschrägung der über der Fläche stehenden Säule mittels einer Fläche, die unter 45^0 Neigung durch b gelegt wird. Der Körper hat den Inhalt $ab.\frac{a}{2}=\frac{a^2b}{2}$. Seine Schwerpunktsachse hat von a den Abstand $\frac{b}{2}$, also ist das gesuchte statische Moment

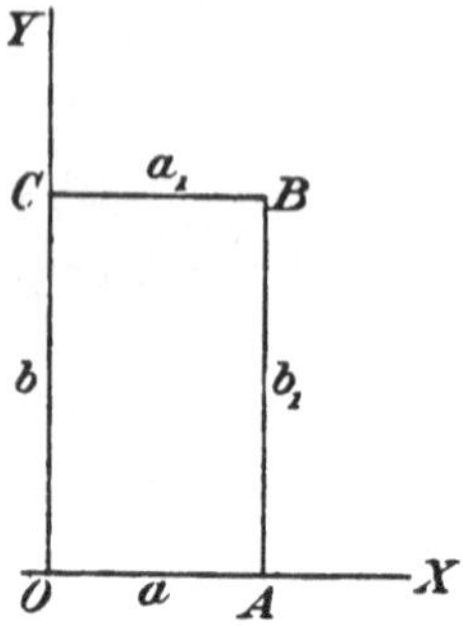

Fig. 49.

$$C_{xy}=\frac{a^2b}{2}.\frac{b}{2}=\frac{a^2b^2}{4}.$$

Denkt man sich über der untersuchten Fläche das hyperbolische Paraboloid der Figur 28 gezeichnet, so ist zugleich für die vom hyperbolischen Paraboloid begrenzte Säule der Inhalt gefunden.

§ 128) Über $AB=b_1$ steht die Säulenfläche $ab_1=ab$. Ihre Schwerpunktsachse hat von der X-Achse die Entfernung $\frac{b}{2}$, also ist das statische Moment der Fläche in Bezug auf die X-Achse gleich $ab\cdot\frac{b}{2}=\frac{ab^2}{2}$. Das Centrifugalmoment von b_1 in Bezug auf beide Achsen ist demnach

$$C_{xy}=\frac{ab^2}{2}.$$

Dagegen steht über a_1 ein Dreieck von der Fläche $\frac{a_1^2}{2}$. Der Abstand von der X-Achse ist b_1. also wird das statische Moment für diese Fläche

$$C_{xy}=\frac{a^2}{2}b.$$

§ 129) Für eine beliebige schrägliegende Gerade DB, die z. B. von den Punkten $x_1, y_1=0$ und x_2, y_2 begrenzt ist, würde die Schwerpunktsachse SS_1 des Tetraeders $DBEF$ zu bestimmen sein. Ist dann $S_1G=y_s$ und F die Fläche des Tetraeders, so ist das gesuchte Moment

$$C_{xy}=y_s.F.$$

Damit sind alle Aufgaben für gerade Linien und geradlinige Figuren gelöst und zugleich die entsprechenden Inhaltsformeln und die Formeln für Mantelflächen von

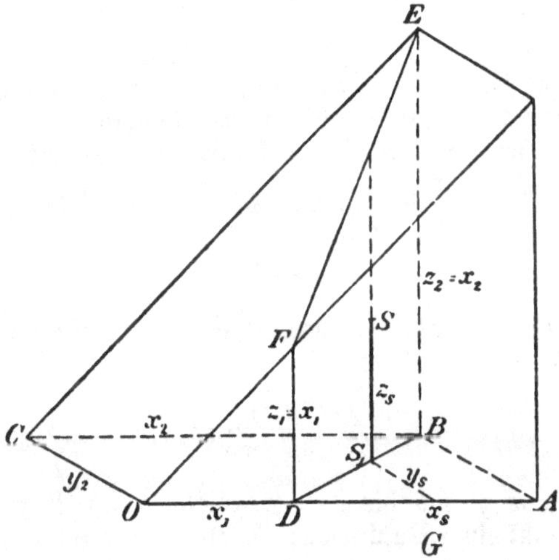

Fig. 50.

Säulen bestimmt, die hyperbolisch-paraboloidisch abgeschnitten sind.

§ 130) Für die Kreisfläche findet man in Bezug auf zwei einander rechtwinklig schneidende Tangenten einen Cylinderhuf von der Höhe $2r$, also vom Inhalte

$$\frac{1}{2}\pi r^2 . 2r = \pi r^3.$$

Der Abstand von der anderen Achse ist r, also wird das Centrifugalmoment für die Kreisfläche

$$C_{xy} = \pi r^4.$$

Der Mantel des Cylinderhufes hat die Fläche

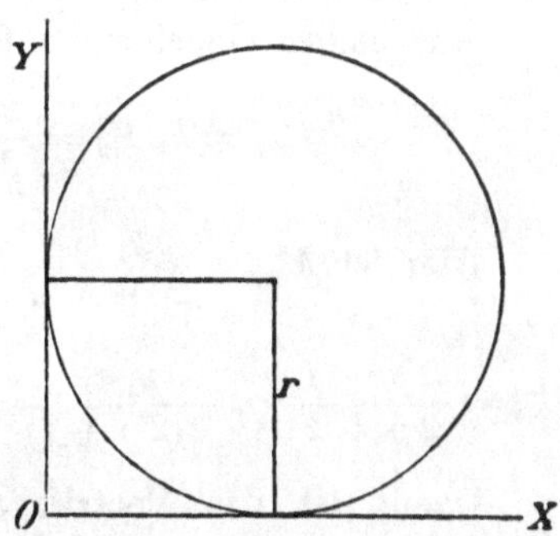

Fig. 51.

$\frac{1}{2} 2\pi r . 2r = 2\pi r^2$, die Schwerpunktsachse hat von der X-Achse den Abstand r, das Centrifugalmoment für die Umrandung der Fläche ist also

$$C_{xy} = 2\pi r^3.$$

Damit ist zugleich die Aufgabe gelöst, den Inhalt und die Mantelfläche der Säule zu bestimmen, die durch das hyperbolische Paraboloid der Figur 28 begrenzt wird.

§ 131) Ein Drehungskörper entstehe durch Drehung der Kurve

$$x = k y^p$$

($p > -1$) um die Y-Achse, dann liegt sein Schwerpunkt nach § 57 in der Höhe

$$h_s = \frac{2p+1}{2p+2} y_1,$$

wenn er von $y = 0$ bis $y = y_1$ reicht. Nun liegt aber der Schwerpunkt eines Guldinschen Körpers nach § 85 in der Höhe

$$h_s = \frac{C_{xy}}{M_y},$$

wo C_{xy} das Centrifugalmoment der rotierenden Fläche (im ersten Quadranten der XY-Ebene) in Bezug auf beide Achsen und M_y ihr statisches Moment in Bezug auf die Y-Achse ist.

Aus beiden Gleichungen folgt

$$C_{xy} = h_s M_y = \frac{2p+1}{2p+2} \cdot y_1 \cdot \overset{y_1}{\underset{0}{M_y}}.$$

Hier ist $M_y = \frac{y_1 x_1^2}{2+p.4}$, also wird

$$C_{xy} = \frac{2p+1}{2p+2} \cdot y_1 \frac{y_1 x_1^2}{2(2p+1)} = \frac{x_1^2 y_1^2}{4(p+1)} = \frac{k^2}{4} \cdot \frac{y_1^{2(p+1)}}{p+1}.$$

Damit ist das Centrifugalmoment für die Parabeln p^{ter} Ordnung in Bezug auf die Achsen X und Y bestimmt.

Für die gleichseitige Hyperbel ergiebt sich nach Ingenieurmathematik I, S. 252:

$$C_{xy} = \frac{h^2}{8}(2 + h^2).$$

§ 132) Dem Leser bleibe es überlassen, dasselbe für das rotierende Profil $y = a + by + cy^2 + dy^3 + \ldots$ durchzuführen, wobei der Querschnitt sich auf eine Form

$$\pi y^2 = \pi [a_1 + b_1 y + c_1 y^2 + d_1 y^3 + \ldots]$$

bringen läfst.

Weitere Aufgaben findet man in der Ingenieurmathematik des Verfassers. Dort sind auf S. 202 bis 232 auch behandelt die graphostatischen Methoden von Nehls, Mohr, Land, Culmann, Reye zur Darstellung von statischen, Trägheits- und Centrifugalmomenten.

h) Satz über die Lemniscate des Centrifugalmoments einer ebenen Fläche.

§ 133) Dreht man die X-Achse um α, so gehen die Koordinaten x und y eines Flächenelements f in neue ξ und η über, und dabei ist

$$\xi = OE + EG$$
$$= OE + CD$$
$$= x\cos\alpha + y\sin\alpha,$$
$$\eta = FC - FE$$
$$= y\cos\alpha - x\sin\alpha.$$

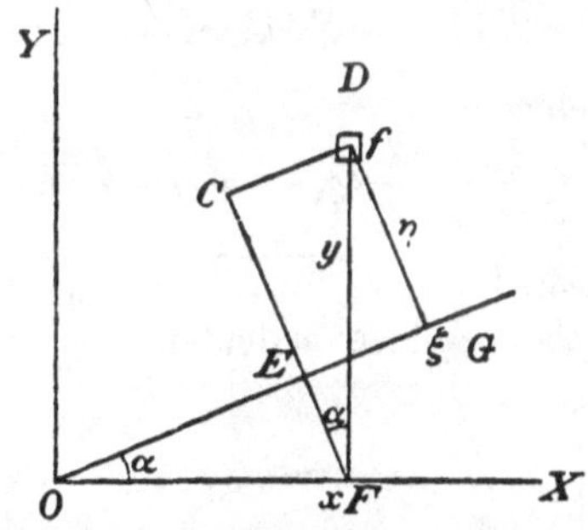

Fig. 52.

Demnach wird das neue Centrifugalmoment des Teilchens f jetzt

$$f\xi\eta = f(xy\cos^2\alpha - xy\sin^2\alpha + y^2\sin\alpha\cos\alpha - x^2\sin\alpha\cos\alpha),$$

und für eine ganze Fläche F wird es

$$\Sigma f\xi\eta = (\cos^2\alpha - \sin^2\alpha)\Sigma fxy + \sin\alpha\cos\alpha[\Sigma fy^2 - \Sigma fx^2],$$

oder

$$1)\qquad C_{\xi\eta} = \cos 2\alpha\, C_{xy} + \frac{1}{2}\sin 2\alpha(T_x - T_y)$$
$$= \cos 2\alpha\, C_{xy} - \frac{1}{2}\sin 2\alpha(T_y - T_x).$$

Dies ist der Drehungssatz für das Centrifugalmoment.

§ 134) Demnach wird $C_{\xi\eta} = 0$ für den Fall

$$\frac{1}{2} \sin 2\alpha (T_y - T_x) = \cos 2\alpha\, C_{xy}$$

oder für

$$2) \qquad \tan 2\alpha = \frac{2 C_{xy}}{T_y - T_x}$$

Da man für $C_{\xi\eta} = 0$ die Culmannsche und die Poinsotsche Ellipse in der einfachsten Lage erhält, so findet man auf diesem Wege die Achsen kleinsten und gröſsten Trägheitsmomentes.

§ 135) Geht man von diesen Achsen aus, und dreht man um $-\alpha$, so erhält man

$$C_{\xi\eta} = 0 + \frac{1}{2} \sin 2\alpha (T_y - T_x),$$

oder, wenn man die Momente durch ihre Radien ersetzt,

$$F . \lambda^2 = \frac{1}{2} \sin (2\alpha) [\varrho_y^2 F - \varrho_x^2 F]$$

oder

$$3) \quad \lambda^2 = \frac{1}{2} (\varrho_y^2 - \varrho_x^2) \sin 2\alpha = \frac{e^2}{2} \sin 2\alpha = e^2 \sin\alpha \cos\alpha,$$

wobei $e = \sqrt{\varrho_y^2 - \varrho_x^2}$ wieder die Brennweite der Culmannschen Ellipse bedeutet.

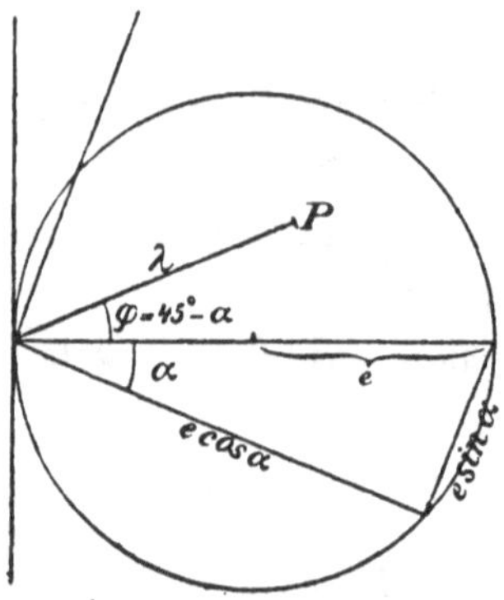

Fig. 53.

Jetzt kann λ als mittlere Proportionale zwischen $e \sin\alpha$ und $e \cos\alpha$ leicht konstruiert werden. Es ist als Halbierende des Winkels zwischen den Strahlen

$$-\alpha \text{ und } -\alpha + 90^0$$

einzutragen, es erhält also die Neigung

$$45^0 - \alpha = \varphi.$$

Figur 53 stellt dies dar.

§ 136) Um die Gleichung 3) für die Konstruktion übersichtlicher zu haben, führe man $\varphi = 45^0 - \alpha$ in sie ein, d. h. man setze für α den Wert $45^0 - \varphi$, für 2α den Wert $90^0 - 2\varphi$ ein, so dafs sie übergeht in

3*) $$\lambda^2 = \frac{e^2}{2} \cos 2\varphi .$$

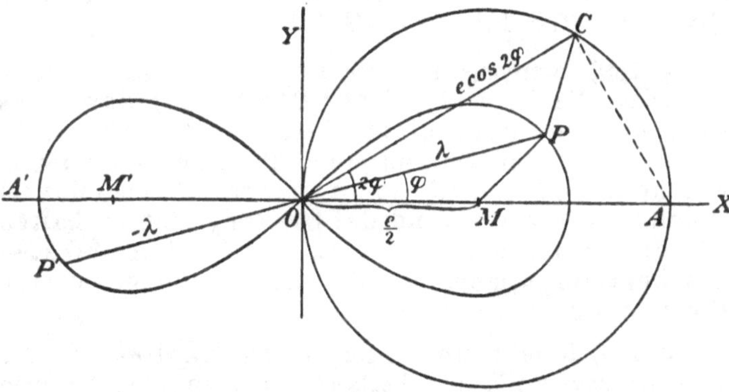

Fig. 54.

Ist jetzt C ein Kreispunkt und $\sphericalangle COA = 2\varphi$, und konstruiert man OP als mittlere Proportionale zwischen $OC = e \cos 2\varphi$ und $OM = \frac{e}{2}$, so erhält man $OP^2 = e \cos 2\varphi \frac{e}{2} = \frac{e^2}{2} \cos 2\varphi = \lambda^2$. Trägt man also dieses als Winkelhalbierende ein, so hat man $\pm \lambda$ als Radius des Centrifugalmoments für die beiden gegen OP um 45^0 geneigten Achsen.

§ 137) Die so entstehende Kurve um P ist, wie im nächsten Abschnitt ausführlicher dargelegt wird, eine Lemniskate gewöhnlicher Art. Sie heifst die Lemniskate des Centrifugalmoments. Ihre Brennpunkte M und M' liegen auf der gröfseren Hauptachse der Trägheitsellipsen in der Entfernung $\frac{e}{2} = \frac{1}{2} \sqrt{\varrho_y^2 - \varrho_x^2}$.

Ist O der Schwerpunkt, so handelt es sich um die Central-Lemniskate.

§ 138) Über Anwendungen und Beispiele vergleiche man die Ingenieurmathematik des Verfassers, wo auch die Theorie der Centrifugalmomente weiter ausgebaut wird. Dort wird auch gezeigt, dafs auf der Y-Achse der Centralellipsen zwei Punkte in den Entfernungen $\pm e = \pm\sqrt{\varrho_y^2 - \varrho_x^2}$ liegen, für die die Trägheitsellipsen zu Kreisen werden. Dies sind die sog. Fixpunkte für das ebene Gebilde.

§ 139) Stereometrisch gilt für die Centrifugalmomente folgendes: Dreht man bei der Darstellung durch das hyperbolische Paraboloid dieses um den Nullpunkt O, so schneidet es von dem über der gegebenen Fläche stehenden Cylinder bezw. seinem Mantel Stücke ab, die während der Drehung sich verhalten wie die Radien der dabei entstehenden Lemniskaten des Centrifugalmoments für die Fläche bezw. ihre Umrandung.

§ 140) Bemerkungen zu diesem Kapitel. In der Ingenieurmathematik des Verfassers werden noch folgende Gegenstände behandelt:

a) Verschiebungssatz für das Centrifugalmoment

$$C_{xy} = C_{\xi\eta} + p\,q\,F,$$

wenn durch die Verschiebung ξ in $x = \xi + p$, η in $y = \eta + q$ übergeht und F die Fläche ist.

b) Dreht sich eine Fläche F, die eine Symmetrieachse hat, um eine in ihrer Ebene liegende Achse, die zur Symmetrieachse parallel ist und von dieser die Entfernung ϱ hat, so ist das Trägheitsmoment des Körpers in Bezug auf die Drehungsachse

$$T = J(\varrho^2 + 3\,\varrho_1^2),$$

wo J den Inhalt des Körpers, ϱ_1 den Trägheitsradius der Fläche in Bezug auf die Symmetrieachse bedeutet. Der Schwerpunkt des Körpers liegt dann ebenso hoch, wie der der Fläche, sein Trägheitsradius ist $r_t = \sqrt{\varrho^2 + 3\,\varrho_1^2}$.

Dies ist ein in der Technik häufig vorkommender Fall.

c) Abgeleitet wird das Centrifugalmoment für das Dreieck, den Viertelkreis, für Parabeln p^{ter} Ordnung, für hyperbolische Flächen, für Flächen, die von transcendenten Kurven begrenzt sind. Ferner die Centralellipsen für das Rechteck, das Trägheitsmoment für die Diagonale des Rechtecks, der Halbkreisfläche für beliebige Schwerpunktsachsen.

d) Eingeführt werden die Gleichheitsachsen für $T_x = T_y$, die Grenzmomente T_{max} und T_{min} (für Maximum und Minimum) des Trägheitsmoments, der zugehörige Satz

$$C_{xy} = \frac{T_{max} - T_{min}}{2}.$$

Die Grenzmomente werden für mehrere Flächen bestimmt.

e) Sind T_x und T_y bekannte Trägheitsmomente (in Bezug auf Achsen, die aufeinander senkrecht stehen) und ist M_{xy} das zugehörige Centrifugalmoment, so bestimme man einen Hilfswinkel α mittels der Gleichungen

$$\sin 2\alpha = \frac{2\, C_{xy} \cos 2\alpha}{T_y - T_x},$$

dann sind die Grenzmomente bestimmt durch

$$T_\xi = \frac{1}{2}(T_x + T_y) + \frac{1}{2}(T_x - T_y) \sec 2\alpha,$$

$$T_\eta = \frac{1}{2}(T_x + T_y) - \frac{1}{2}(T_x - T_y) \sec 2\alpha.$$

wobei ξ und η die zum Drehungswinkel gehörigen Achsen sind.

f) Ein gegebenes Winkeleisen wird in Bezug auf die beiden Centralellipsen und die Centrallemniskate vollständig berechnet.

g) Die Grenzmomente für Viertel- und Achtelkreis werden berechnet.

h) Aus

$$\varrho_\alpha^2 = \varrho_x^2 \cos^2\alpha + \varrho_y^2 \sin^2\alpha,$$

$$\varrho_\beta^2 = \varrho_x^2 \sin^2\alpha + \varrho_y^2 \cos^2\alpha,$$

$$\lambda_{\alpha\beta}^2 = (\varrho_y^2 - \varrho_x^2) \sin\alpha \cos\alpha,$$

folgt

$$\lambda^4_{\alpha,\beta} = (\varrho_\alpha\, \varrho_\beta)^2 - (\varrho_x\, \varrho_y)^2.$$

Hier haben $\varrho_x, \varrho_y, \varrho_\alpha, \varrho_\beta, \lambda_{\alpha,\beta}$ die obigen Bedeutungen, und zwar ist $\beta = \alpha + 90^0$.

h) Für Parabelflächen $0^{ter}, 1^{ter}, 2^{ter}, 3^{ter} \ldots$ Ordnung werden als Centrifugalmomente für die Stellung der Figur 6 gefunden

$$C_{xy} = \frac{a^2 h^2}{4}, \quad \frac{b^2 h^2}{8}, \quad \frac{c^2 h^2}{12}, \quad \frac{d^2 h^2}{16}, \ldots$$

ferner

$$\frac{C_{xy}}{M_x} = \frac{2}{4}\, a, \quad \frac{3}{8}\, b, \quad \frac{4}{12}\, c, \quad \frac{5}{16}\, d, \ldots$$

$$\frac{C_{xy}}{M_y} = \frac{1}{2}\, h, \quad \frac{3}{4}\, h, \quad \frac{5}{6}\, h, \quad \frac{7}{8}\, d, \ldots$$

Auch $\lambda = \sqrt{\frac{C_{xy}}{F}}$ ist leicht für die ganze Reihe zu berechnen.

i) Berechnet wird das Rechteck gröſsten Trägheitsmomentes, welches sich aus einer Kreisfläche, Ellipsenfläche, aus einer Parabelfläche ausschneiden läſst.

k) Eingeführt wird für Kegelschnitte der Begriff von Pol und Antipol einer Geraden, der Begriff von Polare und Antipolare eines Punktes.

l) Die Koordinaten des Antipols der Ordinatenachse in Bezug auf die Centralellipse einer gegebenen Fläche bestimmen sich aus $x_1 = \frac{T_y}{M_y}$, $y_1 = \frac{C_{xy}}{M_y}$; er ist also der Angriffspunkt der Centrifugalkraft der um die Ordinatenachse gedrehten Fläche und hat auch sonstige mechanische Bedeutungen.

m) Die Polare des Flächenschwerpunktes in Bezug auf eine beliebige Trägheitsellipse ist zugleich Antipolare des Mittelpunkts dieser Ellipse in Bezug auf die Centralellipse.

n) Die Achsen der Ebene, in Bezug auf die das Trägheitsmoment einer Fläche konstanten Wert hat, umhüllen eine Schar konfokaler Kegelschnitte, deren Brennpunkte die beiden Fixpunkte sind.

o) Der geometrische Ort aller Punkte der Ebene, für welche die Hauptträgheitsachsen einer Fläche parallel sind, ist eine durch die Fixpunkte gehende gleichseitige Hyperbel, deren Mittelpunkt der Schwerpunkt ist und deren Asymptoten den Richtungen der gegebenen Parallelen parallel sind.

p) Auch bei der Methode von Reye werden die Ausdrücke $\frac{\text{Trägheitsmoment}}{\text{statisches Moment}}$ und $\frac{\text{Centrifugalmoment}}{\text{statisches Moment}}$ zur Anwendung gebracht.

q) Die Reyesche Methode, nach der sich für die Drehung einer Fläche um einen Punkt ihrer Ebene die Fläche durch drei zweckmäfsig gewählte Punkte ersetzen läfst, wird auf S. 222 bis 232 abgehandelt.

r) Die Methode von Nehls auf S. 202 und 203, die beiden von Mohr auf S. 203 bis 209, die Methode von Land auf S. 209 bis 211.

Sämtliche Bemerkungen geben zu stereometrischen Deutungen Veranlassung, unter denen die unter *n* und *o* hervorgehoben werden mögen.

λ) Die Anwendung der Transformationen $Z = z^p$ und $z = \sqrt[p]{Z}$, $Z = lg\, z$ und $z = e^Z$ und einiger anderer auf die Bestimmung von Polarmomenten verschiedener Ordnung für ebene Gebilde.

§ 141) In des Verfassers Ingenieurmathematik Bd. I*) wird von Seite 175 ab in elementarer Weise ein Beispiel aus der Lehre von den winkeltreuen Abbildungen zur Ableitung polarer Trägheitsmomente benutzt, die Abbildung $Z = z^2$ und ihre Umkehrung

$$z = \sqrt{Z}.$$

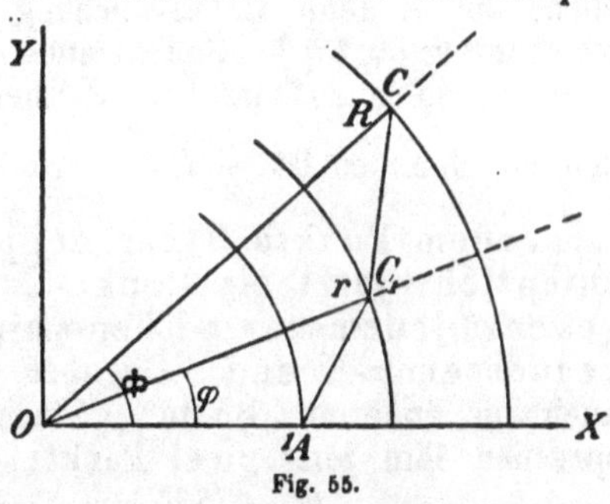

Fig. 55.

Bekanntlich ist nach Moivre

*) Vergl. auch des Verfassers Theorie der isogonalen Verwandtschaften, wo die Abbildungen $Z = z^2$ und $Z = z^p$ in besonderen Abschnitten behandelt sind.

$$[r(\cos\varphi + i\sin\varphi)]^2 = r^2(\cos 2\varphi + i\sin 2\varphi)$$
$$= R(\cos\Phi + i\sin\Phi)$$

Bezeichnet man den Ausdruck in der eckigen Klammer links mit z, den rechtsstehenden mit Z, so hat man

$$z^2 = Z.$$

Hier bedeutet z eine Strecke im neueren Sinne, d. h. eine Gerade von der Länge r, die z. B. vom Nullpunkte ausgeht und die Neigung φ hat, Z eine Strecke von der Länge R und der Neigung Φ. Ist also $\measuredangle C_1 OA = \varphi$, $\overline{OC_1} = r$, so stellt OC_1 in Figur 55 die Strecke z dar.

Aus ihr findet man die Strecke $Z = z^2$ durch Verdoppelung des Winkels φ und durch Konstruktion der Länge $\overline{OC} = R$ mittels der Gleichung $1 : r = r : R$, wobei die Strecke $OA = 1$ ist.

Kennt man umgekehrt Z, so findet man die Strecke $z = \sqrt{Z}$ durch Halbierung des Winkels und Konstruktion der Länge $OC_1 = r$ als mittlere Proportionale der Längen 1 und R.

Die beiden Konstruktionen sind unabhängig von dem oben angedeuteten komplexen Ausdrucke, der einen reellen und einen imaginären Teil hat, gehören also in die Elementargeometrie.

Der ganzen Ebene der Z entspricht dabei eine Halbebene der z, denn die Abweichung $\Phi = 360^0$ giebt eine Abweichung $\varphi = 180^0$. Sollen auch die z eine ganze Ebene erfüllen, so mufs man die Z-Ebene sich doppelt bedeckt denken, denn es ist $\frac{1}{2} 720^0 = 360^0$.

Jedem Punkte C der doppelt gedachten Ebene entspricht jetzt ein Punkt C_1 der z-Ebene und umgekehrt jedem der z-Ebene ein solcher der doppelt gedachten z-Ebene. Da aber C sowohl im einen, als auch im anderen „Blatte" gedacht werden kann, so entsprechen ihm jetzt zwei Punkte C_1, denn $\Phi' = \Phi + 360^0$ führt auf $\varphi' = \frac{\Phi + 360^0}{2} = \varphi + 180^0$. Dadurch ist der Doppeldeutigkeit der Quadratwurzel Genüge geleistet.

§ 142) Jeder Geraden OC von der Neigung Φ entsprechen also zwei Gerade von den Neigungen

$$\varphi = \frac{\Phi}{2} \text{ und } \varphi' = \frac{\Phi}{2} + 180^0,$$

nämlich OC_1 und $OC_1' = -OC_1$. Jedem vom Punkte C doppelt durchlaufenen Kreise mit Mittelpunkt O und Radius OC entspricht ein einfach durchlaufener Kreis OC_1 mit Mittelpunkt O und Radius OC_1.

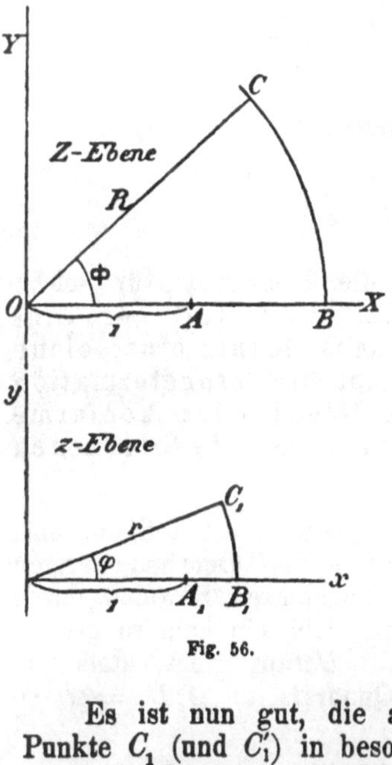

Fig. 56.

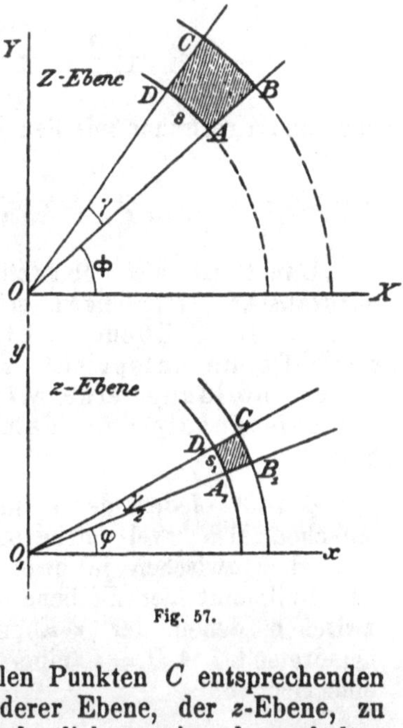

Fig. 57.

Es ist nun gut, die allen Punkten C entsprechenden Punkte C_1 (und C_1') in besonderer Ebene, der z-Ebene, zu zeichnen, damit die Gebilde deutlich auseinander gehalten werden.

Hat man in der Z-Ebene ein Strahlenbüschel durch O mit den Neigungswinkeln

$$\Phi = 0, \ \pm \frac{2\pi}{n}, \ \pm \frac{4\pi}{n}, \ \pm \frac{6\pi}{n}, \ldots$$

und die orthogonale Kreisschar mit den Radien

$$r = e^0,\ e^{\pm\frac{2\pi}{n}},\ e^{\pm\frac{4\pi}{n}},\ e^{\pm\frac{6\pi}{n}},\ldots$$

so hat man nach Band I § 314 und Band II (Mercatorkarte) eine Einteilung in kleine Quadrate.

Macht man mit diesem Gebilde die Transformation $z = \sqrt{Z}$, so entsteht in der z-Ebene ein Büschel von doppelt sovielen Strahlen von den Neigungen

$$\varphi = e,\ \pm\frac{\pi}{n},\ \pm\frac{2\pi}{n},\ \pm\frac{3\pi}{n},\ldots$$

und eine Kreisschar mit den Radien

$$r = e^0,\ e^{\pm\frac{\pi}{n}},\ e^{\pm\frac{2\pi}{n}},\ e^{\pm\frac{3\pi}{n}},\ldots$$

Damit ist also ebenfalls die Bedingung für solche quadratische Einteilungen erfüllt. Und weil der Einteilung der Z-Ebene in kleine Quadrate eine solche der z-Ebene entspricht, so ist die Transformation oder Abbildung eine winkeltreue oder konforme (oder isogonale) in dem mehrfach besprochenen Sinne.

§ 143) Jedem der kleinen Quadrate der Z-Ebene entsprechen also zwei solche der z-Ebene. Dem zugehörigen Winkel γ zwischen je zwei benachbarten Strahlen durch den Nullpunkt der Z-Ebene entspricht ein halb so grofser zwischen denen der z-Ebene. Daraus folgt, dafs die Quadratseite $AD = s$ einer Quadratseite $A_1D_1 = s_1$ so entspricht, dafs

$$s : s_1 = 2\sqrt{R} : 1 = 2r : 1$$

ist. (Bei gleichen Winkeln AOD würde es sich um $s : s_1 = OA : O_1A_1$ handeln, da aber $\sphericalangle AOD = 2 \sphericalangle A_1O_1D_1$ ist, so wird

$$s : s_1 = 2\,OA : OA_1 = 2R : \sqrt{R} = 2\sqrt{R} : 1 = 2r : 1.)$$

Wie für die Grenze die Quadratseiten für $ABCD$ sämtlich gleich grofs sind, so ist in der Entfernung R von O und der entsprechenden r von O_1 überhaupt das Vergröfserungsverhältnis $s : s_1 = 2\sqrt{R} : 1 = 2r : 1$, d. h. einem unendlich kleinen Kreise z. B. um A mit Radius ϱ entsprechen zwei unendlich kleine Kreise um A_1 und A_1' mit Radien $\varrho \frac{1}{2\sqrt{R}} = \varrho \frac{1}{2} R^{\frac{1}{2}}$ oder $\varrho \frac{2r}{1} = \varrho\, 2r^1$. Das Quadrat $ABCD$ erscheint gegen das Quadrat $A_1 B_1 C_1 D_1$ um $\varphi = \frac{\Phi}{2}$ gedreht, gegen $A_1 B_1 C_1 D_1$ um $\varphi_1 = \frac{\Phi}{2} + 180^0$.

§ 144) Da $R = r^2$, $r = \sqrt{R}$, $\Phi = 2\varphi$, $\varphi = \frac{\Phi}{2}$ ist, so folgt: In beiden Ebenen entsprechen einander Kurven von den Gleichungen

	Z-Ebene	z-Ebene
1)	$f(R, \Phi) = 0$	$f(r^2, 2\varphi) = 0$
2)	$f\left(\sqrt{R}, \frac{\Phi}{2}\right) = 0$	$f(r, \varphi) = 0$
3)	$f(X, Y) = 0$	$f[(x^2 - y^2)(2xy)] = 0$

$$4)\ f\left[\sqrt{\frac{X + \sqrt{X^2 + Y^2}}{2}}, \sqrt{\frac{-X + \sqrt{X^2 + Y^2}}{2}}\right] = 0, \quad f(x, y) = 0.$$

Die Beziehungen 3) und 4) ergeben sich folgendermafsen: Es ist $X = R\cos\Phi$, $Y = R\sin\Phi$, dem ersteren entspricht also $r^2 \cos 2\varphi = r^2(\cos^2\varphi - \sin^2\varphi) = x^2 - y^2$, dem anderen entspricht $r^2 \sin 2\varphi = 2(r\sin\varphi)(r\cos r) = 2xy$. Aus $X = x^2 - y^2$ und $Y = 2xy$ folgt aber durch Auflösung nach x und y

$$x = \sqrt{\frac{X + \sqrt{X^2 + Y^2}}{2}}, \quad y = \sqrt{\frac{-X + \sqrt{X^2 + Y^2}}{2}},$$

oder auch $x = R^{\frac{1}{2}} \cos\frac{\Phi}{2}$, $y = R^{\frac{1}{2}} \sin\frac{\Phi}{2}$.

Hat man in der einen Ebene eine Einteilung durch irgend welche Kurven in kleine Quadrate, so erhält man eine solche auch in der andern.

§ 145) Beispiele. a) Der quadratischen Einteilung der Z-Ebene durch Gerade $X = 0, \pm a, \pm 2a, \pm 3a, \ldots$ $Y = 0, \pm a, \pm 2a, \pm 3a, \ldots$ entspricht eine solche durch Kurven $x^2 - y^2 = 0, \pm a, \pm 2a, \pm 3a, \ldots$ und $2xy = 0, \pm a, \pm 2a, \pm 3a, \ldots$, d. h. durch zwei orthogonale Scharen gleichseitiger Hyperbeln. Die erste Gruppe hat Asymptoten von den Neigungen $\pm 45^0$ und geht durch die Punkte $0, \pm\sqrt{a}, \pm\sqrt{2a}, \pm\sqrt{3a}, \ldots$ der X-Achse bezw. durch die Punkte $0, \pm\sqrt{a}, \pm\sqrt{2a}, \pm\sqrt{3a} \ldots$ der Y-Achse. Die andere Gruppe hat Asymptoten von der Neigung 0 bezw. 90^0 und geht durch die Punkte $0, \pm\sqrt{a}, \pm\sqrt{3a}, \pm\sqrt{2c}, \ldots$ der Geraden von der Neigung $\pm 45^0$ durch den Punkt O_1.

b) Auch die Geraden $\frac{Y}{X-a} = A = \tan a$ oder besser $X - \frac{Y}{A} = 0, a, 2a, 3a \ldots$ und die Orthogonalschar von Geraden geben eine quadratische Einteilung. Ihnen entsprechen Kurven

$$\frac{2xy}{x^2 - y^2 - a} = A$$

oder besser

$$x^2 - y^2 - \frac{2}{A} xy = 0, a, 2a, 3a, \ldots$$

Jeder beliebigen Geraden der Z-Ebene entspricht also eine gleichseitige Hyperbel der z-Ebene, deren eine Asymptote die Neigung $\vartheta = \frac{\theta}{2}$ hat, wenn die der Geraden gleich θ ist. Die Asymptoten gehen wiederum durch den Nullpunkt. Die isogonalen Trajektorien der Hyperbeln unter a) sind also wieder solche, und je zwei Orthogonalscharen geben wieder eine quadratische Einteilung.

c) Dem Kreise $\varrho = k$ um einen Punkt der Z-Ebene mit den Koordinaten $X_1 = a$ und $Y_1 = 0$, dessen Gleichung also ist

$$(X - a)^2 + Y^2 = k^2$$

entspricht einer Kurve

$$(x^2 - y^2 - a)^2 + (2xy)^2 = k^2,$$

die sich in der Form

$$[(x^2 + y^2 + a) + 2x\sqrt{a}]\,[(x^2 + y^2 + a) - 2x\sqrt{a}] = k^2$$

schreiben läſst. Hier bedeutet die eine eckige Klammer das Quadrat der Entfernung p_1 eines Kurvenpunktes von dem Punkte $+\sqrt{a}$, die andere das Quadrat seiner Entfernung p_2 von dem Punkte $-\sqrt{a}$ der x-Achse, so daſs man auch schreiben kann $p_1^2 p_2^2 = k^2$ oder

$$p_1 p_2 = k.$$

Es handelt sich also um eine **Cassinische Kurve**, d. h. um eine **verallgemeinerte Lemniskate zweiter Ordnung**.

Der Geraden durch den Punkt a der X-Achse von der Neigung α entspricht eine gleichseitige Hyperbel

$$x^2 - y^2 - \frac{2}{\tan\alpha} = a \quad \text{oder} \quad \frac{2xy}{x^2 - y^2 - a} = \tan\alpha,$$

die durch den Punkt $\pm\sqrt{a}$ geht. Die Kurvenpunkte können wieder mit den Punkten $\pm\sqrt{a}$ der x-Achse verbunden werden. Die Radii vectores p_1 und p_2 haben dann Neigungen ϑ_1 und ϑ_2, die sich bestimmen aus

$$\tan\vartheta_1 = \frac{y}{x - \sqrt{a}}, \quad \tan\vartheta_2 = \frac{y}{x + \sqrt{a}},$$

so daſs

$$\tan(\vartheta_1 + \vartheta_2) = \frac{\tan\vartheta_1 + \tan\vartheta_2}{1 - \tan\vartheta_1 \tan\vartheta_2} = \frac{\dfrac{y}{x - \sqrt{a}} + \dfrac{y}{x + \sqrt{a}}}{1 - \dfrac{y}{x - \sqrt{a}} \cdot \dfrac{y}{x + \sqrt{a}}}$$

$$= \frac{2xy}{x^2 - y^2 - a} = \tan\alpha,$$

also

$$\vartheta_1 + \vartheta_2 = \alpha$$

ist. Daraus folgt:

Dem Strahlenbüschel durch den Punkt a der X-Achse mit den Neigungen $\Theta = 0, \pm c, \pm 2c, \pm 3c \ldots$ und der orthogonalen Kreisschar mit den Radien $P = e^0, e^{\pm c}, e^{\pm 2c}, e^{\pm 3c}, \ldots$ entspricht in der z-Ebene ein Büschel gleichseitiger Hyperbeln $\vartheta_1 + \vartheta_2 = 0, \pm c, \pm 2c, \pm 3c, \ldots$ durch die Punkte $\pm\sqrt{a}$ der x-Achse und eine Orthogonalschar von Lemniskaten zweiter Ordnung mit dem Produkte (der von diesen Punkten ausgehenden Radii vectores)

$$p_1 p_2 = e^0, e^{\pm c}, e^{\pm 2c}, e^{\pm 3c}, \ldots$$

Den Kurven $f(P, \Theta) = 0$ der Z-Ebene entsprechen also Kurven $f[(p_1 p_2), (\vartheta_1 + \vartheta_2)] = 0$ der z-Ebene. Dabei können übrigens die Radien P von einem beliebigen Punkte C ausgehen, die Radii vectores p_1 und p_2 von den entsprechenden Punkten C_1 und C_1' der z-Ebene.

Solcher Beispiele kann man beliebig viele geben. So gehen z. B. die Kurven

$$\frac{P}{Q} = e^0, e^c, e^{2c}, e^{3c} \ldots, \Phi - X = 0, c, 2c, 3c, \ldots,$$

d. h. Kreisschar und Kreisbüschel z. B. durch die Punkte $X = \pm 1$ der Z-Ebene über in Kurven

$$\frac{p_1 p_2}{q_1 q_2} = e^0, e^c, e^{2c}, \ldots, \frac{\varphi_1 - \varphi_2}{\chi_1 - \chi_2} = 0, c, 2c, 3c, \ldots$$

der z-Ebene, wobei die Radii vectores p von den Punkten ± 1 der x-Achse, die Radii vectores q_1 und q_2 von den Punkten ± 1 der y-Achse ausgehen, u. s. w.

§ 146) **Anwendung auf Polarmomente von ebenen Gebilden.**

Zu jeder Entfernung R in der Z-Ebene (vom Nullpunkte) und zur entsprechenden r in der z-Ebene, wobei $R = r^2$ und $r = \sqrt{R}$ ist, gehört das Vergröfserungsverhältnis $2\sqrt{R} : 1$ bezw. $2r : 1$. Folglich: Zwischen einem Kurvenelemente s der Z-Ebene und dem entsprechenden s_1

der z-Ebene besteht die Beziehung $s:s_1 = 2\sqrt{R}:1 = 2r:1$, so dafs

$$s = s_1 2r, \; s_1 = \frac{s}{2\sqrt{R}}$$

ist.

Daraus folgt für eine beliebige Kurve von der Z-Ebene von der Länge l, dafs

1) $$l = \sum s = 2 \sum s_1 r$$

ist. Für eine beliebige Kurve der z-Ebene von der Länge l_1 folgt ebenso

2) $$l_1 = \sum s_1 = \frac{1}{2} \sum \frac{s}{\sqrt{R}} = \frac{1}{2} \sum s \,.\, R^{\frac{1}{2}}.$$

Für Flächenelemente folgt ebenso $f:f_1 = 4R:1 = 4r^2:1$, so dafs

$$f = f_1 4r^2, \; f_1 = \frac{f}{4R}$$

ist.

Daraus folgt für eine beliebige Fläche F der Z-Ebene

3) $$F = \sum f = 4 \sum f_1 r^2,$$

für eine beliebige Fläche F_1 der z-Ebene folgt ebenso

4) $$F_1 = \sum f_1 = \frac{1}{4} \sum \frac{f}{R}.$$

Daraus lassen sich folgende Sätze ablesen.

1) Die Länge jeder Kurve der Z-Ebene ist das Doppelte vom Polarmomente erster Ordnung für die entsprechende Kurve der z-Ebene in Bezug auf den Nullpunkt.

2) Die Länge jeder Kurve der z-Ebene ist die Hälfte vom Polarmomente $= \frac{1}{2}$ ter Ordnung für die entsprechende Kurve der Z-Ebene in Bezug auf den Nullpunkt.

3) Jedes Flächenstück der Z-Ebene ist das vierfache vom polaren Trägheitsmomente für die ent-

sprechende Fläche der z-Ebene in Bezug auf den Nullpunkt.

4) Jedes Flächenstück der z-Ebene ist der vierte Teil vom Polarmomente (-1)ter Ordnung für die entsprechende Fläche der z-Ebene.

Uns interessieren hier in erster Linie die Polarmomente erster und zweiter Ordnung in ihrem Zusammenhange mit den zugehörigen Kurvenlängen bezw. Flächeninhalten. Zu 4) sei bemerkt, dafs $\sum \frac{f}{R}$ das Newtonsche Potential der Fläche F in Bezug auf den Nullpunkt bedeutet. Dabei ist die Flächeneinheit der Fläche F mit der Masse 1 belegt zu denken und im Nullpunkte ebenfalls die Masse 1 konzentriert zu denken. Das Potential in Bezug auf den Nullpunkt bedeutet dann die Arbeit, die nötig ist, die in letzterem befindliche Masseneinheit unter Überwindung der gegenseitigen Anziehung auf irgend welchem Wege in unendliche Entfernung zu bringen. Die den Cylinderkörper begrenzende Drehungsfläche ist dabei entstanden durch die Drehung einer gleichseitigen Hyperbel um die eine Asymptote.

Kennt man den einen von den beiden Bestandteilen, die in jedem dieser vier Sätze auftreten, so kennt man auch den andern.

§ 147) Beispiel der Geraden der Z-Ebene und der gleichseitigen Hyperbeln der z-Ebene.

1) Irgend ein schraffiertes Quadrat der Z-Ebene hat, wie jedes andere dieser Einteilung, den Umfang $4a$.

Jeder „Quadratumfang“ der hyperbolischen Einteilung der z-Ebene hat in Bezug auf den Nullpunkt das Polarmoment erster Ordnung $M' = 2a$.

(Die Dimension dieses Ausdrucks ist, wie aus s. r. folgt, bei Centimetermafs c^2.) Die stereometrische Deutung für den Mantel des durch den Kegel $z = r$ abgeschnittenen „Cylinders“ über der Fläche liegt auf der Hand. Alle über den hyperbolischen Quadraten stehenden Cylindermäntel sind flächengleich.

Jedes Quadrat der hyperbolischen Einteilung der z-Ebene hat in Bezug auf den Nullpunkt das polare Trägheitsmoment $T_p = \frac{a^2}{4}$.

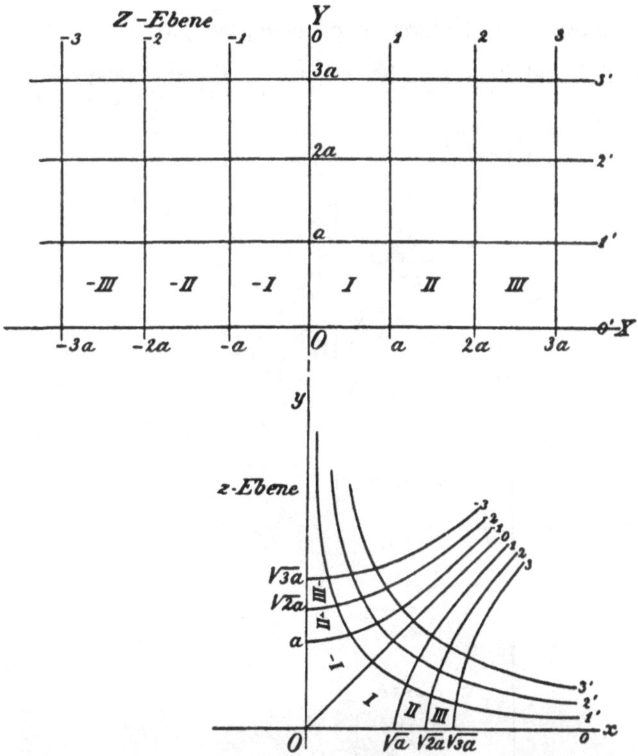

Fig. 58.

(Die Dimension dieses Ausdrucks ist wegen $f r^2$ von der Form c^4.)

Die stereometrische Deutung für den Inhalt des durch das Paraboloid $z = r^2$ abgeschnittenen Cylinders über der Fläche liegt ebenfalls auf der Hand. Alle über den hyperbolischen Quadraten stehenden Cylinder sind inhaltsgleich.

§ 148) Beispiel der Einteilung durch konzentrisehe Kreise und das orthogonale Strahlenbüschel durch den Punkt a der X-Achse.

Die „Quadrate“ jedes einzelnen Ringes der Z-Ebene haben dieselben homologen Seitenlängen. Ist z. B. der Kreis der durch den Nullpunkt gehende, so ist $AB = \frac{2\pi}{n} a$. Folglich hat in der z-Ebene jedes $A_1 B_1$ der entsprechenden

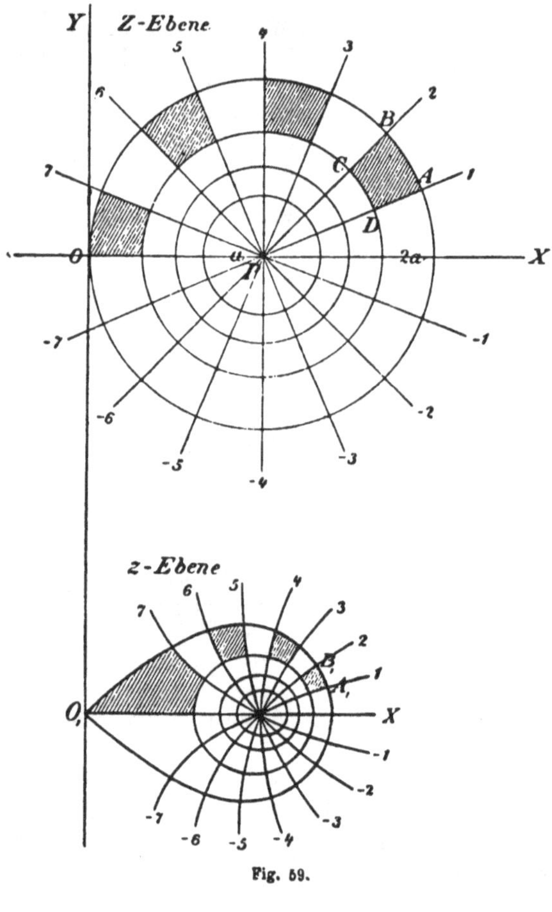

Fig. 59.

Lemniskate in Bezug auf den Nullpunkt *1* das Polarmoment erster Ordnung $M' = \frac{\pi}{n} a$ in Bezug auf den Nullpunkt.

Setzt man $a = e^{m \cdot \frac{2\pi}{n}}$, so ist der nächste kleinere Radius

$$PD = b = \frac{e^{m \cdot \frac{2\pi}{n}}}{e^{\frac{2\pi}{n}}} = e^{(m-1)\frac{2\pi}{n}}, \text{ also } CD = \frac{2\pi}{n} b$$

bekannt. Demnach hat in der z-Ebene $C_1 D_1$ in Bezug auf O_1 das Polarmoment erster Ordnung $M' = \frac{\pi}{n} b$.

Endlich ist $DA = a - b$ bekannt, also ist das Polarmoment für $D_1 A_1$ gleich $\frac{a-b}{2}$.

Man kennt also das Polarmoment für den Umfang dieses Quadrates der lemniskatischen Einteilung. Der Schlufs auf den durch den Kegel $z = r$ abgeschnittenen „Cylindermantel" sei dem Leser überlassen.

Der ganze Kreis hat den Umfang $2\pi a$, die äufserste Lemniskate also das Polarmoment πa.

Der Inhalt des untersuchten Quadrates der Z-Ebene ist $\frac{1}{n} \pi (a^2 - b^2)$, folglich hat das entsprechende Quadrat der z-Ebene in Bezug auf O_1 das polare Trägheitsmoment

$$T_p = \frac{\pi}{4n} (a^2 - b^2).$$

Der ganze Kreis hat die Fläche πa^2, die ganze Lemniskatenfläche also das polare Trägheitsmoment $T_p = \frac{\pi}{4} a^2$. Über die Cylinderinhalte spreche sich der Leser selbst aus.

§ 149) Beispiel. Der quadratischen Einteilung

$$x = 0, a, 2a, 3a \ldots$$
$$y = 0, a, 2a, 3a \ldots$$

der z-Ebene entspricht einer Einteilung durch Kurven

$$\sqrt{\frac{X+\sqrt{X^2+Y^2}}{2}} = 0,\, a,\, 2a,\, 3a, \ldots$$

$$\sqrt{\frac{-X+\sqrt{X^2+Y^2}}{2}} = 0,\, a,\, 2a,\, 3a, \ldots$$

der Z-Ebene. Dies sind Parabeln mit dem Nullpunkte O als Brennpunkt, die also durch die Punkte $0, \pm a^2, \pm 4a^2, \pm 9a^2 \ldots$ der X-Achse und durch die Punkte $0, \mp 2a^2$,

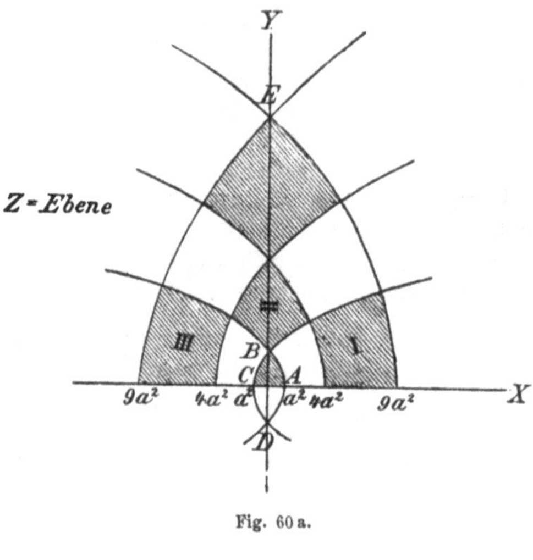

Fig. 60a.

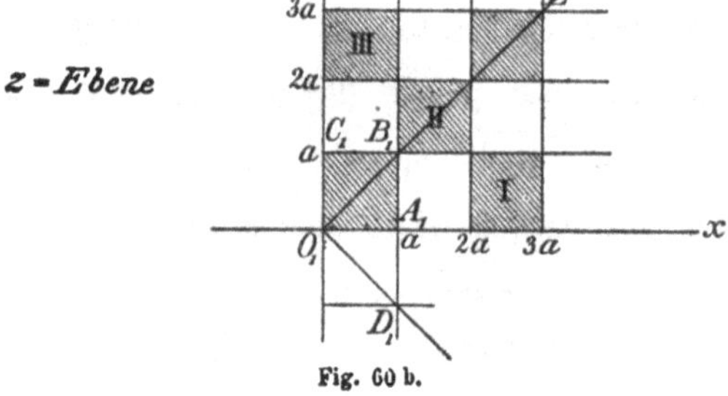

Fig. 60b.

$\pm 8a^2, \pm 18a^2, \ldots$ der Y-Achse gehen. — Die Gleichungen können auch geschrieben werden

$$R^{\frac{1}{2}} \cos \frac{\Phi}{2} = 0, a, 2a, \ldots, \quad R^{\frac{1}{2}} \sin \frac{\Phi}{2} = 0, a, 2a, \ldots$$

Jedes Quadrat der z-Ebene hat den Umfang $4a$, folglich hat der Umfang jedes „Quadrates" der parabolischen Einteilung der Z-Ebene in Bezug auf den Nullpunkt das Polarmoment $-\frac{1}{2}$ter Ordnung $8a$.

Der Inhalt von jedem dieser Quadrate der z-Ebene ist a^2, folglich hat jede Quadratfläche der parabolischen Einteilung der Z-Ebene in Bezug auf den Nullpunkt das Newtonsche Potential $4a^2$.

Die schraffierte Fläche ABC hat den Inhalt

$$\frac{2}{3}(2a^2)(2a^2) = \frac{8}{3}a^4,$$

folglich hat das entsprechende Quadrat in Bezug auf O das polare Trägheitsmoment $\frac{2}{3}a^4$. (In der That ist

$$T_p = \frac{a^4}{6} + e^2 F = \frac{a^4}{6} + \left(a\sqrt{\frac{1}{2}}\right)^2 a^2 = \frac{a^4}{6} + \frac{a^4}{2} = \frac{2}{3}a^4.)$$

Die Parabel DAB hat, wenn man $BD = p$ setzt, die Länge $\frac{p}{2}[\sqrt{2} + {}^e lg(1+\sqrt{2})] = 2a^2[\sqrt{2} + {}^e lg(1+\sqrt{2})]$, folglich hat die Gerade $DAB = 2a$ in Bezug auf O das Polarmoment erster Ordnung $a^2[\sqrt{2} + {}^e lg(1+\sqrt{2})]$, was mit der früheren Untersuchung zusammenstimmt.

Weitere Beispiele über Hyperbelsegmente, parabolische und cardioidische Flächen u. s. w. findet man in der „Ingenieurmathematik". Auf die parabolischen Sektoren der cardioidischen Flächen sei besonders aufmerksam gemacht, auch auf die Brennstrahlsektoren der Parabeln.

§ 150) Bei den Transformationen $Z = z^3$ und $z = \sqrt[3]{Z}$ ist entsprechend zu verfahren. Ist $OA = 1$, $\overline{OC_1} = r$ und $\sphericalangle AOC_1 = \varphi$, so erhält man C durch Verdreifachung des Winkels und mit Hilfe der ähnlichen Dreiecke OAC_1, OC_1K, OKC, wobei $OK = r^2$, $OC = r^3$ wird.

[Vergl. $\{r(\cos\varphi + i\sin\varphi)\}^3 = r^3(\cos 3\varphi + i\sin 3\varphi) = R(\cos\Phi + i\sin\Phi)$.]

Geht man von C aus, so hat man — im allgemeinen auf dem Wege der Rechnung — den dritten Teil des Winkels zu bilden und die Kubikwurzel aus OC zu konstruieren. (Rein geometrische Konstruktionen sind hier im allgemeinen nicht möglich.)

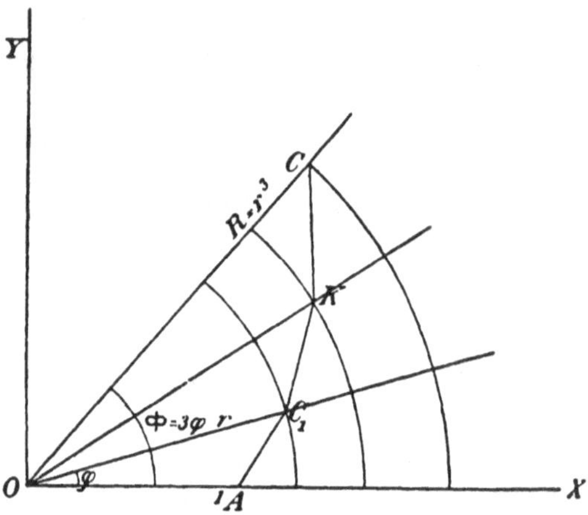

Fig. 61.

Die Z-Ebene ist dreifach belegt zu denken, wenn die ganze z-Ebene erfüllt werden soll. Dem Punkte C_1 reihen sich noch zwei andere, C_2 und C_3 an, die mit ihm ein gleichseitiges Dreieck mit O_1 als Mittelpunkt bilden. (3 Wurzelpunkte.)

Die der vorigen entsprechende Behandlungsweise zeigt, dafs der Quadrateinteilung der Z-Ebene durch Polarkoordinaten eine quadratische Einteilung der z-Ebene durch solche entspricht.

Dabei wird das Vergröfserungsverhältnis für jede Entfernung R bezw. r auf $s : s_1 = 3R : r = 3r^3 : r = 3r^2 : 1$ zurückgeführt, wofür man auch schreiben kann $3R^{\frac{2}{3}} : 1$ oder $1 : \frac{1}{3}R^{-\frac{2}{3}} = 1 : \frac{1}{3}R^{\frac{1}{3}-1}$, also $s = 3s_1r^2$, $s_1 = s \cdot \frac{1}{3}R^{-\frac{2}{3}}$, $f = f_1 9r^3$, $f_1 = f \cdot \frac{1}{9}R^{-\frac{4}{3}}$.

Hier wird demnach

1) $$l = \sum s = 3\sum s_1 r^2,$$

2) $$l_1 = \sum s_1 = \frac{1}{3}\sum s R^{-\frac{2}{3}},$$

3) $$F = \sum f = 9\sum f_1 r^4,$$

4) $$F_1 = \sum f_1 = \frac{1}{9}\sum f R^{-\frac{4}{3}}.$$

Die entsprechenden stereometrischen Sätze spreche der Leser selbst aus. Uns interessiert hier nur der erste, welcher die polaren Trägheitsmomente ebener Kurven betrifft. Fr lautet: **Die Länge jeder Kurve der Z-Ebene ist das dreifache vom polaren Trägheitsmoment der entsprechenden Kurve der z-Ebene in Bezug auf den Nullpunkt.**

Aus $R = r^3$, $\Phi = 3\varphi$, $r = \sqrt[3]{R}$, $\varphi = \frac{1}{3}\Phi$ folgt $X = R\cos\Phi = r^3\cos 3\varphi$, $Y = R\sin\Phi = r^3\sin 3\varphi$, $x = r\cos\varphi = R^{\frac{1}{3}}\cos\frac{\Phi}{3}$, $y = r\sin\varphi = R^{\frac{1}{3}}\sin\frac{\Phi}{3}$. Demnach entsprechen einander in beiden Ebenen folgende Kurven:

$f(R, \Phi) = 0$	$f(r^3, 3\varphi) = 0$
$f\left(\sqrt[3]{R}, \frac{\Phi}{3}\right) = 0$	$f(r, \varphi) = 0$
$f(X, Y) = 0$	$f[(r^3\cos 3\varphi, r^3\sin 3\varphi)] = 0$
$f\left[\left(R^{\frac{1}{3}}\cos\frac{\Phi}{3}\right), \left(R^{\frac{1}{3}}\sin\frac{\Phi}{3}\right)\right] = 0$	$f(x\,y) = 0$

Sind $P = \varkappa$ und $\Theta = \gamma$ konzentrische Kreise nebst Radienbüschel durch einen beliebigen Punkt C, so entsprechen einander P und $p_1 p_2 p_3$, Θ und $\vartheta_1 + \vartheta_2 + \vartheta_3$ (vergl. isogonale Verwandtschaften, Kap. IX), also entsprechen einander auch die Kurven

$$f[P, \Theta] = 0, \qquad f[(p_1 p_2 p_3), (\vartheta_1 + \vartheta_2 + \vartheta_3)] = 0.$$

Die Kurven $p_1 p_2 p_3 = c$ sind konfokale Lemniskaten dritter Ordnung, die Kurven $\vartheta_1 + \vartheta_2 + \vartheta_3 = c$ die orthogonalen Hyperbeln dritter Ordnung. Die Radii vectores gehen von den drei Wurzelpunkten von C aus.

Auch die Kurven $r^3 \cos 3\varphi = c$ und $r^3 \sin 3\varphi = c$ sind reguläre Hyperbeln dritter Ordnung. Dagegen sind die Kurven $R^{\frac{1}{3}} \sin \frac{\Phi}{3} = c$ cardioidische Kurven dritter Ordnung und die Kurven $R^{\frac{1}{3}} \cos \frac{\Phi}{3} = c$ ebenso, welche die Rolle der Parabeln übernehmen, aber auch als Hyperbeln $\frac{1}{3}$ ter Ordnung bezeichnet werden könnten.

§ 151) Einige Beispiele. Der Kreis der z-Ebene mit Radius $\varrho = 1$, der durch den Nullpunkt geht und seinen Mittelpunkt auf der x Achse hat, entspricht einer cardioidischen Kurve dritter Ordnung der Z-Ebene. Seiner Gleichung $r = 2 \cos \varphi$ entspricht die Gleichung der letzteren $R^{\frac{1}{3}} = 2 \cos \frac{\Phi}{3}$. Sein polares Trägheitsmoment (das seines Umfanges) in Bezug auf den Nullpunkt ist $T_p = 2\pi \varrho^3 + e^2 . l = 4\pi \varrho^3 = 4\pi$. Demnach hat jene cardioidische Kurve den Umfang $3 . 4\pi = 12\pi$.

Der Kreis der Z-Ebene mit Radius $P = 1$, der durch den Nullpunkt geht und seinen Mittelpunkt auf der X-Achse hat, hat den Umfang 2π und die Gleichung $R = 2 \cos \Phi$. Die ihm entsprechende Lemniskate dritter Ordnung hat die Gleichung $r^3 = 2 \cos 3\varphi$. Jede ihrer Schleifen hat in Bezug auf den Nullpunkt das polare Trägheitsmoment $T_p = \frac{2\pi}{3}$. Denkt man sich über dieser Schleife einen Cylinder errichtet und diesen durch das Drehungsparaboloid zweiter Ordnung $z = r^2$ abgeschnitten, so ist der Mantel von der Fläche $\frac{2\pi}{3}$.

Teilt man die Z-Ebene durch die Geraden $X = 0, \pm a, \pm 2a, \pm 3a, \ldots, Y = 0, \pm a, \pm 2a, \ldots$ in Quadrate ein, so hat jedes den Umfang $4a$. Dem entspricht eine quadratische Einteilung der Z-Ebene durch die Kurvenscharen $r^3 \cos 3\varphi = 0, \pm a, \pm 2a, \ldots, r^3 \sin 3\varphi = 0, \pm a, \pm 2a, \ldots$, die reguläre Hyperbeln dritter Ordnung sind und je drei Asymptoten besitzen. Jedes Quadrat der Einteilung hat in Bezug auf den Nullpunkt das Trägheitsmoment $T_p = \frac{4a}{3}$. Die über diesen Quadraten stehenden Säulen, die durch das Drehungs-Paraboloid $z = r^2$ abgeschnitten sind, haben sämtlich als Mantelfläche $F = \frac{4a}{3}$.

Die Gerade der z-Ebene, welche die Punkte mit den Koordinaten $(x_1 y_1)$ und $(x_1, -y_1)$ verbindet, hat in Bezug auf den Nullpunkt das Trägheitsmoment

$$T_p = \frac{(2y_1)^3}{12} + x^2 \, 2y_1 = \frac{2y_1}{3}[y_1^2 + 3x_1^2].$$

Die entsprechende Kurve der Z-Ebene hat die dreifache Länge, also

$$l = 2R_1^{\frac{1}{3}} \sin \frac{\Phi_1}{3} \left[R_1^{\frac{2}{3}} \sin^2 \frac{\Phi_1}{3} + 3R_1^{\frac{2}{3}} \cos^2 \frac{\Phi_1}{3} \right]$$

$$= 2R_1 \sin \frac{\Phi_1}{3} \left[1 + 2 \cos^2 \frac{\Phi_1}{3} \right].$$

In dieser Weise kann man beliebig viele Schlüsse ziehen, ohne Rechnungen anzuwenden. Namentlich die Kurven $p_1 p_2 p_3 = e^c$ und $\vartheta_1 + \vartheta_2 + \vartheta_3 = c$, wo c die Werte

$$0, \pm \frac{2\pi}{n}, \pm \frac{4\pi}{n}, \pm \frac{6\pi}{n}, \ldots$$

annimmt, sind dabei von Interesse.

§ 152) Bei der Abbildung $Z = \frac{1}{z}$ oder $z = \frac{1}{Z}$ handelt es sich, wie bei der Inversion nachgewiesen wurde, um das Vergrößerungsverhältnis $s : s_1 = R^2 : 1 = \frac{1}{r^2} : 1$. Es wird also:

1) $l = \sum s = \sum \frac{s_1}{r^2}$ 2) $l_1 = \sum s_1 = \sum \frac{s}{R^2}$

3) $F = \sum f = \sum \frac{f_1}{r^2}$ 4) $F_1 = \sum f_1 = \sum \frac{f}{R^4}$.

(Die Formeln 1) und 2) deuten nur scheinbar auf das Newtonsche Anziehungsgesetz hin, denn die Kräfte werden nicht algebraisch summiert, sobald ihre Richtungen nicht parallel sind. Dagegen dürfen aber die Elemente des Potentials algebraisch summiert werden.)

Die Formeln sind, wie oben, leicht in Worte zu bringen. Es handelt sich dabei um Polarmomente von der Ordnung (-2) bezw. (-4).

Beide Ebenen stehen in Kreisverwandtschaft. Demnach entsprechen einander Kreis und Kreis, von denen einer auch eine Gerade werden kann, Kreisbüschel und Kreisbüschel, von denen das eine ein Strahlenbüschel werden kann; Kreisschar und Kreisschar, von denen die eine konzentrisch werden kann, Bicirkularspiralen und Bicirkularspiralen, von denen die eine Schar zu logarithmischen Spiralen werden kann. Quadratische Einteilungen durch Hyperbelscharen gehen in gewisse lemniskatische über, solche durch Hyperbelbüschel in solche durch Lemniskatenbüschel durch drei Punkte.

Die entsprechenden stereometrischen Schlüsse seien dem Leser überlassen. (Vergl. Einführung in die Theorie der isogonalen Verwandtschaften.)

§ 153) Bei der Abbildung $Z = z^p$ und $z = \sqrt[p]{Z}$, wo p irgend eine reelle Zahl, nur nicht Null ist, wird das Vergrößerungsverhältnis

$$s : s_1 = p r^{p-1} : 1 = p R^{1-\frac{1}{p}} : 1 = 1 : \frac{1}{p} R^{\frac{1}{p}-1},$$

also

1) $$l = \sum s = p \sum s_1 r^{p-1}$$

2) $$l_1 = \sum s_1 = \frac{1}{p} \sum s R^{\frac{1}{p}-1}$$

3) $$F = \sum f = p^2 \sum f r^{2(p-1)}$$

4) $$F_1 = \sum f_1 = \frac{1}{p^2} \sum f R^{2\left(\frac{1}{p}-1\right)}$$

Jeder Punkt C der Z-Ebene giebt bei **ganzem positiven** p p Punkte $C_1, C_2 \ldots C_p$, die ein regelmäſsiges p Eck mit dem Halbmesser $\sqrt[p]{R}$ bilden, wenn R die Entfernung OC ist (Wurzelpunkte). Jedem von diesem Punkte C ausgehenden Radius vector P entspricht das Produkt $p_1 p_2 \ldots p_p = P$ der von jenen p Punkten ausgehenden Radii vectores, dem Neigungswinkel θ für P entspricht die Summe der Neigungswinkel $\vartheta_1 + \vartheta_2 + \ldots + \vartheta_p = \theta$ der von den p Punkten ausgehenden Radii vectores. So entsprechen einander folgende Kurvenscharen in beiden Ebenen

$f(R, \Phi) = 0$	$f(r^p, p\varphi) = 0$
$f\left(\sqrt[n]{R}, \frac{\Phi}{n}\right) = 0$	$f(r, \varphi) = 0$
$f(X, Y) = 0$	$f[(r^p \cos p\varphi), (r^p \sin p\varphi)] = 0$
$f\left[(R^{\frac{1}{p}} \cos \frac{1}{p}\Phi), (R^{\frac{1}{p}} \sin \frac{1}{p}\Phi)\right] = 0$	$f(x, y) = 0$
$f[P, \theta] = 0$	$f[(p_1 p_2 \ldots p_p), (\vartheta_1 + \vartheta_2 + \ldots \vartheta_p)] = 0.$

Alle diese Beziehungen lassen sich elementar nachweisen. Vergl. Kapitel 9 der isogonalen Verwandtschaften. Die Kurven $p_1 p_2 p_3 \ldots p_p = c$ und $\vartheta_1 + \vartheta_2 + \ldots \vartheta_p = \gamma$ werden dort als reguläre Lemniskaten bezw. Hyperbeln p^{ter} Ordnung bezeichnet.

Der Länge jeder Kurve der Z-Ebene entspricht also das p-fache vom Polarmomente $(p - 1)^{\text{ter}}$ Ordnung der entsprechenden Kurve der z-Ebene; jedem Flächenstück der ersteren das p^2-fache vom Momente $2(p - 1)^{\text{ter}}$ Ordnung des entsprechenden in der andern u. s. w. Das Abschneiden der Cylindermäntel bezw. Cylinderkörper in der letzeren geschieht durch Drehungsparaboloide $(p-1)^{\text{ter}}$ bezw. $2(p-1)^{\text{ter}}$ Ordnung, in der ersteren durch solche von der Ordnung $\left(\frac{1}{p}-1\right)$ bezw. $\frac{1}{2}\left(\frac{1}{p}-1\right)$.

§ 154) Die Abbildung $Z = {}^e lg z$ oder $z = e^Z$ gehört ebenfalls hierher. Nach der in Band II gegebenen Theorie der Mercatorkarte handelt es sich um das Vergrößerungsverhältnis $s : s_1 = 1 : r = 1 : e^X$. Demnach ist

$$l = \sum s = \sum \frac{s}{r}, \qquad F = \sum f = \sum \frac{f_1}{r^2},$$

$$l_1 = \sum s_1 = \sum s e^X, \qquad F_1 = \sum f_1 = \sum f e^{2X}.$$

Die Länge jeder Kurve der Z-Ebene ist also gleich dem Polarmoment $(-1)^{\text{ter}}$ Ordnung von der entsprechenden Kurve der andern in Bezug auf den Nullpunkt oder gleich dem Newtonschen Potential in Bezug auf diesen Punkt. Die Fläche jeder Kurve der Z-Ebene ist gleich dem Polarmomente $(-2)^{\text{ter}}$ Ordnung der Fläche der entsprechenden Kurve der z-Ebene in Bezug auf den Nullpunkt.

Die Länge jeder Kurve der z-Ebene giebt das **Axial**moment $\sum s e^X$ von der entsprechenden der Z-Ebene, das Flächenstück giebt das Axialmoment $\sum f e^{2X}$ der entsprechenden Fläche der Z-Ebene. Hier tritt also ein Axialmoment ein, bezogen auf die Y-Achse der Z-Ebene, und zwar handelt es sich um ein Abschneiden der Cylindermäntel und Cylinderkörper durch eine cylindrische Fläche von der Gleichung $Z = e^X$, was zugleich die Gleichung einer logarithmischen Linie ist, bezw. durch die Fläche $Z = e^{2X}$.

Die einander entsprechenden Kurven sind dabei z. B.:

$$f(X\,Y) = 0 \qquad\qquad f(lg r, \vartheta) = 0,$$

$$f(e^X, Y) = 0 \qquad\qquad f(r, \vartheta) = 0,$$

$$f[(e^X \cos Y), (e^X \sin Y)] = 0 \qquad\qquad f(xy) = 0.$$

§ 155) Die Abbildung $Z = z\,lg\,z - z = z\,(lg\,z - 1)$ verwandelt die Kurven $X = a$ in $x\,[lg\sqrt{x^2+y^2} - 1] - y \arctan\frac{y}{x} = a$ oder in

$$r\,[\cos\varphi\,(lg\,r - 1) - \varphi\sin\varphi] = a,$$

die Kurven $Y = b$ in

$$y\,[lg\sqrt{x^2+y^2} - 1] + x\arctan\frac{y}{x} = b$$

oder in

$$r\,[\sin\varphi\,(lg\,r - 1) + \varphi\cos\varphi] = b,$$

die Kurven $R = e^c$ in

$$r^2[(lg\,r - 1)^2 + \varphi^2] = e^{2c},$$

die Geraden $\tan\Phi = \frac{Y}{X} = c$ in die Kurven

$$\frac{\sin\varphi\,(lg\,r - 1) + \varphi\cos\varphi}{\cos\varphi\,(lg\,r - 1) - \varphi\sin\varphi} = c.$$

Das Vergrößerungsverhältnis ergiebt sich so, daſs $\frac{s}{s_1} = \frac{lg\,r}{1}$, also $l = \sum s = \sum s_1\,lg\,r$ wird. Demnach ist die Länge jeder Kurve $f(XY) = 0$ der Z-Ebene gleich dem logarithmischen Potential der entsprechenden Kurve der z-Ebene in Bezug auf den Nullpunkt. Die letztere Kurve hat die Gleichung

$$f\left\{\left[x\,(lg\sqrt{x^2+y^2} - 1) - y\arctan\frac{y}{x}\right],\right.$$
$$\left.\left[y\,(lg\sqrt{x^2+y^2} -)\,1 + x\arctan\frac{y}{x}\right]\right\} = 0$$

oder

$$f\,\{r\,[\cos\varphi\,(lg\,r - 1) - \varphi\sin\varphi],$$
$$r\,[\sin\varphi\,(lg\,r - 1) + \varphi\cos\varphi]\} = 0.$$

Man denke sich auf der Ebene in den Punkten der Kurve Lote errichtet, die bis zur Drehungsfläche $z = lg\,r$ reichen.

Die so entstehende Mantelfläche hat den Inhalt $F = l\,.\,1$.

Die Umkehrung dieser Abbildung ist schwieriger zu behandeln, da transcendente Gleichungen zu behandeln sind.

Ebenso ist die Aufgabe schwieriger, die Abbildung zu finden, bei der $\sum f = \sum f_1\, lg\, r$ wird, so daſs jeder Fläche in der Z-Ebene das logarithmische Potential der entsprechenden Fläche der z-Ebene in Bezug auf den Nullpunkt entspricht. Überhaupt sind die Aufgaben dieses Paragraphen besser der höheren Mathematik zu überlassen.

§ 156) Die Abbildung $Z = {}^e lg\, z^p = p\, lg\, z$ giebt das Vergröſserungsverhältnis $s : s_1 = 1 : \frac{r}{p} = 1 : e^{\frac{X}{p}}$, so daſs

$$l = \sum s = p \sum \frac{s_1}{r}, \qquad F = \sum f = p^2 \sum \frac{f_1}{r^2},$$

$$l_1 = \sum s_1 = \sum s\, e^{\frac{X}{p}}, \qquad F_1 = \sum f_1 = \sum s\,.\,e^{\frac{2X}{p}}.$$

Dabei entsprechen einander die Kurven

$f(X, Y) = 0$	$f[p\, lg\, r, p\vartheta] = 0$ oder $f[lg\, r^p, p\vartheta] = 0$
$f\left[e^{\frac{1}{p}X}, \frac{1}{p}Y\right]$	$f[r, \vartheta] = 0$
$f\left[e^{\frac{1}{p}X} \cos\frac{1}{p}Y, e^{\frac{1}{p}X} \sin\frac{1}{p}Y\right] = 0$	$f[x, y] = 0$
$e^X \cos Y = c$	$r^p \cos p\vartheta = c$
$e^X \sin Y = c$	$r^p \sin p\vartheta = c.$

Die stereometrischen Folgerungen seien dem Leser überlassen.

§ 157) So giebt jede konforme Abbildung zu je vier Sätzen Veranlassung, durch welche die Längen, Flächen, Momente einander entsprechender Kurven in einfache Beziehungen zu einander gesetzt werden.

Diese letzteren lassen sich sämtlich stereometrisch deuten und geben Sätze über Prismen und Cylinder, die durch die den Momenten höherer Ordnung entsprechenden Drehungsflächen bezw. Cylinderflächen abgeschnitten werden. Die körperlichen Inhalte und die Mantelflächen und ihre Momente sind dann leicht zu berechnen.

§ 158) Von besonderem Interesse sind dabei die Kurven, längs deren das Vergröfserungsverhältnis konstant, z. B. gleich $\varkappa$ ist. Es läfst sich z. B. elementar zeigen,*) dafs es sich bei dem Kreisbüschel durch die Punkte ± 1 der X-Achse um die Kurvenscharen $pq = \frac{2}{\varkappa}$ handelt, also um Lemniskaten zweiter Ordnung. Diese gehen dann durch die „gleich grofsen Quadrate" der quadratischen Einteilung durch Kreisbüschel und Kurvenschar. (Vergl. die Abbildungen $Z = \frac{z-1}{z+1}$ bezw: $Z = {}^{e}lg \frac{z-1}{z+1}$.)

Bei der quadratischen Einteilung durch das Hyperbelbüschel durch die Punkte ± 1 der X-Achse und die orthogonalen Lemniskaten handelt es sich ebenso um Kurven $\frac{2r}{pq} = \varkappa$, deren Radii vectores von den Punkten 0 und ± 1 ausgehen. (Vergl. die Abbildungen $Z = (z - z_1)(z - z_2)$ oder $Z = {}^{e}lg\,(z - z_1)(z - z_2)$.)

Jede solche Kurve steht also mit der entsprechenden der andern Ebene in konstantem Vergröfserungsverhältnis $\varkappa : 1$. Kennt man also die Länge der einen, so kennt man auch die Länge der anderen. Bei den entsprechenden stationären Strömungen der Elektrizität (unter gewissen Voraussetzungen auch der Wärme) bedeuten sie die Linien gleicher Stromdichte. Für $\varkappa = 1$ ist natürlich die Beziehung die einfachste. Nicht nur für die

*) Vergl. Potentialtheorie des Verf. oder dessen Abhandlung „Zur elementaren Behandlung des logarithmischen Potentials" in Bd. IX der Zeitschr. für lateinlose Schulen, oder dessen Abhandlung über einen Satz der Funktionentheorie in Mehmke, Zeitschr. für Math. u. Phys., Bd. 42 (1897), Seite 217—246.

mathematische Physik und die Kartographie, sondern, wie man sieht, auch für die Stereometrie lassen sich aus den Bemerkungen dieses Kapitels auf elementarem Wege zahlreiche Beziehungen und Sätze ableiten, die von Interesse sind.

Man überblickt auch für die Anwendung der höheren Analysis eine Reihe von Übungsbeispielen, die zu eleganten Resultaten führen.

Hat man auf diesem Wege Werte für Längen und Flächen erhalten, für axiale und polare Momente irgend welcher Ordnung die entsprechenden Formeln bestimmt, so kann man diese benutzen, auch die etwa noch fehlenden Momente zu berechnen.

[§ 159) Bei den allgemeinen konformen Abbildungen ist das Vergröfserungsverhältnis gegeben durch den absoluten Betrag des Differentialquotienten der abbildenden Funktion. Im Anschlufs an die „Einführung“ des Verfassers in die Theorie der isogonalen Verwandtschaften kann man hiermit die Untersuchungen fortsetzen. Dabei zeigt sich ganz allgemein folgendes:

Die Kurven konstanten Vergrösserungsverhältnisses mögen für eine (erste) Isothermenschar, für welche sie also Stellen desselben Kurvenabstandes mit einander verbinden, gefunden sein, dann gelten sie auch für die orthogonale (zweite) Isothermenschar, aufserdem für jede Isothermenschar, die jene erste unter irgend welchem Winkel durchsetzt.

Die Kurven konstanten Vergrösserungsverhältnisses sind selbst eine Isothermenschar. Ihre Orthogonalschar bedeutet für die erste der obigen Isothermenscharen die Gesamtheit der Kurven, welche die Punkte gegebener Kurvenrichtung mit einander verbinden, also durch die Berührungspunkte einer an die erste Schar gelegte Parallelschar von Tangenten (gegebener Richtung) geht. Der Neigungswinkel der Tangenten bedeutet die „Abweichung“ des Differentialquotienten der Funktion, welche die Schar aus einer Parallelenschar entstehen läfst.

Jede der genannten Kurvenscharen läfst sich isothermisch in kartesischen Koordinaten $u=p$ (wo p z. B. die Werte

$o, a, 2a, 3a, \ldots$ annimmt), so schreiben, daſs die linke Seite u oder $f(x, y)$ der Differentialgleichung $\frac{\partial^2 u}{\partial x^2} + \frac{\partial^2 u}{\partial y^2} = 0$ genügt.

Angenommen, $u = p$ stelle die Kurven konstanten Vergröſserungsverhältnisses dar, so läſst sich die zugehörige Orthogonalschar $v = p$ leicht bestimmen. (Vergl. z. B. Theorie der isog. Verwandtschaften, Kap. V.) Jetzt ist $u + vi$ eine bestimmte Funktion komplexen Arguments, deren Integral zu suchen ist. Findet man als solches $U + Vi$, so ist z. B. $U = p$ eine der Differentialgleichung $\frac{\partial^2 U}{\partial x^2} + \frac{\partial^2 U}{\partial y^2} = 0$ genügende Funktion, ebenso genügt V der entsprechenden Gleichung $\frac{\partial^2 V}{\partial x^2} + \frac{\partial^2 V}{\partial y^2} = 0$. Die Diagonalkurven einer beliebigen Einteilung in ähnliche Rechtecke haben die Gleichung $mU + nV = p$. Während also U und V partikuläre Integrale geben, ist der letzte Ausdruck eine vollständigere, allgemeinere Lösung. Wie sich mit $x = p$ und $y = p$ quadratische Einteilungen durchführen lassen, so auch mit $mx + ny = p$ und der Orthogonalschar $-mx + ny = p_1$.

Nun waren oben für gewisse isothermische Kurvenscharen die entsprechenden Kurven konstanten Vergröſserungs-Verhältnisses und ihre Orthogonalscharen auf elementarem Wege gefunden, es waren also leicht zu behandelnde Beispiele gegeben, die das Studium dieses Gebietes der Funktionentheorie wesentlich erleichtern und die entsprechenden Theorien veranschaulichen. Die Beschäftigung mit solchen Aufgaben hat also nicht nur geometrischen Wert.

Nun kann aber jede isothermische Kurvenschar als ein System von Stromlinien oder Niveaulinien einer stationären Strömung (z. B. der Elektrizität, der Wärme, des Grundwassers, des Wassers überhaupt unter gewissen vereinfachenden Voraussetzungen) gedeutet werden, die Flächen $z = r^p$ (z. B. für $(p = -1)$ und $z = {}^e lg\, r$ als graphische Darstellungen für gewisse Potentialbeziehungen, und so haben jene Betrachtungen auch Wert für die mathematische Physik.

In der Formel $m\,U + n\,V = p$ erkennt man z. B. sofort den Maxwellschen Satz, dafs, wenn man zwei Strömungsnetze über einander legt, man durch das Ziehen der Diagonalen sofort ein neues Stromnetz erhält, was mit der algebraischen Addition der Potentiale zusammenhängt.

Jedes Stromnetz der ganzen Ebene läfst sich aber durch stereometrische Projektion auf die Kugel, jedes in einem Sektor der Ebene befindliches auf den Kegel, jedes in einem Parallelstreif der Ebene befindliches auf den Cylinder, das Katenoid, das einschalige Hyperboloid, auf die allgemeinen Röhrenflächen u. s. w. übertragen, jedes Stromnetz im ebenen Rechteck auf die Cyklide und die ihr verwandten Flächen, und so tritt man in Gebiete ein, wo die Stereometrie mit der Physik Hand in Hand zu gehen hat, auf denen Lambert, Lagrange, Gaufs, Riemann, Abel, Jacobi, Weierstrafs, Schwarz, Maxwell, Helmholtz, Kirchhoff erfolgreich gearbeitet haben.

Es braucht nicht mehr an die kartographische Bedeutung erinnert zu werden, um den Wert der obigen elementaren Betrachtungen hervorzuheben. Dafs sie aber auch für die Festigkeitslehre von Wichtigkeit sind, hat zuerst Saint Venant an der Torsiontheorie, z. B. für den elliptischen Cylinder, gezeigt.]

μ) Beispiele von Momenten für räumliche Gebilde.

a) Schwerpunkte und statische Momente für einige Körpergruppen und Oberflächen.

§ 160) Schon im zweiten Bande wurden Schwerpunktsberechnungen für verschiedene räumliche Gebilde und damit auch die statischen Momente in Bezug auf beliebige Ebenen erledigt, z. B. für Kegel und Kegelstumpf, Pyramide und Pyramidenstumpf, Schwerpunktshöhen für

Obelisken und Prismatoide und für die Parallelschichten der mit ihnen nach Cavalieri zusammenhängenden Kugeln, Kugelschichten und Kugelabschnitte, für Ellipsoide nebst Schichten und Abschnitten, ein- und zweifache Hyperboloide, parabolische Cylinder, elliptische Paraboloide und gelegentlich des Halbtetraeders auch für Räume, die vom hyperbolischen Paraboloid begrenzt sind. Vergl. Band II Seite 95 bis 96, 106 bis 109, 234 bis 237, 286 bis 312. Auch der Kugelsektor, die Zonenpyramide und ihr Stumpf wurden behandelt. Auch einige Oberflächen, wie die des Kegels, der Pyramide und ihrer Stumpfe, der Kugelfläche und der Kugelzonen bezw. Kalotten wurden berücksichtigt. (Vergl. Band II Seite 362 bis 366.)

§ 161) Die Cylinder parabolischer Kurven p^{ter} Ordnung wurden zugleich mit den ebenen Flächen behandelt in Band IV, Seite 18 bis 35 und 88 bis 93, und zwar wurde sowohl h_s, als auch x_s ermittelt, so dafs die Lage des Schwerpunkts in der Mittelebene des Cylinders vollständig bestimmt war. (Vergl. Tabelle in § 97.)

Die Schwerpunktsachsen abgeschrägter Cylinder und Prismen wurden bestimmt durch die Gleichungen

$$x_\sigma = \frac{T_y}{M_y}, \quad y_\sigma = \frac{M_{xy}}{M_x}.$$

Auf der entsprechenden Achse liegt der Schwerpunkt in halber Höhe. Die Kenntnis der Trägheits- und Centrifugalmomente für ebene Flächen wurde dabei vorausgesetzt. Die Ausdehnungsfähigheit dieser Methode auf Cylinder und Prismen, die durch parabolische Cylinderflächen zweiter und höherer Ordnung abgeschnitten sind, wurde angedeutet.

Auch für Guldinsche Drehungskörper und ihre Sektoren wurde die Schwerpunktslage bestimmt.

Jetzt sollen als lehrreiches Beispiel die Drehungskörper der Parabeln höherer Ordnung in entsprechender Weise untersucht werden.

§ 162) Tabelle für Drehungsparaboloide höherer Ordnung, bei denen die erzeugende Fläche schraffiert ist, die Drehung aber stets um die senkrechte Gerade $P_n Q_n$ erfolgt.

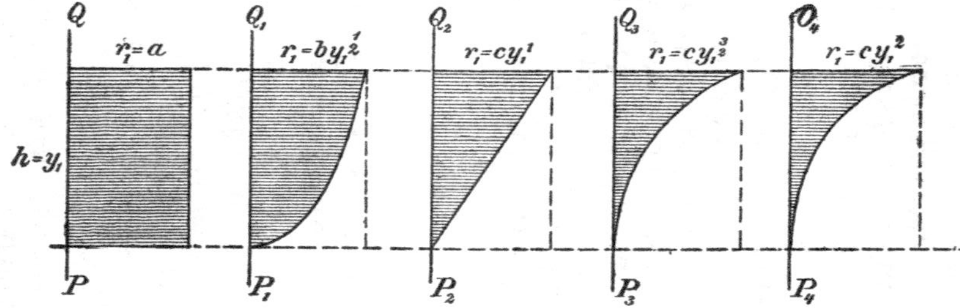

Fig. 62.

1) Gleichung der Profilkurven	$r = a = a y^0$	$r = b\sqrt{y}$	$r = c y$	$r = d\sqrt{y^3}$	$r = e y^2$	…
2) Schnittfläche q in Höhe y	πa^2	$\pi b^2 y$	$\pi c^2 y^2$	$\pi d^2 y^3$	$\pi e^2 y^4$	…
3) Inhalt $\overset{y=h}{\underset{y=o}{J}}$	$\pi r_1^2 h$ oder	$\pi r_1^2 \frac{h}{2}$	$\pi r_1^2 \frac{h}{3}$	$\pi r_1^2 \frac{h}{4}$	$\pi r_1^2 \frac{h}{5}$	…
	$\pi a^2 h$	$\pi b^2 \frac{h^2}{2}$	$\pi c^2 \frac{h^3}{3}$	$\pi d^2 \frac{h^4}{4}$	$\pi e^2 \frac{h^5}{5}$	…
4) Stat. Moment in Bezug auf Grundfläche, M_g	$\pi r_1^2 \frac{h^2}{2}$ oder	$\pi r_1^2 \frac{h^2}{3}$	$\pi r_1^2 \frac{h^2}{4}$	$\pi r_1^2 \frac{h^2}{5}$	$\pi r_1^2 \frac{h^2}{6}$	…
	$\pi a^2 \frac{h^2}{2}$	$\pi b^2 \frac{h^3}{3}$	$\pi c^2 \frac{h^4}{4}$	$\pi d^2 \frac{h^5}{5}$	$\pi e^2 \frac{h^6}{6}$	…,
5) Schwerpunktshöhe h_s . . .	$\frac{h}{2}$	$\frac{2h}{3}$	$\frac{3h}{4}$	$\frac{4h}{5}$	$\frac{5h}{6}$	…,

Die Tabelle kann beliebig weit fortgeführt werden, auch kann, wie in der früher angegebenen Tabelle, alles Zwischenliegende durch Interpolation eingeschaltet werden. Der Leser führe dies durch für $r_1 = \varkappa y^{\frac{1}{3}}$, $\varkappa' y^{\frac{2}{3}}$ u. s. w. sodann für $r_1 = \varkappa y^{\frac{1}{4}}$, $\varkappa' y^{\frac{2}{4}}$ (siehe oben), $\varkappa'' y^{\frac{3}{4}}$ u. s. w.

Macht man $a = b = c = d \ldots$, so stellt jeder Körper das statische Moment des vorangehenden in Bezug auf die Grundfläche dar.

§ 164) Aufgaben: a) Man lasse die in jedem Rechtecke angedeuteten Ergänzungsflächen um PQ sich drehen und stelle dafür die Tabelle auf.

b) Man lasse die Ergänzungsflächen sich um die Grundlinie drehen und stelle die Tabelle auf. Als Grundfläche ist jetzt $P_n Q_n$ zu betrachten.

c) Man lasse die schraffierten Flächen sich um die Grundlinie drehen und stelle die Tabelle auf. Wiederum ist $P_n Q_n$ die neue Grundfläche.

d) Man stelle die Resultate in Beziehung zur Guldinschen Inhaltsregel.

e) Man verwandle die Kreisschnitte für alle untersuchten Probleme nach Cavalieri in flächengleiche Quadrate (oder in flächengleiche Vielecke von beliebiger Seitenzahl) und stelle die Tabellen her.

f) Man verwandle die Kreisschnitte in Rechtecke von gegebenen Seitenverhältnissen und stelle die Tabellen her.

g) Man verwandle die Kreisschnitte in Ellipsen von gegebenem Achsenverhältnis und stelle die Tabellen her; oder für irgend welche ähnliche Flächenstücke in den betreffenden Schichten, z. B. für je einen Umgang einer Polarparabel p^{ter} Ordnung.

h) Man bestimme Inhalt und Schwerpunktshöhe für beliebige Schichten aller so untersuchten Körper (z. B. $\overset{y=y_2}{\underset{y=y_1}{J}}$).

i) Man bestimme (z. B. mit Hilfe der Guldinschen Regel) das Entsprechende für beliebige Sektoren der untersuchten Körper.

§ 164) Man bilde die statischen Momente und Schwerpunktshöhen für Körper von der Profilkurve

$$r = a + b\sqrt{y} + cy + d\sqrt{y^3} + ey^2 + \dots$$

und suche beliebige der im Vorparagraphen aufgestellten Aufgaben auch für diese zu lösen.

Bemerkung: Über die Momente höherer Ordnung für Körper, die mit den Kegelschnittsflächen zusammenhängen, soll später besonders gesprochen werden.

§ 165) Aus Bd. II und der Ingenieur-Mathematik des Verfassers sollen einige Resultate zusammengestellt werden.

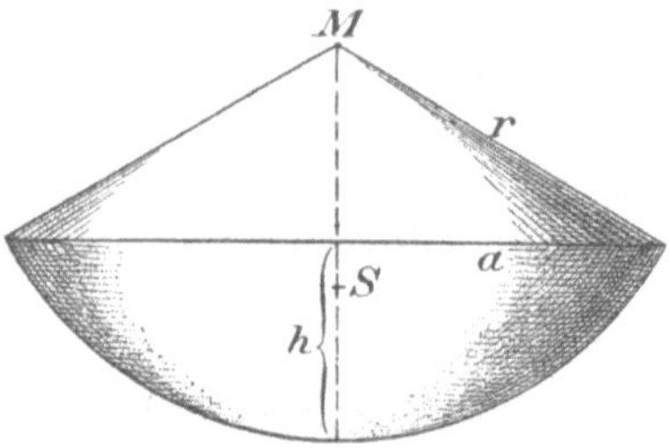

Fig. 63.

Für den Kugelsektor mit r und h liegt der Schwerpunkt in der Entfernung

$$MS = \frac{3}{8}(2r - h) = \frac{3}{8}\frac{a^2}{h}$$

vom Mittelpunkte. Für die Halbkugel ist $MS = \frac{3}{8}r$.

Für den Kegelstumpf liegt er in der Höhe

$$h_s = \frac{h}{4}\frac{r^2 + 2r\varrho + 3\varrho^2}{r^2 + r\varrho + \varrho^2} = \frac{h}{4}\frac{G_1 + 2\sqrt{G_1 G_2} + 3G_2}{G_1 + \sqrt{G_1 G_2} + G_3}.$$

Letzteres gilt auch für den Pyramidenstumpf.

Für den Kugelabschnitt mit r und Pfeilhöhe h liegt er in der Entfernung $h_s = \frac{h}{4}\frac{8r - 3h}{3r - h}$ vom Scheitelpunkte. Ist statt r der Radius a der begrenzenden Grundfläche gegeben, so wird $h_s = \frac{h}{2}\frac{4a^2 + h^2}{3a^2 + h^2}$.

Für die Kugelschicht, die durch r und die Ebenen-Abstände h und h_1 von dem untersten Punkte bestimmt ist, liegt der Schwerpunkt in der Höhe

$$y_s = \frac{8r(h_2^3 - h_1^3) - 3(h_2^4 - h_1^4)}{12r(h_2^2 - h_1^2) - 4(h_2^3 - h_1^3)}.$$

Sind dagegen die meſsbaren Radien a und b der Grundkreise und die Höhe h gegeben, so liegt er in der Höhe

$$y_s = \frac{h}{2} \cdot \frac{4a^2 + 2b^2 + h^2}{3a^2 + 3b^2 + h^2}$$

über dem Kreise mit Radius b.

Für das einmantelige Drehungs-Hyperboloid mit Hauptschnitt $\frac{x^2}{a^2} - \frac{y^2}{b^2} = 1$ liegt er, wenn der Körper von $y = 0$ bis $y = h$ reicht, in der Höhe

$$y_s = \frac{3h}{4} \frac{2b^2 + h^2}{3b^2 + h^2}.$$

Für das zweimantelige Drehungs-Hyperboloid mit derselben Hyperbel als Hauptschnitt liegt er, wenn der Körper vom Scheitelpunkte aus gerechnet bis nach e reicht, in der Entfernung

$$e_s = \frac{e}{4} \cdot \frac{8a + 3e}{3a + e}$$

vom Scheitelpunkte.

Wird ein Tetraeder mit der Kante a so auf einen Tisch gelegt, daſs die Gegenkante b horizontal ist, und hat es dabei die Höhe h, so hat der Teil, der von $y = 0$ bis $y = y_1$ reicht, den Schwerpunkt in der Höhe

$$y_s = \frac{y_1}{2} \frac{4h - 3y_1}{3h - 2y_1}.$$

Dies gilt auch von dem durch das hyperbolische Paraboloid begrenzte Halbtetraeder durch a, b und zwei andere Gegenkanten.

Ein prismatoidischer Körper habe als Grundfläche einen Kreis mit Radius r_1, er endige in der Höhe h, in einer horizontalen Schneide von der Länge $2r$. Sein Schwerpunkt liegt in der Höhe

$$h_s = \frac{2}{3} h.$$

Auch für einige körperliche Schraubengewinde bezw. ihre Sektoren wird in der Ingenieurmathematik der Schwerpunkt bestimmt.

b) Trägheitsmomente für einige Körper und Oberflächen.

§ 166) **Fortsetzung der Tabelle für die Drehungsparaboloide höherer Ordnung.**

1) Profilkurve	$r = a$	$r = b\sqrt{y}$	$r = cy$	$r = d\sqrt{y^3}$	$r = ey^2 \ldots$
2) Polares Trägheitsmoment für jeden Horizontalschnitt, $\frac{\pi r^4}{2}$	$\frac{\pi a^4}{2}$	$\frac{\pi b^4 y^2}{2}$	$\frac{\pi c^4 y^4}{2}$	$\frac{\pi d^4 y^6}{2}$	$\frac{\pi e^4 y^8}{2} \ldots$
3) Trägheitsmoment des Körpers in Bezug auf die Drehungsachse, T_p	$\frac{\pi a^4}{2} h$	$\frac{\pi b^4}{2} \frac{h^3}{3}$	$\frac{\pi c^4}{2} \frac{h^5}{5}$	$\frac{\pi d^4}{2} \frac{h^7}{7}$	$\frac{\pi e^4}{2} \frac{h^9}{9} \ldots$
oder	$\frac{\pi r_1^4}{2} h$	$\frac{\pi r_1^4 h}{6}$	$\frac{\pi r_1^4 h}{10}$	$\frac{\pi r_1^4 h}{14}$	$\frac{\pi r_1^4 h}{18} \ldots$
4) Radius des vorstehenden Trägheitsmomentes, $\varrho_m = \sqrt{\frac{T_p}{J}}$	$r_1\sqrt{\frac{1}{2}}$	$r_1\sqrt{\frac{2}{6}}$	$r_1\sqrt{\frac{3}{10}}$	$r_1\sqrt{\frac{4}{14}}$	$r_1\sqrt{\frac{5}{18}} \ldots$

5) Trägheitsmoment des Körpers in Bezug auf die Grundfläche, $T_g = \sum r^2 \pi y^2$	$\frac{\pi a^2 h^8}{3}$	$\frac{\pi b^3 h^4}{4}$	$\frac{\pi c^2 h^5}{5}$	$\frac{\pi d^2 h^6}{6}$	$\frac{\pi e^2 h^7}{7}$	…
oder	$\frac{\pi r_1^2 h^8}{3}$	$\frac{\pi r_1^2 h^8}{4}$	$\frac{\pi r_1^2 h^8}{5}$	$\frac{\pi r_1^2 h^3}{6}$	$\frac{\pi r_1^2 h^3}{7}$	…
6) Mittlerer Trägheitsabstand für das letzte Moment, $h_m = \sqrt{\frac{T}{J}}$	$h\sqrt{\frac{1}{3}}$	$h\sqrt{\frac{2}{4}}$	$h\sqrt{\frac{3}{5}}$	$h\sqrt{\frac{4}{6}}$	$h\sqrt{\frac{5}{7}}$	…
7) Trägheitsmoment T_h in Bezug auf den Hauptschnitt (gleich der Hälfte von T_p),	$\frac{\pi a_1^4 h}{4}$	$\frac{\pi b^4}{4} \frac{h^3}{3}$	$\frac{\pi c^4}{4} \frac{h^5}{5}$	$\frac{\pi d^4}{4} \frac{h^7}{7}$	$\frac{\pi e^4}{4} \frac{h^9}{9}$	…
oder	$\frac{\pi r_1^4 h}{4}$	$\frac{\pi r_1^4 h}{12}$	$\frac{\pi r_1^4 h}{20}$	$\frac{\pi r_1^4 h}{28}$	$\frac{\pi r_1^4 h}{36}$	…

Man bilde noch folgende Ausdrücke, $\frac{T_p}{M_p}$ für die senkrechte Achse, $\frac{T_g}{M_g}$ in Bezug auf die Grundfläche, $\frac{T_h}{M_h}$ für jeden Hauptschnitt, $\frac{T_h}{J}$ für jeden Hauptschnitt u. s. w.

Setzt man $a = b = c = d \ldots$, so folgt, dafs jeder Drehungskörper der Figur 62 das Trägheitsmoment in Bezug auf die Grundfläche für den zweitvorhergehenden darstellt.*)

Auch diese Tabelle kann beliebig weit ausgedehnt und durch Interpolationen ergänzt werden, wobei es sich, wie vorher, um arithmetische Reihen handelt.

§ 167) Aufgaben. Man erweitere auch diese Tabelle dadurch, dafs man die Ergänzungsflächen (des Rechtecks) um die Achsen $P_n Q_n$ rotieren läfst, auch dadurch, dafs man die beiden Flächen jedesmal um die Grundlinie sich drehen läfst.

Man bestimme das Entsprechende für Sektoren der Körper, ebenso für beliebige Schichten (z. B. $\int\limits_{y=y_1}^{y=y_2}$).

Man setze auch hier an Stelle der kreisförmigen Querschnitte regelmäfsige n-Ecke (z. B. Quadrate) und stelle für solche die Tabelle auf; oder Ellipsen von gegebenem Achsenverhältnis, oder Rechtecke von demselben Seitenverhältnis, oder überhaupt ähnliche Querschnitte irgend welcher Art.

An Stelle der Kreissektoren, Kreissegmente, können dabei Sektoren und Segmente der entsprechenden regelmäfsigen Vielecke, oder solche der Ellipsen treten u. s. w.

Die obere Grundfläche kann natürlich auch ein Umgang einer Polarparabel p^{ter} Ordnung werden, alle anderen Schnitte ähnliche Kurven dieser Art.

Das Übungsmaterial kann als unerschöpflich bezeichnet werden, besonders wenn auch Profilkurven von der Gleichung

$$r = a + b\sqrt{y} + cy + d\sqrt{y^3} + e^4 y^2 + \ldots$$

und ähnliche betrachtet.

---

*) Diese Tabellen veröffentlichte Verfasser im Jahre 1896 in seiner Ingenieurmathematik, Bd. I. Gleichzeitig hat Herr Prof. Bantlin von der technischen Hochschule in Stuttgart im Anschlufs an mein Lehrbuch der Elementar-Mathematik und an einige meiner Aufsätze in der Zeitschrift deutscher Ingenieure ebendaselbst einige stereometrische Darstellungen von körperlichen Trägheitsmomenten veröffentlicht (Bd. 40, 1896), die Beispiele zu der dargestellten Methode geben. Die systematische Tabelle hat er aber nicht abgeleitet.

§ 168) Einige Übungsbeispiele, die sich hinsichtlich der Trägheitsmomente leicht behandeln lassen, mögen mit Hilfe der Cavalierischen Methode angedeutet werden.

a) Für die Halbkugel mit Radius a ist der Querschnitt in der Höhe y

$$q_y = \pi x^2 = \pi (a^2 - y^2).$$

Ihr entspricht nach Cavalieri für die Tiefe 1 ein Cylinder mit dem durch

$$x \,.\, 1 = \pi (a^2 - y^2)$$

bestimmten Profile. — (Wie ist es mit der Fortsetzung über $y = a$ hinaus?)

b) Ein einschaliges Drehungs-Hyperboloid habe das Profil $x^2 - y^2 = a^2$, so daſs der Querschnitt in Höhe y durch

$$q_y = \pi x^2 = \pi (a^2 + y^2)$$

gegeben ist. Ihm entspricht nach Cavalieri bei der Tiefe 1) ein Cylinder mit dem Profile

$$x \,.\, 1 = \pi (a^2 + y^2).$$

c) Ein elliptischer Cylinder von der Tiefe 1 habe das Profil

$$\frac{x^2}{a^2} + \frac{y^2}{b^2} = 1,$$

so daſs

$$q_y = 2x \,.\, 1 = 2\sqrt{a^2 - \frac{a^2}{b^2} y^2} = \frac{2a}{b} \sqrt{b^2 - y^2}$$

ist. Ihm entspricht nach Cavalieri ein Drehungskörper vom Profile

$$\pi x^2 = \frac{2a}{b} \sqrt{b^2 - y^2}.$$

d) Ein einfacher hyperbolischer Cylinder von der Tiefe 1 habe das Profil

$$\frac{x^2}{a^2} - \frac{y^2}{b^2} = 1,$$

so dafs sein Querschnitt in Höhe y durch

$$q_y = 2x \cdot 1 = 2\sqrt{a^2 + \frac{a^2}{b^2}y^2} = \frac{2a}{b}\sqrt{b^2 + y^2}$$

gegeben ist. Ihm entspricht nach Cavalieri ein Drehungskörper vom Profile

$$\pi x^2 = \frac{2a}{b}\sqrt{b^2 + y^2}.$$

e) Ein einschaliges Drehungshyperboloid habe das Profil

$$x^2 - y^2 = a^2,$$

also die Querschnittsformel

$$q_y = \pi x^2 = \pi (a^2 + y^2).$$

Ihm entspricht ein Körper quadratischen Querschnitts, dessen Mittelschnitt durch die Kurve

$$x^2 = \pi (a^2 + y^2)$$

begrenzt ist. [Wie ist es, wenn der neue Körper als Querschnitt ein regelmäfsiges $2n$-Eck oder $(2n+1)$-Eck hat?]

f) Entsprechende Aufgaben stelle man für die verschiedenen Arten von Drehungskörpern vom Profile der Parabeln p^{ter} Ordnung $x = y^p$ auf und untersuche sie auf statische Momente u. dergl. — Bei einigen der vorstehenden Aufgaben können gegebenenfalls binomische Reihenentwickelungen benutzt werden.

In der Ingenieurmathematik des Verfassers werden elementar z. B. die folgenden Resultate abgeleitet.

§ 169) Trägheitsmomente ebener Flächen in Bezug auf eine nicht parallele Ebene. Man denke sich die beliebig gestaltete Fläche F (in der Figur 64 ist beispielsweise ein Rechteck gezeichnet) durch Parallele zur Bezugsebene E in zahlreiche Streifen $f_1, f_2, f_3, \ldots$ zerlegt, die von E die mittleren Entfernungen $y_1, y_2, y_3 \ldots$ haben, so dafs es sich für das Trägheitsmoment um $\sum f y^2$ handelt. Denkt man sich die ebene Fläche F auf eine Normalebene zu E projiziert, deren Schnittlinie K parallel zu den Teilungslinien, also auch parallel zur Schnittlinie von E und der

Ebene der Fläche ist, so erhält man eine neue Fläche $F_1 = F \sin \alpha$, und jeder Streifen f geht in einen Streifen $f_1 = f \sin \alpha$ über, wenn $\sphericalangle DAA_1 = \alpha$ gesetzt wird. Das Trägheitsmoment der Fläche F und das der Fläche F_1 in Bezug auf die Ebene E stehen also in der Beziehung $T_1 = T \sin \alpha$ oder $T = \frac{T_1}{\sin \alpha}$. Folglich gilt der Satz:

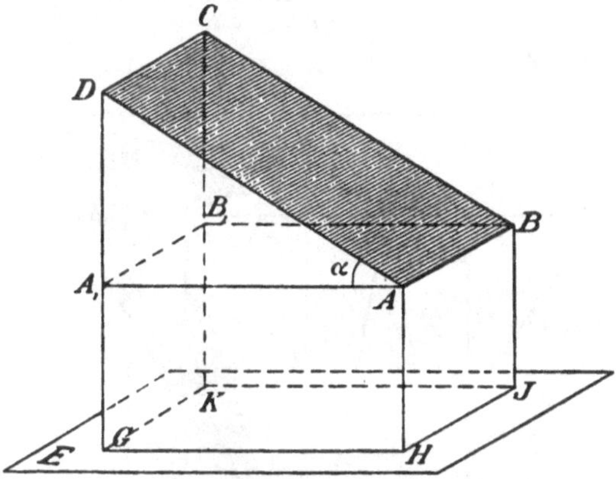

Fig. 64.

Das Trägheitsmoment einer ebenen Fläche F in Bezug auf eine Ebene E, welche gegen die Ebene von F die Neigung α hat, ist das $\frac{1}{\sin \alpha}$ fache von dem Trägheitsmomente einer Fläche F_1 in Bezug auf E, die durch Projektion der Fläche F auf die durch den Schnitt beider Ebenen gelegte Normalebene zu E (oder auf eine dazu parallele Ebene) entsteht.

§ 170) Aufgabe. Das Trägheitsmoment für den Mantel einer quadratischen Pyramide in Bezug auf eine ihrer Mittelebenen zu bestimmen.

Auflösung. $ABCD$ mit Spitze P sei die Pyramide, die Ebene E die betreffende Mittelebene. Dreieck PAB hat in Bezug auf E das $\frac{1}{\sin \alpha}$ fache vom Trägheitsmomente des Dreiecks ABP in Bezug auf KL. Ist nun b die Grundkante der Pyramide, so ist das letztere Moment

$$T_1 = \frac{b\left(\frac{b}{2}\right)^3}{4},$$

also das Trägheitsmoment der Fläche PAB in Bezug auf E

$$T = \frac{1}{\sin\alpha} \cdot \frac{b^4}{32}.$$

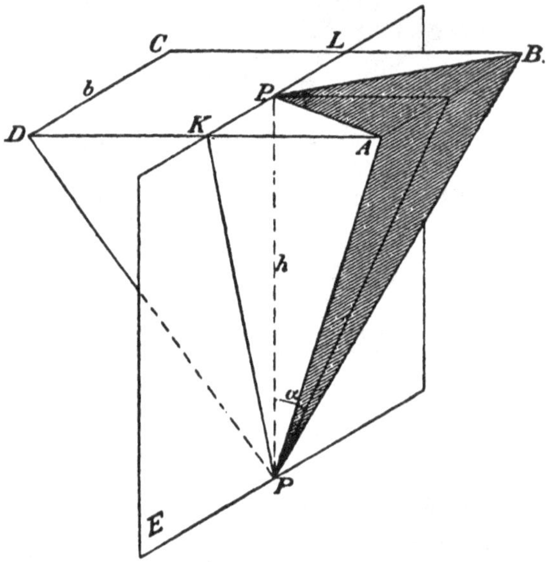

Fig. 65.

Da aber, wenn h die Höhe der Pyramide ist,

$$\sin\alpha = \frac{P_1 Q}{QP} = \frac{b}{2\sqrt{h^2 + \left(\frac{b}{2}\right)^2}} = \frac{b}{\sqrt{b^2 + 4h^2}}$$

wird, so folgt

$$T = \frac{b^4}{32} \frac{\sqrt{b^2 + 4h^2}}{b} = \frac{b^3}{32} \sqrt{b^2 + 4h^2}.$$

Solcher Flächen sind zwei vorhanden.

Das Trägheitsmoment der Fläche ABP (die senkrecht zu E steht), in Bezug auf E, also in Bezug auf die Mittellinie KP, ist gleich

$$\frac{lb^3}{48} = \frac{b^3}{48}\sqrt{\left(\frac{b}{2}\right)^2 + h^2} = \frac{b^3}{96}\sqrt{b^2 + 4h^2}.$$

Auch solcher Flächen sind zwei vorhanden.

Für den Pyramidenmantel ist also das Trägheitsmoment in Bezug auf die Mittelebene

$$T_m = \frac{2b^3}{32}\sqrt{b^2 + 4h^2} + \frac{2b^3}{96}\sqrt{b^2 + 4h^2}$$

oder

$$T_m = \frac{b^3}{12}\sqrt{b^2 + 4h^2}.$$

Das axiale Trägheitsmoment in Bezug auf die Höhenlinie ist doppelt so grofs, also

$$T_p = \frac{b^3}{6}\sqrt{b^2 + 4h^2}.$$

§ 171) Dieselbe Aufgabe für den Mantel der senkrechten Pyramide mit regelmäfsigem n-Eck als Grundfläche.

Hier beginnt man besser mit dem Trägheitsmoment in Bezug auf die Höhenlinie. Setzt man in der vorigen Figur die Seite AB wiederum gleich b, dagegen $PQ = \varrho$, d. h. gleich dem Radius des der Grundfläche einbeschriebenen Kreises, so hat das Trägheitsmoment der Fläche ABP in Bezug auf die Achse PP_1 den Wert

$$T = \frac{1}{\sin\alpha}\frac{b\varrho^3}{4} + \frac{lb^3}{48},$$

denn es ist gleich der Summe zweier Axialmomente in Bezug auf die Ebenen E und PQP_1. Hier ist

$$\sin\alpha = \frac{\varrho}{l} = \frac{\varrho}{\sqrt{\varrho^2 + h^2}},$$

also wird

$$T = \frac{b\varrho^3}{4}\;\frac{\sqrt{\varrho^2+h^2}}{\varrho} + \frac{b^3}{48}\sqrt{\varrho^2+h^2}$$

$$= b\sqrt{\varrho^2+h^2}\left[\frac{\varrho^2}{4} + \frac{b^2}{48}\sqrt{\varrho^2+h^2}\right].$$

Solcher Flächen sind n vorhanden, also ist das Trägheitsmoment des Mantels in Bezug auf die Höhenlinie

$$T_p = n\,b\sqrt{\varrho^2+h^2}\left[\frac{\varrho^2}{4} + \frac{b^2}{48}\sqrt{\varrho^2+h^2}\right]$$

$$= u\sqrt{\varrho^2+h^2}\left[\frac{\varrho^2}{4} + \frac{b^2}{48}\sqrt{\varrho^2+h^2}\right];$$

Das Trägheitsmoment in Bezug auf jede durch die Achse gelegte Ebene ist halb so grofs.

Der Radius ϱ hat den Wert

$$\varrho = \frac{b}{2\tan\frac{\pi}{n}}.$$

§ 172) Dieselbe Aufgabe für den Mantel des senkrechten Kreiskegels zu lösen. Man hat in der Formel für T_p den Umfang $u = 2\pi\varrho$, die Seite $b = 0$ zu setzen. So ergiebt sich

$$T_p = 2\varrho\pi\sqrt{\varrho^2+h^2}\cdot\frac{\varrho^2}{4} = \frac{\pi\varrho^3}{2}\sqrt{\varrho^2+h^2} = \frac{\pi\varrho^3}{2}\,l$$

$$= \frac{\pi\varrho^4}{2}\;\frac{1}{\cos\beta},$$

wo β der Winkel zwischen ϱ und l ist.

In Bezug auf jede Hauptschnittsebene ist das Trägheitsmoment halb so grofs.

Bemerkung. Nach denselben Methoden läfst sich das Trägheitsmoment des Mantels in Bezug auf die Grundebene des Kegels und der „regelmäfsigen Pyramide“ bestimmen, ebenso in Bezug auf die durch die Spitze oder durch den Schwerpunkt gelegte parallele Ebene. Endlich läfst sich auch das Trägheitsmoment für die gesamte Oberfläche des Kegels oder der regelmäfsigen Pyramide leicht berechnen, da nur noch das Polar- bezw. Axialmoment der Grundfläche zu addieren ist.

§ 173) **Aufgabe. Das Trägheitsmoment des Kantenkomplexes der „regelmäfsigen“ Pyramide in Bezug auf die Höhenlinie zu ermitteln.**

Die Lösung soll dem Leser überlassen bleiben. Für das Trägheitsmoment der Geraden in Bezug auf eine Ebene, gegen die sie die Neigung α hat, ist ebenfalls $T = \frac{T_1}{\sin\alpha}$, wobei T_1 das Moment der auf die Normale projizierten Geraden ist.

§ 174. **Aufgabe. Das Trägheitsmoment für den Körper, die Oberfläche, den Kantenkomplex und für die Eckpunkte des regelmäfsigen Tetraeders, Hexaeders, Oktaeders, Dodekaeders, Ikosaeders in Bezug auf eine der Hauptachsen zu berechnen.**

Die Lösung bleibe dem Leser überlassen.

§ 175) **Das Trägheitsmoment für drei Kreislinien desselben Halbmessers r, deren Ebenen einander rechtwinklig schneiden und durch den gemeinschaftlichen Mittelpunkt gehen in Bezug auf eine der Schnittlinien zu berechnen.**

Auflösung. Für den einen Kreis handelt es sich um $T_p = lr^2 = 2\pi r \,.\, r^2 = 2\pi r^3$, für jeden der beiden anderen um die Hälfte, d. h. um $T_1 = \pi r^3$, im ganzen um

$$T_a = (2\pi r^3) + 2(\pi r^3) = 4\pi r^3.$$

§ 176) **Dieselbe Aufgabe für die entsprechenden Kreisscheiben.**

Auflösung. Für die eine Scheibe handelt es sich um $T_u = \frac{\pi r^4}{2}$, für jede der beiden anderen um die Hälfte davon, im ganzen um $T = \pi r^4$.

In dem folgenden Paragraph werden einige Resultate mitgeteilt, deren elementare Entwickelung man in der „Ingenieur-Mathematik" des Verfassers findet. Andere werden hier abgeleitet, besonders solche für Oberflächen, die in dem genannten Buche im Hinblick auf die geringere technische Verwertbarkeit nicht berücksichtigt wurden.

§ 177) Einige Resultate.

a) Für den Rechteckskörper mit den Seiten a, b, c ist in Bezug auf die parallelen Schwerpunktsebenen (xy, yz, zx)

$$T_{xy}=\frac{abc^3}{12},\quad T_{yz}=\frac{bca^3}{12},\quad T_{zx}=\frac{cab^3}{12};$$

für die Mittellinien sind die Axialmomente

$$T_x=\frac{cab^3}{12}+\frac{abc^3}{12}=\frac{abc}{12}(b^2+c^2)=\frac{J}{12}(b^2+c^2),$$

$$T_y=\frac{abc^3}{12}+\frac{bca^3}{12}=\frac{abc}{12}(c^2+a^2)=\frac{J}{12}(c^2+a^2),$$

$$T_z=\frac{bca^3}{12}+\frac{cab^3}{12}=\frac{abc}{12}(a^2+b^2)=\frac{J}{12}(a^2+b^2).$$

Für den Schwerpunkt ist das Polarmoment zweiter Ordnung (wenn d die Diagonale ist)

$$T_p=\frac{abc}{12}(a^2+b^2+c^2)=\frac{J}{12}d^2.$$

Mittlerer Trägheitsradius $\varrho_m=d\sqrt{\frac{1}{12}}$.

b) Für den senkrechten Kreiscylinder ist in Bezug auf die horizontale Schwerpunktsebene

$$T_{xy}=\frac{\pi r^2 h^3}{12}=\frac{Jh^2}{12},$$

für jeden Hauptschnitt (z. B.)

$$T_{zx}=T_{yz}=\frac{Jr^2}{4},$$

für die Drehungsachse

$$T_z = \frac{\pi r^4}{2} h = \frac{J r^2}{2},$$

für die x- und y-Achse

$$T_x = T_y = \frac{J}{12}(3r^2 + h^2).$$

Für den Schwerpunkt ist das Polarmoment zweiter Ordnung

$$T_p = \frac{J}{12}(h^2 + 6r^2).$$

Mittlerer Trägheitsradius $\varrho_m = \sqrt{\frac{h^2 + 6r^2}{12}}$.

c) Für den Hohlcylinder ist in Bezug auf die Drehungsachse

$$T = \frac{J}{2}(r^2 + r_1^2).$$

d) Das Prisma, dessen Querschnitt ein gleichschenkliges Dreieck ist.

Balanciert der Körper als solcher erster Ordnung auf seiner Schneide, und ist das Rechteck der oben liegenden Grundfläche durch die Tiefe a und die Grundlinie b der Dreiecke bestimmt, so ist in Bezug auf die untere Grundfläche

$$T_u = G\frac{h^3}{4} = J \cdot \frac{h^2}{2},$$

in Bezug auf die durch den Schwerpunkt gelegte Horizontalebene

$$T_{xy} = \frac{Jh^2}{18} = \frac{Gh^3}{36},$$

für die beiden senkrechten Koordinatenebenen, die durch den Schwerpunkt gelegt sind

$$T_{yz} = \frac{hb^3}{48} a = \frac{Jb^2}{24},$$

$$T_{zx} = \frac{Ja^2}{12}.$$

Für die durch den Schwerpunkt gelegten Koordinatenachsen

$$T_x = \frac{J}{36}(2h^2 + 3a^2),$$

$$T_y = \frac{J}{72}(3b^2 + 4h^2),$$

$$T_z = \frac{J}{24}(2a^2 + b^2).$$

Das Polarmoment für den Schwerpunkt ist

$$T_p = \frac{J}{72}(6a^2 + 3b^2 + 4h^2).$$

Mittlerer Trägheitsradius in Bezug auf S ist

$$\varrho_m = \sqrt{\frac{6a^2 + 3b^2 + 4h^2}{72}}.$$

e) Drehungsparabolid, auf dem Scheitel balancierend.

In Bezug auf die berührende Grundebene ist

$$T_u = \frac{Gh^3}{4} = \frac{Jh^2}{2},$$

für die durch den Schwerpunkt (der die Höhe $\frac{2h}{3}$ hat) gehende Horizontalebene

$$T_{xy} = \frac{Jh^2}{18} = \frac{Gh^3}{36}.$$

In Bezug auf die durch den Schwerpunkt gelegten Koordinatenachsen

$$T_z = \frac{Ghr^2}{6} = \frac{Jr^2}{3},$$

$$T_x = T_y = \frac{J}{18}(h^2 + 3r^2).$$

In Bezug auf die senkrechten Hauptschnitte

$$T_{xz} = T_{yz} = \frac{Jr^2}{6}.$$

Das polare Trägheitsmoment in Bezug auf den Schwerpunkt

$$T_p = \frac{J}{18}(h^2 + 6r^2).$$

Mittlerer Trägheitsradius in Bezug auf S ist

$$\varrho_m = \sqrt{\frac{h^2 + 6r^2}{18}}.$$

f) Senkrechter Kreiskegel, auf der Spitze balancierend.

$$T_u = \frac{G h^3}{5},$$

für die drei Schwerpunkts-Koordinatenebenen

$$T_{xy} = \frac{3}{80} J h^2, \quad T_{yz} = T_{zx} = \frac{3 J r^2}{20},$$

für die Koordinatenachsen

$$T_z = \frac{3 J r^2}{10}, \quad T_x = T_y = \frac{3J}{80}(4r^2 + h^2),$$

$$T_p = \frac{3J}{80}[h^2 + 8r^2].$$

Mittlerer Trägheitsradius in Bezug auf S ist

$$\varrho_m = \sqrt{\frac{3}{80}(h^2 + 8r^2)}.$$

g) Symmetrisch parabolischer Cylinder von Tiefe b und oberer Breite a.

$$T_u = \frac{3 J h^2}{5};$$

für die Schwerpunktsebenen:

$$T_{xy} = \frac{3}{80} J h^2,$$

$$T_{yz} = \frac{1}{28} J a^2,$$

$$T_{zx} = \frac{1}{12} J b^2;$$

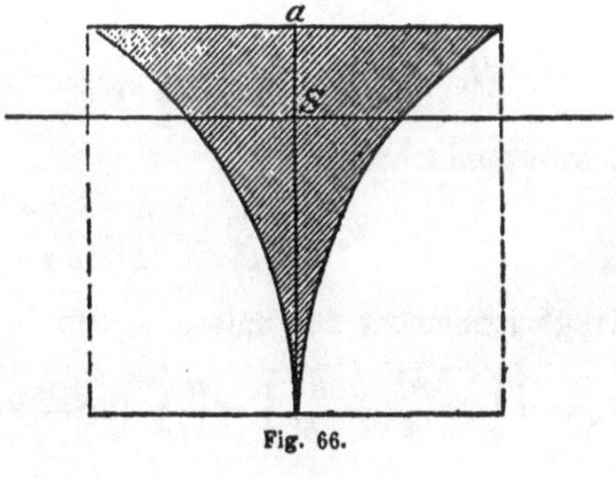

Fig. 66.

für die Schwerpunktsachsen:

$$T_x = \frac{J}{240}(9\,h^2 + 20\,b^2),\quad T_y = \frac{J}{560}(21\,h^2 + 20\,a^2),$$

$$T_z = \frac{J}{84}(7\,b^2 + 3\,a^2).$$

$$T_p = \frac{J}{1680}[63\,h^2 + 60a^2 + 140\,b^2],$$

mittlerer Trägheitsradius

$$\varrho_m = \sqrt{\frac{63\,h^2 + 60\,a^2 + 140\,b^2}{1680}}.$$

h) Kugel.

$$T_x = T_y = T_z = \frac{2}{5}J\,r^2,\quad T_{xy} + T_{yz} + T_{zx} = \frac{1}{5}J\,r^2,\quad T_p = \frac{3}{5}J r^2.$$

Mittlerer Trägheitsradius

$$\varrho_m = r\sqrt{\frac{3}{5}}.$$

§ 178) Kugelabschnitt, auf Scheitel balancierend. Querschnitt in Höhe z ist

$$\pi\,x^2 = \pi\,z\,(2\,r - z) = \pi\,(2\,r\,z - z^2).$$

Inhalt

$$J = \pi\left[2\,r\,\frac{h^2}{2} - \frac{h^3}{3}\right] = \frac{\pi\,h^2}{3}(3\,r - h),$$

statisches Moment für untere Ebene

$$M_u = \pi\left[2\,r\,\frac{h^3}{3} - \frac{h^4}{4}\right] = \frac{\pi\,h^3}{12}[8\,r - 3\,h],$$

Schwerpunktshöhe

$$h_s = \frac{M_u}{J} = \frac{h}{4}\,\frac{8\,r - 3\,h}{3\,r - h}.$$

Trägheitsmoment für untere Ebene

$$T_u = \pi\left[2\,r\,\frac{h^4}{4} - \frac{h^5}{5}\right] = \frac{\pi\,h^4}{10}[5\,r - 2\,h] = \frac{3\,h^2}{10}\,\frac{5\,r - 2\,h}{3\,r - h}J.$$

Trägheitsmoment für horizontale Schwerpunktsebene

$$T_{xy} = T_u - h_s^2 J = \frac{\pi h^4}{10}[5r - 2h] - \frac{h^2}{16}\frac{(8r-3h)^2}{(3r-h)^2}\cdot\frac{\pi h^2}{3}(3r-h)$$

$$= \frac{\pi h^4}{240(3r-h)}[(120r - 48h)(3r-h) - 5(8r-3h)^2]$$

oder

$$T_{xy} = \frac{\pi h^4}{240(3r-h)}[40r^2 - 24rh + 3h^2]$$

$$= \frac{h^2}{80}\frac{40r^2 - 24rh + 3h^2}{(3r-h)^2}J.$$

In Höhe z ist

$$\frac{\pi x^4}{2} = \frac{\pi}{2}[4r^2z^2 - 4rz^3 + z^4],$$

also

$$T_s = \frac{\pi}{2}\left[4r^2\frac{h^3}{3} - 4r\frac{h^4}{4} + \frac{h^5}{5}\right] = \frac{\pi h^3}{30}[20r^2 - 15rh + 3h^2]$$

$$= \frac{h}{10}\frac{20r^2 - 15rh + 3h^2}{3r-h}J,$$

ferner

$$T_{ys} = T_{sx} = \frac{1}{2}T_s, \quad T_x = T_y = T_{xy} + T_{sx}, \quad T_p = T_{xy} + T_{ys} + T_{sx},$$

also

$$T_p = \frac{\pi h^3}{240(3r-h)}[40r^2h - 24rh^2 + 3h^3 + 8(20r^2 - 15rh + 3h^2)(3r-h)],$$

oder

$$T_p = \frac{\pi h^3}{240(3r-h)}[480r^3 - 480r^2h + 168rh^2 - 21h^3)$$

$$= \frac{h}{80}\frac{480r^3 - 480r^2h + 168rh^2 - 21h^3}{(3r-h)^2}J.$$

$$\varrho_m = \sqrt{\frac{T_p}{J}}$$

§ 179) **Kugelschicht,** gegeben durch r, h_2 und h_1. Aus den Differenzen zweier Segmente folgt:

1) $$J = \frac{\pi}{3}\left[3r\left(h_2^2 - h_1^2\right) - \left(h_2^3 - h_1^3\right)\right],$$

2) $$M_u = \frac{\pi}{12}\left[8r\left(h_2^3 - h_1^3\right) - 3\left(h_2^4 - h_1^4\right)\right],$$

3) $$h_s = \frac{M_u}{J} = \frac{1}{4}\,\frac{8r\left(h_2^3 - h_1^3\right) - 3\left(h_2^4 - h_1^4\right)}{3r\left(h_2^2 - h_1^2\right) - \left(h_2^3 - h_1^3\right)},$$

4) $$T_u = \frac{\pi}{10}\left[5r\left(h_2^4 - h_1^4\right) - 2\left(h_2^5 - h_1^5\right)\right],$$

5) $$T_{xy} = T_u - h_s^2 J,$$

6) $$T_z = \frac{\pi}{30}\left[20r^2\left(h_2^3 - h_1^3\right) - 15r\left(h_2^4 - h_1^4\right) + 3\left(h_2^5 - h_1^5\right)\right] = r_m^2 J,$$

7) $$T_{xz} = T_{yz} = \frac{1}{2}T_z,$$ 8) $$T_x = T_y = T_{xy} + T_{zx},$$

9) $$T_p = T_{xy} + T_{yz} + T_{zx},$$ 10) $$\varrho_m = \sqrt{\frac{T_p}{J}}.$$

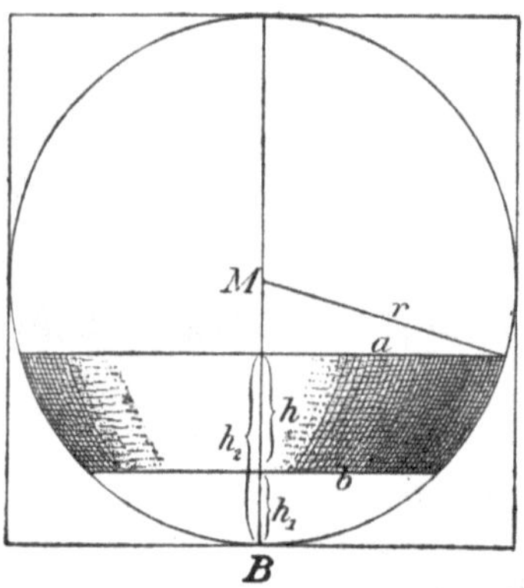

Fig. 67.

In den Formeln 1), 2), 4), 6) läſst sich allerdings $(h_2 - h_1)$ absondern und in 3) heben. Dadurch aber werden die Ausdrücke weniger übersichtlich.

Man suche die Formeln für den Fall umzuarbeiten, daſs die meſsbaren Gröſsen a, b und h gegeben sind. (Setzt man dann $b = 0$, so erhält man eine andere Form für die Resultate der vorigen Aufgabe.)

§ 179) Kugelmantel.

$$T_p = (4\pi r^2) \cdot r^2 = 4\pi r^4 = F r^2.$$

$$T_{xy} = T_{yz} = T_{zx} = \frac{4}{3}\pi \cdot r^4 = F \cdot \frac{r^2}{3}.$$

$$T_x = T_y = T_z = \frac{8}{3}\pi r^4 = \frac{2}{3} F r^2.$$

Dies alles ergiebt sich von T_p aus als selbstverständlich.

Will man dies, um dann zur Kalotte überzugehen, mit Hilfe der Schichtenmethode ableiten, so bedenke man, dafs die Schicht sich bezüglich der Fläche ebenso verhält, wie die entsprechende des Berührungscylinders, denn es handelt sich bei beiden um $2\pi r \frac{h}{n}$, was jedoch die Querschnittsformel $q = 2\pi r$ giebt $\left(2\pi x \cdot \frac{r}{x}\right)$. Dieses q hat in Bezug auf die Grundfläche das Trägheitsmoment $2\pi r z^2$, demnach ist für die Kugelfläche

$$T_u = 2\pi r \frac{h^3}{3} = 2\pi r \frac{8 r^3}{3} = \frac{16\pi r^4}{3}.$$

Für die durch den Schwerpunkt gehende Horizontalebene ist also

$$T_{xy} = \frac{16\pi r^4}{3} - 4\pi r^2 \cdot r^2 = \frac{4\pi}{3} r^4,$$

und ebenso grofs sind T_{yz} und T_{zx}.

Will man auch die halb so grofsen T_x u. s. w. ableiten, so geschieht dies folgendermafsen. Der Querschnitt q giebt in Bezug auf die z-Achse das Trägheitsmoment

$$q x^2 = 2\pi r \cdot z(2r - z) = 4\pi r^2 z - 2\pi r z^2,$$

also ist für die ganze Kugelfläche

$$4\pi r^2 \frac{h^2}{2} - 2\pi r \frac{h^3}{3} = 4\pi r^2 \frac{4r^2}{2} - 2\pi r \frac{8r^3}{3} = \frac{8\pi}{3} r^4$$

$$= T_z = T_x = T_y.$$

§ 180) Kugelkalotte. Selbstverständlich ist hier $T_p' = 2\pi r h \cdot r^2 = 2\pi r^3 h$ in Bezug auf den Kugel-Mittelpunkt, also wird, da der Schwerpunkt der Kalotte von diesem um $e = r - \frac{h}{2}$ entfernt ist, in Bezug auf diesen

$$T_p = 2\pi r^3 h = e^2 F = 2\pi r h - \left(\frac{2r-h}{2}\right)^2 \cdot 2\pi r h$$

$$= \frac{\pi r h^2}{2}(4r - h).$$

Nach der Schichtenmethode ergiebt sich (aus $2\pi r z^2$ für den Querschnitt)

$$T_u = 2\pi r \frac{h^3}{3},$$

also für die horizontale Schwerpunktsebene $\left(\text{in Höhe } \frac{h}{2}\right)$

$$T_{xy} = 2\pi r \frac{h^3}{3} - 2\pi r h \cdot \left(\frac{h}{2}\right)^2 = \frac{\pi r h^3}{6}.$$

In Bezug auf die Z-Achse folgt aus $qx^2 = 4\pi r^2 z - 2\pi r z^2$

$$T_z = 4\pi r^2 \frac{h^2}{2} - 2\pi r \frac{h^3}{3} = \frac{2\pi}{3} r h^2 (3r - h).$$

Halb so grofs sind

$$T_{zy} = T_{zx} = \frac{\pi}{3} r h^2 (3r - h),$$

so dafs

$$T_x = T_{zx} + T_{xy} = \frac{\pi}{3} 3 r h^2 - \frac{\pi}{3} r h^3 + \frac{\pi r h^3}{6} = \frac{\pi r h^2}{6}(6r - h)$$

und T_y ebenso grofs ist.

($T_{xy} + T_{yz} + T_{zx}$ giebt wie oben $T_p = \frac{\pi r h^2}{2}(4r - h)$; $T_x + T_y + T_z$ giebt $2T_p$).

§ 181) Kugelzonenfläche, gegeben durch r, h_2 und h_1. Selstverständlich ist wiederum in Bezug auf den Kugel-mittelpunkt $T_p' = (2\pi r h) r^2 = 2\pi r^3 h$, wo $h = h_2 - h_1$ ist. Die Entfernung des Schwerpunktes vom Mittelpunkte ist

$$r - \frac{h_1 + h_2}{2},$$

also ist für den Schwerpunkt

$$T_p = 2\pi r^3 (h_1 - h_2) - \left(\frac{r - h_1 - h_2}{2}\right)^2 2\pi r (h_1 - h_2),$$

was sich entsprechend vereinfachen läfst.

Die Schichtenmethode giebt (mit Hilfe der Kalottenformel)

$$T_u = \frac{2\pi r}{3}(h_2^3 - h_1^3).$$

Für die horizontale Schwerpunktsebene wird also

$$T_{xy} = \frac{2\pi r}{3}(h_2^3 - h_1^3) - \left(\frac{h_1 + h_2}{2}\right)^2 2\pi r (h_2 - h_1)$$

$$= 2\pi r (h_2 - h_1)\left[\frac{h_2^2 + h_2 h_1 + h_1^2}{3} - \frac{h_2^2 + 2 h_2 h_1 + h_1^2}{4}\right]$$

$$= \frac{\pi r (h_2 - h_1)}{6}[h_2^2 - 2 h_2 h_1 + h_1^2] = \frac{\pi r}{6}(h_2 - h_1)^3.$$

Wie oben folgt

$$T_z = \frac{2\pi r}{3}(3 r h_2^2 - h_2^3) - \frac{2\pi r}{3}(3 r h_1^2 - h_1^3)$$

$$= \frac{2\pi r}{3}[3 r (h_2^2 - h_1^2) - (h_2^3 - h_1^3)],$$

wobei sich noch $(h_2 - h_1)$ aus der Klammer ziehen läfst.

Halb so grofs sind T_{zy} und T_{zx}. Also ist auch $T_x = T_y = T_{xy} + T_{zx}$ und endlich auch $T_p = T_{xy} + T_{yz} + T_{zx}$ bekannt.

§ 182) Körper der **Drehungscyklide** mit den Radien ϱ und r. Nach des Verfassers Ingenieurmathematik I, § 126 und § 376 ist

$$T_z = 2\varrho r^2 \pi^2 \left(\varrho^2 + \frac{3}{4} r^2\right) = J\left(\varrho^2 + \frac{3}{4} r^2\right) = \frac{J}{4}(4\varrho^2 + 3r^2),$$

also

$$T_{xz} = T_{yz} = \frac{J}{2}\left(\varrho^2 + \frac{3}{4} r^2\right) = \frac{J}{8}(4\varrho^2 + 3r^2),$$

$$T_{xy} = \frac{\varrho \pi^2 r^4}{2} = \frac{J}{4} r^2,$$

$$T_x = T_y = T_{xy} + T_{xz} = J\left(\frac{\varrho^2}{2} + \frac{5}{8} r^2\right) = \frac{J}{8}(4\varrho^2 + 5r^2),$$

$$T_p = T_{xy} + T_{yz} + T_{zx} = J(\varrho^2 + r^2), \qquad \varrho_m = \sqrt{\varrho^2 + r^2}.$$

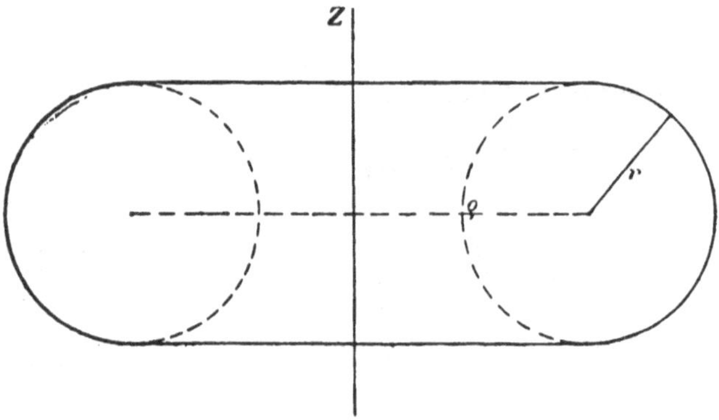

Fig. 68.

§ 183) Mantelfläche der Drehungscyklide. Schwieriger ist die Mantelfläche zu erledigen. Für sie soll T_z nach einfacher Methode berechnet und dann die Fläche selbst nach der Schichtenmethode behandelt werden, wobei sich die Guldinsche Flächenformel als richtig ergeben wird. Dann soll das Trägheitsmoment T_{xy} berechnet werden, was ohne eine Reihenbetrachtung nicht zu gehen scheint. Bei der Berechnung von T_z werden sich zwei vereinfachende Sätze ergeben.

Jedes Kreisteilchen s giebt bei der Drehung um die Z-Achse einen Streifen von der Fläche

$$2\pi s\left[\varrho + \sqrt{r^2 - z^2}\right] = 2\pi s\left[\varrho + \xi\right],$$

dessen Trägheitsmoment in Bezug auf diese Drehungsachse gleich

$$2\pi s(\varrho+\xi)(\varrho+\xi)^2 = 2\pi s(\varrho+\xi)^3$$
$$= 2\pi s(\varrho^3 + 3\varrho^2\xi + 3\varrho\xi^2 + \varrho^3)$$

ist. Das gesamte Trägheitsmoment ist also

$$T_z = 2\pi\Sigma s(\varrho+\xi)^3$$
$$= 2\pi\varrho^3\Sigma s + 6\pi\varrho^2\Sigma s\xi + 6\pi\varrho\Sigma s\xi^2 + 2\pi\Sigma s\xi^3.$$

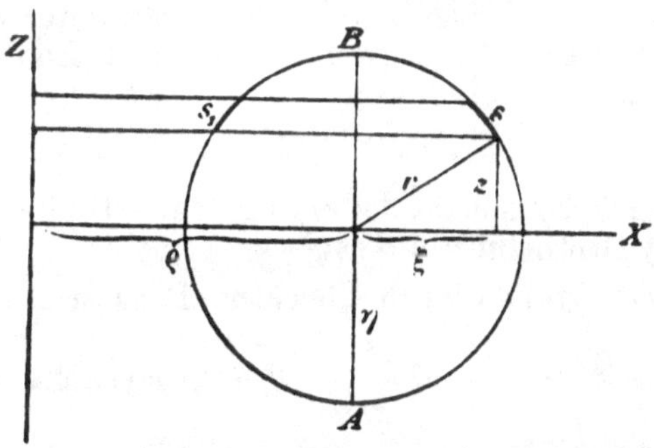

Fig. 69.

Da nun infolge der Symmetrie gegen AB zu jedem Teilchen s ein gleich grofses $s_1 = s$ gehört, welches den Anteil

$$2\pi s(\varrho-\xi)^3 = 2\pi s(\varrho^3 - 3\varrho^2\xi + 3\varrho\xi^2 - \xi^3)$$

giebt, so wird $6\pi\varrho^2\Sigma s\xi = 0$ und $2\pi\Sigma s\xi^3 = 0$. (Der erste dieser Ausdrücke Σ war das statische Moment in Bezug auf AB und mufste schon deshalb gleich Null sein. (Dasselbe gilt im Symmetriefalle auch vom Faktor $\Sigma s\xi^3$, dem statischen Momente dritter Ordnung.) Es bleibt also nur stehen

$$T_z = 2\pi\varrho^3\Sigma s + 6\pi\varrho\Sigma s\xi^2,$$

oder, da $\Sigma s = u$ und $\Sigma s\xi^2$ gleich dem Trägheitsmomente t_η in Bezug auf AB oder η ist,

$$T_z = 2\pi\varrho^3 u + 6\pi\varrho t_\eta.$$

Setzt man noch $2\pi\varrho u = F$ (Mantelfläche) und $t_\eta = \varrho_1^2 u$, also $\varrho_1 = \sqrt{\frac{t_\eta}{u}}$ (Trägheitsradius des Umfangs in Bezug auf die Achse AB, also $6\pi\varrho t_\eta = 6\pi\varrho\varrho_1^2 u$), so ist endlich

1) $$T_s = F(\varrho^2 + 3\varrho_1^2).$$

Diese Formel gilt aber für beliebig gestaltete Guldinsche Drehungsflächen, sobald sie nur eine Symmetrielinie AB haben, die parallel zur Drehungsachse ist.

[Macht man ferner dieselbe Betrachtung für den zu s und s_1 gehörigen Parallelstreif f, so findet man für die entsprechenden Guldinschen Drehungskörper die Formel

2) $$T_s = J(\varrho^2 + 3\varrho_1'^2),$$

wo ϱ_1' der Trägheitsradius der erzeugenden Fläche in Bezug auf die Symmetrielinie AB ist.]

Für die Cyklide ist in Gleichung 1) zu setzen

$$\varrho_1^2 = \frac{t_\eta}{u} = \frac{\pi r^3}{2\pi r} = \frac{r^2}{2}, \qquad F = 2\pi\varrho u = 4\pi^2\varrho r,$$

also wird

3) $$T_s = 4\pi^2\varrho r\left(\varrho^2 + \frac{3r^2}{2}\right) = 2\pi^2\varrho r(2\varrho^2 + 3r^2).$$

Daher ist

$$T_{xs} = T_{ys} = \pi^2\varrho r(2\varrho^2 + 3r^2).$$

Um T_{xy} zu berechnen, hat man jeden Flächenstreif $2\pi s(\varrho + \xi)$ mit y^2 zu multiplizieren, so dafs es sich handelt um

$$T_{xy} = 2\pi\Sigma s(\varrho + \xi)y^2 = 2\pi\varrho\Sigma sy^2 + 2\pi\varrho\Sigma s\xi y^2.$$

Hier fällt, wie vorher, die mit ξ behaftete Summe aus Symmetriegründen fort, und so bleibt stehen

$$T_{xy} = 2\pi\varrho\Sigma sy^2 = 2\pi\varrho t_x,$$

wo t_x das Trägheitsmoment des Umfangs in Bezug auf die X-Achse ist. Nun ist aber $t_x = r^3\pi$, also wird

$$T_{xy} = 2\pi\varrho t_x = 2\pi^2\varrho r^3.$$

Nun wird

$$T_y = T_x = T_{xy} + T_{xz} = 2\pi^2 \varrho r^3 + \pi^2 \varrho r (2\varrho^2 + 3r^2)$$
$$= \pi^2 \varrho r (2\varrho^2 + 5r^2)$$

und

$$T_p = T_{xy} + T_{yz} + T_{zx} = 2\pi^2 \varrho r^3 + 2\pi^2 \varrho r (2\varrho^2 + 3r^2)$$
$$= 4\pi^2 \varrho r (\varrho^2 + 2r^2).$$

Das Beispiel ist eins der lehrreichsten für mechanische Anwendungen.

Wie schon angedeutet, gelten die wesentlichen Resultate und die Methode überhaupt für Guldinsche Flächen bezw. Körper, deren erzeugende Fläche eine zur Drehungsachse parallele Symmetrielinie hat. Deshalb soll das Ganze für solche im Zusammenhange noch einmal dargestellt werden.

§ 184) Guldinsche Körper, deren erzeugende Fläche eine Symmetrieachse CD parallel zur Drehungsachse hat. Als Figur kann die der Drehungscyklide benutzt werden. Jedes Flächenteilchen f hat von der Z-Achse einen Abstand $\varrho + \xi$, wobei ξ von der Symmetrielinie aus gemessen wird. Dreht es sich um die Z-Ebene, so hat der entstehende Ringkörper den Inhalt $2\pi(\varrho + \xi)f$, und sein Trägheitsmoment in Bezug auf die XY-Ebene ist

$$2\pi(\varrho + \xi) f y^2 = 2\pi \varrho f y^2 + 2\pi \xi f y^2.$$

Der Gesamtkörper hat also das Moment

$$T_{xy} = 2\pi \varrho \Sigma f y^2 + 2\pi \Sigma \xi f y^2.$$

Nun gehört aber der Symmetrie wegen zu jedem $2\pi \xi f y^2$ ein Element $-2\pi \xi f y^2$, die zweite Summe ist also gleich Null. So bleibt nur stehen

$$T_{xy} = 2\pi \varrho \Sigma f y^2 = 2\pi \varrho t_{xy},$$

wenn man mit t_{xy} das Trägheitsmoment der Fläche in Bezug auf die XY-Ebene (oder x-Achse) versteht.

Ferner ist nach § 183 $T_z = J(\varrho^2 + 3\varrho_1^2)$, wo J und ϱ die angegebene Bedeutung haben. Daraus folgt

$$T_{xz} + T_{zx} = \frac{1}{2} J (\varrho^2 + 3\varrho_1^2),$$

$$T_x = T_y = T_{xz} + T_{yx} = \frac{1}{2} J(\varrho^2 + 3\varrho_1^2) + 2\pi\varrho\, t_{xy}$$

$$= 2\pi\varrho\left[\frac{F}{2}(\varrho^2 + \varrho_1^2) + t_{xy}\right],$$

$$T_p = T_{xy} + T_{yz} + T_{zx} = J(\varrho^2 + 3\varrho_1^2) + 2\pi\varrho\, t_{xy}$$

$$= 2\pi\varrho\,[F(\varrho^2 + \varrho_1^2) + t_{xy}].$$

§ 185) Mantelfläche solcher Körper. Jedes Randteilchen s giebt bei der Drehung eine Fläche $2\pi(\varrho + \xi)s$, welche in Bezug auf die XY-Ebene das Trägheitsmoment

$$2\pi(\varrho + \xi)s y^2 = 2\pi\varrho s y^2 + 2\pi\xi s y^2$$

hat, so daſs das gesamte Trägheitsmoment wird

$$T'_{xy} = 2\pi\varrho\,\Sigma s y^2 + 2\pi\,\Sigma\,\xi s y^2.$$

Da zu jedem Randelemente $2\pi\xi s y^2$ ein symmetrisches $-2\pi\xi s y^2$ gehört, wird die letztere Summe gleich Null, also bleibt nur stehen

$$T'_{xy} = 2\pi\varrho\,\Sigma s y^2 = 2\pi\varrho\, t'_{xy},$$

wo t'_{xy} das Trägheitsmoment der Umrandung in Bezug auf die XY-Ebene (oder x-Achse) bedeutet. Ferner ist nach § 183

$$T'_z = F(\varrho^2 + 3\varrho_1^2),$$

wo F die Mantelfläche des Körpers, ϱ_1 Trägheitsradius der Umrandung in Bezug auf die Symmetrielinie bedeutet. Jetzt ist wieder

$$\frac{1}{2}T'_z = T'_{xz} = T'_{yz}, \quad T'_x = T'_{xz} + T'_{xy}, \quad T'_p = T'_{xy} + T'_{yz} + T'_{zx}.$$

§ 186) Als hierher gehörige Beispiele, bei denen die Körper und die Mantelflächen behandelt werden können, seien unter Voraussetzung geeigneter Stellung genannt, Ringkörper, deren erzeugende Fläche durch regelmäſsige Vielecke, durch zwei konzentrische Kreise, durch zwei excentrische Kreise einer Schar, durch zwei Kreise eines Büschels, durch ein symmetrisches Parabelsegment, durch ein Segment der Kettenlinie, durch cardioidische Kurven u. dergl. begrenzt wird.

Auch Kantenkomplexe und die Eckpunkte symmetrischer Körper gehören hierher.

Sollen nur die Körper behandelt werden, so können z. B. auch symmetrische Hyperbelsegmente, symmetrische Ellipsensegmente, ganze Ellipsen und konzentrische Ellipsen u. dergl. herangezogen werden.

§ 187) Das Trägheitsmoment T_s eines körperlichen Schraubengewindes in Bezug auf die Drehungsachse ist gleich dem des dem Gewinde entsprechenden Guldinschen Drehungskörpers. Auch das Trägheitsmoment eines Umgangs in Bezug auf jede Normalebene zur Achse kann berechnet werden. Die entsprechenden Normalschnitte sind nämlich flächengleich, und jeder hat in Bezug auf eine Ebene XY das Trägheitsmoment Fz^2, so dafs es sich von der XY-Ebene aus um

$$\sum_0^{y_1}{}' F z^2 = F \sum_0^{y_1}{}' z^2 = F \frac{z_1^3}{3}$$

handelt. Es ist also auch

$$T_{sx} = T_{sy} = \frac{1}{2} T_s$$

bekannt, ebenso

$$T_x = T_{xy} + T_{sx} \text{ und } T_p = T_{xy} + T_{ys} + T_{sx}.$$

Auf die Flächen des Gewindes ist aber die Methode nicht anwendbar.

Von Interesse sind dabei diejenigen Gewindeflächen, bei denen es sich um symmetrische Flächen nach Art der oben behandelten handelt. Ein Übungsbeispiel soll gegeben werden, welches den verallgemeinerten Schraubenröhrenflächen angehört.

§ 188) Eine verallgemeinerte Schraubenröhrenfläche habe als (senkrechtes) Hauptschnittprofil einen Kreis. Die Trägheitsmomente des Körpers sollen für einen Umgang untersucht werden.

Für einen Umgang ist der Inhalt $J = 2\pi\varrho(r^2\pi) = 2\pi^2\varrho r^2$, denn er ist gleich dem der entsprechenden

Cyklide. Reicht das Gewinde von der Ebene XY aus bis zur Ganghöhe h, d. h. ist es durch Horizontalschnitte begrenzt, so ist jede horizontale Schnittfläche

$$F_1 = \frac{J}{h} = \frac{2\pi^2 \varrho r^2}{h}.$$

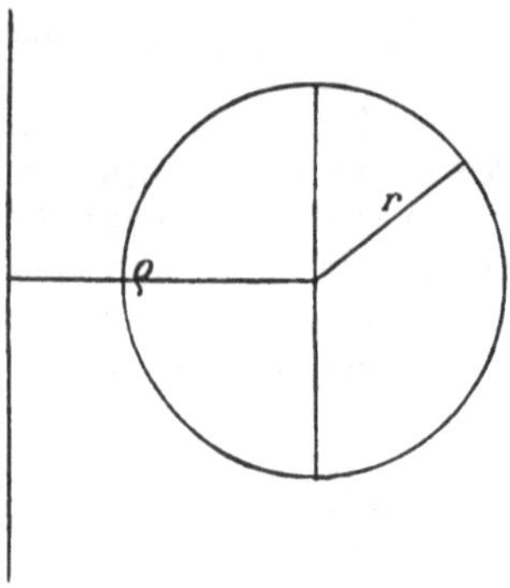

Fig. 70.

Das Trägheitsmoment der Kreisfläche in Bezug auf die senkrechte Gerade ist gleich $\frac{\pi r^4}{4}$, also der Trägheitsradius

$$\varrho_1 = \frac{\pi r^4}{4} \cdot \frac{1}{\pi r^2} = \frac{r^2}{4}.$$

Demnach ist, wie bei der Cyklide

$$1) \qquad T_z = J(\varrho^2 + 3\varrho_1^2) = 2\pi^2 \varrho r^2 \left(\varrho^2 + \frac{3r^2}{4}\right).$$

Dagegen ist

$$T_{xy} = \frac{2\pi^2 \varrho r^2}{h} \sum_0^h z^2 = \frac{2\pi^2 \varrho r^2}{h} \cdot \frac{z_1^3}{3} = \frac{2\pi \varrho r^2}{h} \frac{h^3}{3},$$

oder

$$2) \qquad T_{xy} = \frac{2\pi \varrho r^2 h^2}{3}.$$

Wiederum ist

$$T_{xz} = T_{yz} = \tfrac{1}{2} T_z, \qquad T_x = T_{xy} + T_{xz} = T_y,$$
$$T_p = T_{xy} + T_{yz} + T_{zx}.$$

Selbstverständlich kann Formel 2) auch auf den in der Höhe $\frac{h}{2}$ liegenden Schwerpunkt bezogen werden, der in der Achse liegt. Für ihn ist

$$3) \qquad T'_y = T_{xy} - \frac{h^2}{4} F = \frac{2\pi^2 \varrho r^2}{h} \left(\frac{h^3}{3} - \frac{h^3}{4}\right)$$
$$= \frac{2\pi^2 \varrho r^2}{h} \frac{h^3}{12} = \frac{\pi^2 \varrho r^2 h^2}{6}.$$

§ 189) Damit mögen die ausgeführten Beispiele vorläufig abgeschlossen sein. Die von Kegelschnittsflächen begrenzten Flächen werden unten behandelt. Hinsichtlich der mechanischen, technischen und kosmischen Übungsbeispiele, sei auf Ingenieurmathematik Bd. I hingewiesen. Dort werden unter anderem folgende Beispiele behandelt: Theorie der Atwood'schen Fallmaschine unter Berücksichtigung der Trägheitsmomente. Ein Cylinder, um den zwei Fäden gewickelt sind, die festgehalten werden, rollt sich infolge der Schwerkraft von diesen ab; der verlangsamte Fall ist zu untersuchen, ebenso die Fadenspannung. Der Cylinder rollt sich von den Fäden ab, indem er sich auf schiefer Ebenen abwärtsbewegt. Die Fadenspannung giebt Grenzwerte für die gleitende Reibung an und zeigt, von wo ab der freie Cylinder auf schiefer Ebene gleitet und zugleich rollt. Der Cylinder rolle unter Achsenlagerung auf zwei parallelen schiefen Ebenen ab. Er werde durch eine Zugkraft auf der Ebene vorwärts getrieben, es wird untersucht, wann Rollen und Gleiten zugleich stattfindet. Entsprechende Aufgaben werden für beliebig gestaltete Körper, z. B. auch für die Kugel untersucht. An einem über eine Rolle gelegten Faden hänge ein Gewicht und ein abrollender Cylinder der besprochenen Art; alle Bewegungen werden untersucht.

Berechnung der Bewegungsenergie des Erdballes $E = m\frac{v^2}{2} + T\frac{\vartheta^2}{2}$, das Problem der Verlangsamung der Erddrehung seit Hipparch. Welchen Einfluſs übt ein auf die Erde aufschlagendes Meteor auf die Erddrehung aus. Ein numerisches Beispiel wird durchgeführt, auch die für den Anfang der Bewegung bestehende freiwillig ruhende „Drehungsachse" untersucht. Zunahme der Erddrehung bei Zusammenziehung des Radius durch Abkühlung. Der Abplattungskoeffizient nimmt dabei ab, nimmt aber nicht zu, womit die Abschleuderungstheorie (Kant-Laplace) widerlegt ist. Die Schwungradstheorie wird ausführlich behandelt im Zusammenhang mit der Kurbelbewegung. Hierher gehört noch die Theorie der Schwingungen für Hebelwagen und anderer physischer Pendel.

Alle genannten Übungsbeispiele mechanischer Art führen auf einfache Resultate und **können** auf sämtliche hier behandelten Gebilde der ebenen und räumlichen Geometrie ausgedehnt werden, so dafs z. B. auch für die analytische Mechanik eine Überfülle von Übungsbeispielen mit einfach gestalteten Resultaten vorliegt, z. B. auch für die Kreiseltheorie im Sinne von Poinsot, Klein und Sommerfeld.

§ 190) Bemerkung. Wie es in der Ebene für Punktsysteme, Systeme von Linien und für Flächen und Flächensysteme in Bezug auf jeden Punkt zwei Trägheitsellipsen giebt, die von Poinsot und die von Clebsch-Culmann, die für den Fall, dafs es sich um den Schwerpunkt handelt, zu Centralellipsen werden, so giebt es im Raume für jedes Punktsystem, Liniensystem, Flächensystem, Körpersystem in Bezug auf jeden Punkt zwei Trägheitsellipsoide, das von Poinsot und das von Clebsch-Culmann, die für den Fall, dafs der Bezugspunkt der Schwerpunkt ist, zu Centralellipsoiden werden.

Da erst der folgende Abschnitt sich mit den zu den Kegelschnittsflächen (Flächen zweiten Grades) gehörigen Körpern beschäftigen soll, sollen diese Ellipsoide erst später zur Behandlung kommen.

c) Einige Methoden für angenäherte Berechnung, besonders die erweiterte Simpsonsche Regel.

§ 191) Wo die elementaren Hilfsmittel (oder auch die der Differential- und Integralrechnung*) versagen, mufs man zu Annäherungsmethoden greifen, die entweder in der Benutzung von konvergenten Reihen bestehen, deren Glieder einzeln behandelt werden können, oder in gewissen Annäherungsformeln. Unter den letzteren sind folgende die gebräuchlichsten: a) Die Formel für das arithmetische Mittel der Querschnitte. Bei dieser berechnet man die

*) Man bedenke, dafs im allgemeinen schon die Theorie der elliptischen Integrale nötig wird, sobald unter der Quadratwurzel rationale Ausdrücke höheren als zweiten Grades vorkommen, dafs man bei höheren Wurzeln aus rationalen Ausdrücken höheren Grades zu Reihenentwickelungen seine Zuflucht nehmen mufs, bei denen die Summierungen nicht auf geschlossene Ausdrücke führen, so dafs nur angenäherte Resultate erzielt werden können.

Flächen von n (horizontalen) Querschnitten, die in gleichen Abständen auf einander folgen. Von diesen Querschnitten sucht man das arithmetische Mittel und multipliziert dieses mit der Höhe. b) Eine gröfsere Genauigkeit erhält man dadurch, dafs man berücksichtigt, dafs jeder Querschnitt zu zwei Schichten gehört, die beiden Grenzquerschnitte aber nur zu einer Schicht. Sind die beiden letzteren F_0 und F_n, die übrigen $F_1, F_2, \ldots, F_{n-1}$ die zugehörigen Höhen $y_0, y_1, \ldots y_{n-1}, y_n$, so folgt als Inhalt

$$J = \frac{y_n - y_0}{2n}[F_0 + F_n + 2(F_1 + F_2 + \ldots + F_{n-1})].$$

Diese Formel kann man als die des verbesserten arithmetischen Mittels bezeichnen.

c) Die erweiterte Simpsonsche Regel, die bei derselben Anzahl der Querschnitte noch genauere Resultate giebt und sehr gebräuchlich ist.

Man berechne eine ungerade Anzahl von Querschnitten, z. B. $(2n+1)$, so dafs man eine gerade Anzahl von Schichten, z. B. $2n$ Schichten erhält, was n Doppelschichten giebt. Auf jede Doppelschicht wende man die einfache Simpsonsche Regel an. Ist z. B. $\frac{h}{n}$ die Höhe der untersten Doppelschicht, so ist für diese der Inhalt

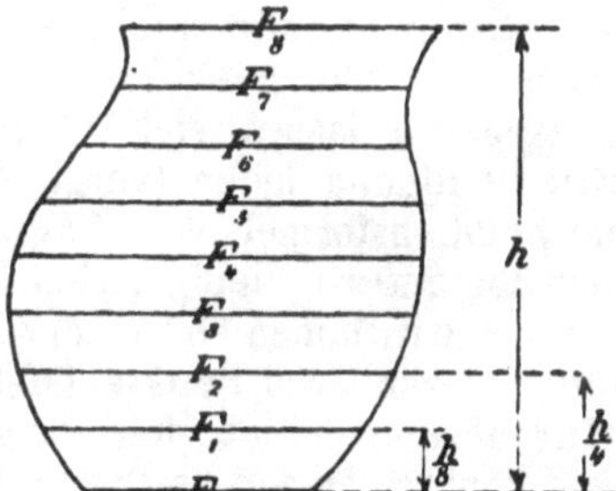

Fig. 71.

$$J_1 = \frac{h}{6n}[F_0 + 4F_1 + F_2],$$

für die folgende ebenso

$$J_2 = \frac{h}{6n}[F_2 + 4F_3 + F_4],$$

für die letzte

$$J_n = \frac{h}{6n}[F_{2n-2} + 4F_{2n-1} + F_{2n}].$$

Der Gesamtinhalt wird demnach

$$J = \frac{h}{6n}[F_0 + F_{2n} + 2(F_2 + F_4 + F_6 + \ldots + F_{2n-2}) + 4(F_1 + F_3 + F_5 + \ldots + F_{2n-1})].$$

Dabei ist berücksichtigt, dafs die Glieder F_0 und F_{2n} nur einmal vorkommen, die übrigen Glieder mit geradzahligem Index zweimal, die mit ungeradzahligem Index je viermal.

§ 192) Handelt es sich statt um einen Körper um eine ebene Fläche, so erkennt man leicht, warum die Genauigkeit eine gröfsere sein mufs. Die unter b) angegebene Formel giebt nämlich dann im allgemeinen nur in dem Falle ein genaues Resultat, wenn jede Schicht ein geradlinig begrenztes Trapez ist. Die Simpsonsche Regel aber giebt für jede Doppelschicht dann genaue Resultate, wenn die zugehörige Begrenzung von der Form $y = a + bx + cx^2 + dx^3$ ist, was eine ganze Reihe von Parabeln gemischter Ordnung bis zum dritten Grade giebt, welche die geradlinigen Begrenzungen als besonderen Fall enthält. Durch je drei Grenzpunkte lassen sich nämlich unendlich viele Parabeln dritter Ordnung legen (vergl. die elementar zu behandelnde Interpolationsformel von Lagrange).*) Man hat also eine Auswahl unter beliebig vielen Kurven, von denen sich irgend eine der wirklichen Grenzkurve am genauesten anschmiegen wird. (Durch zwei Punkte läfst sich nur eine Gerade legen, dafür aber unendlich viele Parabeln zweiter Ordnung. Durch drei Punkte lassen sich unendlich viele Parabeln dritter Ordnung, nur eine Parabel zweiter Ordnung, selbstverständlich auch zwei aufeinander folgende Gerade legen.) Für Körper gilt entsprechendes auf Grund von Analogie-Schlüssen oder strengerer Untersuchung.

§ 193) Geeignete Beispiele geben die durch Umdrehung der Parabeln höherer als dritter Ordnung entstehenden Drehungskörper, die nach der Schichtenformel genau berechnet werden können, so dafs man bei der Vergleichung der Resultate der unter a), b) und c) angegebenen Be-

*) Vergl. z B. Band III des „Methodischen Lehrbuchs“ des Verfassers, Seite 123.

rechnungsmethoden z. B. für acht Schichten das Maſs der Annäherung leicht beurteilen kann. Ebenso geeignet sind die durch Umdrehung der logarithmischen Linien, der Kettenlinien, der cyklischen Kurven, der Kegelschnitte (um bequem oder unbequem liegende Achsen) entstehenden Drehungskörper, von denen viele mit Hilfe der entsprechenden Reihen und der Anwendung der Schichtenmethode auf diese auch genau berechnet werden können.

Daſs nicht nur Körperinhalte, sondern auch Inhalte gewisser gekrümmter Flächen und Momente verschiedener Ordnung (z. B. Planmomente erster und zweiter Ordnung, Axialmomente erster und zweiter Ordnung, Polarmomente erster und zweiter Ordnung, Centrifugalmomente) für solche Gebilde mit Hilfe der drei Formeln angenähert berechnet werden können, ist nach den obigen Beispielen von selbst klar.

Man versuche aus dem bereits Gegebenen geeignete Übungsbeispiele ausfindig zu machen. — Hier soll nicht näher auf den Gegenstand eingegangen werden.

Zweiter Abschnitt.

Anwendungen der bisherigen Berechnungsmethoden auf die Kegelschnittsflächen (Flächen zweiten Grades) und auf die mit ihnen zusammenhängenden Körper.

α) Das Ellipsoid, sein Inhalt und seine Hauptmomente.

§ 194) Inhaltsberechnung aus den Hauptachsen nach Cavalieri oder auf Grund der Affinität. Die Inhalte des Würfels mit der Kante a und der Kugel mit Radius a verhalten sich wie $a^3 : \frac{4}{3} a^3 \pi$ oder wie $1 : \frac{4}{3} \pi$. „Erweitert“ man den Würfel in der Richtung der einen Gruppe von Horizontalkanten mit Hilfe eines konstanten Faktors $\frac{b}{a}$, in der Richtung der senkrechten Kanten mit Hilfe des Faktors $\frac{c}{a}$, so geht er über in einen Rechteckskörper mit den Kanten a, b, c. Macht man dasselbe bei der Kugel, so geht sie über in ein Ellipsoid mit den Halbachsen a, b, c. Die Inhalte beider Körper behalten dabei ihr Verhältnis bei, also wird der des Ellipsoids das $\frac{4}{3} \pi$ fache von dem des Rechteckskörpers, d. h. es ist

$$J = \frac{4}{3} \pi abc.$$

Statt vom Würfel auszugehen, kann man im Anschlufs an Bd. II, § 413 und 415 den Cylinder zum Ausgangspunkte machen.

§ 195) Inhaltsberechnung aus drei konjugierten Halbachsen und ihren Richtungen nach denselben Methoden. Man verwandle den obigen Rechteckskörper durch Cavalierische Verschiebung zunächst in ein senkrechtes Parallelflach mit den Grundkanten a und $b_1 = \frac{b}{\sin \beta_1}$, wobei β_1 der Winkel ist, den a und b_1 mit einander bilden, also in ein Prisma mit derselben Grundfläche $G = a b_1 \sin \beta_1 = ab$; darauf dieses durch Horizontalverschiebung (nach sonst beliebiger Richtung) in ein schiefes Prisma von derselben Höhe c und der Seitenkante $c_1 = \frac{c}{\sin \gamma_1}$, also von demselben Inhalte $J = Gc = a b_1 \sin \beta_1 . c_1 \sin \gamma_1 = abc$ (wobei γ_1 der Winkel ist, den c_1 mit der Grundfläche bildet). Macht man dieselben Verschiebungen am Ellipsoid, so nehmen dessen Halbachsen a, b, c dieselben Längen a, b_1, c_1 an, auch erhalten sie dieselben Richtungen, und zwar werden diese zu konjugierten Richtungen Das Inhaltsverhältnis für beide Körper aber bleibt dasselbe, wie vorher. Folglich (wenn man noch a_1 statt a schreibt):

Der Inhalt eines Ellipsoids mit den konjugierten Halbachsen a_1, b_1, c_1 ist das $\frac{4}{3}\pi$fache vom Inhalte des Parallelflachs aus Kanten, die nach Länge und Richtung dieselben sind.

Für den Inhalt eines solchen Parallelflachs sind aber die Formeln in Bd. II, §§ 302 und 305 angegeben, also ist die Aufgabe für das Ellipsoid allgemein gelöst.

Hat das Parallelflach die Kanten a_1, b_1, c_1 und bildet a_1 mit b_1 den Winkel β_1, c_1 dagegen mit der von a_1 und b_1 gebildeten Ebene den Winkel γ_1, so hat das Prisma nach obigem den Inhalt $J_1 = a_1 b_1 c_1 \sin \beta_1, \sin \gamma_1$, das Ellipsoid mit den gleich langen und gleich gerichteten Achsen also den Inhalt

$$1) \qquad J = \frac{4}{3} \pi a_1 b_1 c_1 \sin \beta_1 \sin \gamma_1 .$$

Die Richtungen der Achsen können aber auch anders gegeben sein. Bildet a_1 mit b_1 den Winkel C, b_1 mit c_1 den Winkel A, c_1 mit a_1 den Winkel B, und setzt man $\frac{A+B+C}{2}=s$, so ist der Inhalt des Parallelflachs (nach Bd. II, § 302)

$$J_1 = 2a_1 b_1 c_1 \sqrt{\sin s \sin(s-A)\sin(s-B)\sin(s-C)}$$
$$= 2a_1 b_1 c_1 \mathfrak{A},$$

wo $\mathfrak{A}$ die Amplitude der Ecke bedeutet. Demnach ist der Inhalt des Ellipsoids auch

$$2)\quad J = \frac{8}{3}\pi a_1 b_1 c_1 \sqrt{\sin s \sin(s-A)\sin(s-B)\sin(s-C)}$$
$$= \frac{8}{3}\pi a_1 b_1 c_1 \mathfrak{A}.$$

Diese Formel hat vor der vorigen den Vorzug, symmetrisch zu sein.

Sind die Winkel α, β, γ der Ecke gegeben, die also von den Ebenen (Seiten) längs der Kanten a_1, b_1, c_1 gebildet werden, und setzt man $\frac{\alpha+\beta+\gamma}{2}=\sigma$, so ist der Inhalt des Parallelflachs (nach Bd. II, § 305)

$$J_1 = \frac{4a_1 b_1 c_1}{\sin\alpha \sin\beta \sin\gamma}\cdot[-\cos\sigma\cos(\sigma-\alpha)\cos(\sigma-\beta)\cos(\sigma-\gamma)]$$
$$= \frac{4a_1 b_1 c_1}{\sin\alpha\sin\beta\sin\gamma}\mathfrak{A}'^2,$$

wobei $\mathfrak{A}'$ die Koamplitude der Ecke bedeutet. Das Ellipsoid hat also dann den Inhalt

$$3)\quad J = \frac{16}{3}\pi a_1 b_1 c_1 \frac{-\cos\sigma\cos(\sigma-\alpha)\cos(\sigma-\beta)\cos(\sigma-\gamma)}{\sin\alpha\sin\beta\sin\gamma}$$
$$= \frac{16}{3}\pi a_1 b_1 c_1 \frac{\mathfrak{A}'^2}{\sin\alpha\sin\beta\sin\gamma}.$$

Bemerkung. Konjugierte Durchmesser und konjugierte Mittelpunktsschnitte des Ellipsoids erhält man fogendermafsen: Ein erster Mittelpunktsschnitt giebt eine Ellipse, die ihm parallelen Tangentialebenen geben durch die Berührungspunkte den zugehörigen Durchmesser. Ein zweiter beliebig durch den letzteren gelegter Mittelpunktsschnitt giebt eine zweite Ellipse, die ihm parallelen Tangentialebenen durch die Berührungspunkte einen zweiten zugehörigen Durchmesser. Durch die beiden Durchmesser wird die Ebene des dritten Schnittes bestimmt, zu dem wieder ein Durchmesser gehört. (Weil dies für die Kugel gilt, gilt es durch Affinität für das Ellipsoid.) So erhält man drei konjugierte Mittelpunktsschnitte und zugleich drei konjugierte Durchmesser. — Wird dem Parallelflach ein Ellipsoid einbeschrieben, welches die sechs Ebenen in den Mittelpunkten berührt, so sind diese Ebenen konjugierte Ebenen. Man kann also auch vom Würfel mit der einbeschriebenen Kugel ausgehen und auf dieses Gebilde eine allgemeine Affinitätstransformation anwenden.

§ 196) Die Aufgabe des § 194 mit Hilfe der Schichtenformel zu lösen. Die Kugel mit dem Radius a hat im senkrechten Abstande z_1 vom Mittelpunkte die horizontale Querschnittsfläche $q_1 = \pi x^2 = \pi(a^2 - z_1^2)$; das durch die horizontale „Erweiterung" mit Hilfe des Faktors $\frac{b}{a}$ entstehende Drehungsellipsoid hat dort einen elliptischen Horizontalschnitt von der Fläche $q_2 = \pi(a^2 - z_1^2)\frac{b}{a}$. Erweitert man den neuen Körper in senkrechter Richtung mittels des Faktors $\frac{c}{a}$, so hat man den Querschnitt q_2 erst in der Höhe $z = z_1 \frac{c}{a}$. In der Höhe z also hat das Ellipsoid den Querschnitt

$$1)\quad q_z = \pi(a^2 - z_1^2)\frac{b}{a} = \pi\left(a^2 - z^2\frac{a^2}{c^2}\right)\frac{b}{a} = \pi ab - \pi\frac{ab}{c^2}z^2.$$

Nach der Methode der Schichtenformel erhält die Parallelschicht von $z = 0$ bis z den Inhalt

$$2)\quad \overset{z}{\underset{0}{J}} = \pi ab\frac{z}{1} - \pi\frac{ab}{c^2}\cdot\frac{z^3}{3} = \pi abz\left(1 - \frac{z^2}{3c^2}\right)$$
$$= \frac{\pi abz(3c^2 - z^2)}{3c^2}.$$

(Damit ist also ein gewisser Zonenkörper bestimmt, was später benutzt werden soll.) Setzt man $z = c$, so erhält man das Halbellipsoid mit dem Inhalte

$$3)\qquad \overset{c}{\underset{0}{J}} = \pi\, abc\left(1 - \frac{c^2}{3c^2}\right) = \frac{2}{3}\pi\, abc.$$

Der Inhalt des ganzen Ellipsoids ist also, wie vorher

$$J = \frac{4}{3}\pi\, abc.$$

§ 197) Dieselbe Aufgabe mit Hilfe der Simpsonschen Regel zu lösen. Nach § 196 Gleichung 1) ist der Querschnitt $q_z = \pi\, ab - \pi\,\frac{ab}{c^2} z^2$ in Bezug auf z vom zweiten Grade. Er gehört also zum Geltungsbereiche der Simpsonschen Regel. [Man weiſs dies auch ohne besondere Berechnung, denn durch die Cavalierischen Erweiterungen wird der Grad der Querschnittsformeln nicht geändert. Bei der Kugel handelt es sich um $q_1 = \pi\,(a^2 - z_1^2)$.] Die Höhe des ganzen Ellipsoids ist $h = 2c$. Der Unterschnitt U hat den Wert Null, der Oberschnitt O ebenfalls. Der Mittelschnitt ist $M = \pi\, ab$. Der Inhalt wird also

$$J = \frac{h}{6}(U + O + 4M) = \frac{2c}{6}(0 + 0 + 4\pi\, ab) = \frac{4}{3}\pi\, abc.$$

Bemerkung. Ganz ebenso folgt mit Hilfe dieser Regel der in § 195 über das Parallelflach und das zugehörige Ellipsoid ausgesprochene allgemeine Satz.

§ 198) Berechnung mit Hilfe der analytischen Geometrie. Die Gleichung des senkrechten durch a und c gelegten Schnittes ist $\frac{x^2}{a^2} + \frac{z^2}{c^2} = 1$, die halbe Querlinie in der Höhe z ist also

$$1)\qquad x = a\sqrt{1 - \frac{z^2}{c^2}} = \frac{a}{c}\sqrt{c^2 - z^2}.$$

Die Gleichung des durch b und c gelegten Schnittes ist $\frac{y^2}{b^2} + \frac{z^2}{c^2} = 1$, also ist die halbe Querlinie in der Höhe z

$$2)\qquad y = b\sqrt{1 - \frac{z^2}{c^2}} = \frac{b}{c}\sqrt{c^2 - z^2}.$$

Der Inhalt des elliptischen Horizontalschnitts in der betreffenden Höhe ist demnach

$$3)\quad q_z = \pi x y = \pi \frac{a}{c} \sqrt{c^2 - z^2} \cdot \frac{b}{c} \sqrt{c^2 - z^2} = \frac{\pi a b}{c^2}(c^2 - z^2)$$

$$= \pi a b - \pi \frac{a b}{c^2} z^2.$$

Daraus folgt nach der Schichtenformel ebenso, wie aus Gleichung 1) des § 196 der Inhalt

$$J = \frac{4}{3} \pi a b c.$$

Bemerkung. Der Leser versuche ebenso mit Hilfe der analytischen Geometrie den Inhalt aus den konjugierten Achsen a_1, b_1, c_1 und ihren Richtungen zu berechnen.

§ 199) Schwerpunkte von Halbellipsoiden und statische Momente der letzteren. Die Halbkugel hat in Bezug auf die ebene Grundfläche den Schwerpunktsabstand $\frac{3}{8} r$. Das halbe Ellipsoid, von der Ebene (a, b) begrenzt, hat den Schwerpunkt im Abstande $\frac{3}{8} c$ von dieser; von der Ebene (b, c) begrenzt, im Abstande $\frac{3}{8} a$ von dieser; von der Ebene (c, a) begrenzt, im Abstande $\frac{3}{8} b$ von dieser. Auch die konjugierten Mittelpunktsschnitte geben halbe Ellipsoide, die jedoch schräg über den Schnitten stehen. Der Schwerpunkt des durch die Ebene (a_1, b_1) begrenzten Halbellipsoid hat den Schwerpunkt auf dem dritten konjugierten Halbmesser c_1 an der Stelle, die von ihm $\frac{3}{8} c_1$ abschneidet. Ähnlich ist es mit den anderen Ebenen. Bildet c_1 mit der Ebene (a_1, b_1) den Winkel γ_1, so ist der Abstand des Schwerpunktes von dieser $h_s = \frac{3}{8} c_1 \sin \gamma_1$, das statische Moment des halben Ellipsoids in Bezug auf diese Ebene also

$$M = h_s J = \frac{3}{8} c_1 \sin\gamma_1 \cdot \frac{2}{3} a_1 b_1 c_1 \sin\beta_1 \sin\gamma_1$$

$$= \frac{1}{4} a_1 b_1 c_1^2 \sin\beta_1 \sin^2\gamma_1,$$

wobei β_1 der Winkel zwischen a_1 und b_1 ist. Sind die Achsen a, b, c gegeben und $\beta_1 = \gamma_1 = 90^0$, so ist das betreffende Moment $M = \frac{1}{4} abc^2$.

§ 200) **Statisches Moment und Schwerpunkt des von $z = 0$ bis z reichenden Zonenkörpers.** Nach § 196 war der Querschnitt im senkrechten Abstande z von der horizontalen Mittelpunktsebene $q_z = \pi ab - \pi \frac{ab}{c^2} z^2$. Das statische Moment dieses Querschnitts in Bezug auf die genannte Ebene ist also

$$q_z' = \left(\pi ab - \pi \frac{ab}{c^2} z^2\right) z = \pi abz - \frac{\pi abz^3}{c^2}.$$

Nach der Schichtenformel ist das statische Moment des Zonenkörpers von $z = 0$ bis z in Bezug auf die Mittelpunktsebene

$$1)\quad \overset{z}{\underset{0}{M}} = \pi ab \frac{z^2}{2} - \frac{\pi ab}{c^2} \frac{z^4}{4} = \pi abz^2 \left(\frac{1}{2} - \frac{z^2}{4c^2}\right).$$

[Für $z = c$ bestätigt sich die Schlufsformel des § 199.]

Aus $h \overset{z}{\underset{0}{J}} = \overset{z}{\underset{0}{M}}$ folgt nun als **Schwerpunktsabstand der Parallelschicht von der Mittelpunktsebene**

$$h_s = \frac{\overset{z}{\underset{0}{M}}}{\overset{z}{\underset{0}{J}}} = \frac{\dfrac{\pi abz^2 (2c^2 - z^2)}{4c^2}}{\dfrac{\pi abz (3c^2 - z^2)}{3c^2}} = \frac{3}{4} z \frac{2c^2 - z^2}{3c^2 - z^2}$$

Dem Leser sei es überlassen, das Betreffende für den Fall der konjugierten Halbachsen abzuleiten.

§ 201) **Das Planmoment zweiter Ordnung (Trägheitsmoment) des dreiachsigen Halbellipsoids und seiner Parallelschicht von 0 bis z in Bezug auf** seine Grundfläche. Der Querschnitt $q_z = \pi ab - \pi \frac{ab}{c^2} z^2$ hat in Bezug auf diese Grundfläche das Trägheitsmoment

$$q_z'' = \pi\, ab\, z^2 - \pi \frac{ab}{c^2} z^4.$$

Demnach handelt es sich von $z = 0$ bis z um das Trägheitsmoment

$$1)\quad \overset{z}{\underset{0}{T}} = \pi\, ab \frac{z^3}{3} - \pi \frac{ab}{c^2} \frac{z^5}{5} = \frac{\pi\, ab\, z^3 (5c^2 - 3z^2)}{15c^2}$$

$$= \overset{z}{\underset{0}{J}} \frac{z^2}{5} \cdot \frac{5c^2 - 3z^2}{3c^2 - z^2}.$$

Dies ist das Trägheitsmoment der Parallelschicht von 0 bis z in Bezug auf die horizontale Mittelpunktsebene.

Setzt man $z = c$, so wird für das Halbellipsoid das betreffende Trägheitsmoment

$$2)\quad \overset{c}{\underset{0}{T}} = \frac{2}{15} \pi\, abc^3 = \overset{c}{\underset{0}{J}} \frac{c^2}{5},$$

für das ganze Ellipsoid in Bezug auf die horizontale Mittelpunktsebene wird das Trägheitsmoment

$$3)\quad \overset{c}{\underset{-c}{T}} = \frac{4}{15} \pi\, ab\, c^3 = \overset{c}{\underset{-c}{J}} \frac{c^2}{5}.$$

Entsprechendes gilt hinsichtlich der anderen Achsen.

Der „Trägheitsabstand“ für die Parallelschicht ist nach 1)

$$1^*)\quad z_t = \sqrt{\frac{\overset{z}{\underset{0}{T}}}{\overset{z}{\underset{0}{J}}}} = \sqrt{\frac{z^2}{5} \cdot \frac{5c^2 - 3z^2}{3c^2 - z^2}},$$

für das Halbellipsoid nach Gleichung 2)

$$2^*)\quad z_t = \sqrt{\frac{\overset{c}{\underset{0}{T}}}{\overset{c}{\underset{0}{J}}}} = \sqrt{\frac{c^2}{5}} = c\sqrt{\frac{1}{5}}.$$

Der Leser versuche diese Resultate aus denen für die Kugel durch Affinität abzuleiten.

§ 202) **Entsprechende Axialmomente.** Die Summe von zwei Planmomenten zweiter Ordnung in Bezug auf Ebenen, die einander rechtwinklig schneiden, giebt das Axialmoment zweiter Ordnung in Bezug auf die Schnittlinie als Achse. Das Ellipsoid hatte in Bezug auf die Ebene (a, b) das Planmoment zweiter Ordnung $T = J\frac{c^2}{5}$, also in Bezug auf die Ebene (a, c) das Planmoment zweiter Ordnung $T' = J\frac{b^2}{5}$. Das Trägheitsmoment in Bezug auf die Achse a ist also

$$1)\qquad T_a = \frac{J}{5}(b^2 + c^2) = \frac{4}{15}\pi abc(b^2 + c^2).$$

Für die anderen Achsen ist

$$2)\qquad T_b = \frac{J}{5}(c^2 + a^2) = \frac{4}{15}\pi abc(c^2 + a^2),$$

$$3)\qquad T_c = \frac{J}{5}(a^2 + b^2) = \frac{4}{15}\pi abc(a^2 + b^2).$$

Die zugehörigen Trägheitsradien sind

$$4)\qquad r_a = \sqrt{\frac{T_a}{J}} = \sqrt{\frac{b^2 + c^2}{5}},$$

$$5)\qquad r_b = \sqrt{\frac{T_b}{J}} = \sqrt{\frac{c^2 + a^2}{5}},$$

$$6)\qquad r_c = \sqrt{\frac{T_c}{J}} = \sqrt{\frac{a^2 + b^2}{5}}.$$

Die Energie des um die Achse a sich drehenden Ellipsoids vom spezifischen Gewicht 1 ist im absoluten Mafssystem

$$7)\qquad E_a = T_a\frac{\vartheta^2}{2} = \frac{J}{5}(b^2 + c^2)\frac{\vartheta^2}{2}$$

$$= \frac{4}{15}\pi abc(b^2 + c^2)\frac{\vartheta^2}{2} = \frac{2}{15}\pi abc(b^2 + c^2)\vartheta^2.$$

Entsprechend sind die Formeln für das um die anderen Achsen sich drehende Ellipsoid. ϑ ist dabei die am Radius *1* gemessene Drehungsgeschwindigkeit. (Winkelgeschwindigkeit.) Für das technische Maſssystem multipliziere man das Resultat für das spezifische Gewicht p' mit dem Faktor $\frac{p'}{g}$.

Der Leser versuche auch diese Formeln durch Affinität aus den für die Kugel geltenden oder auch mit Hilfe der Schichtenformel abzuleiten. (Die Simpsonsche Regel ist hier und in § 201 nicht mehr brauchbar.)

§ 203) Das Polarmoment zweiter Ordnung des Ellipsoids in Bezug auf den Mittelpunkt ist die Summe der Planmomente für die drei Symmetrieebenen, also

$$T_p = \frac{J}{5}(a^2 + b^2 + c^2) = \frac{4}{15}\pi\, a b c\,(a^2 + b^2 + c^2).$$

Der zugehörige Trägheitsradius ist

$$\varrho_p = \sqrt{\frac{T_p}{J}} = \sqrt{\frac{a^2 + b^2 + c^2}{5}}.$$

Bemerkung. Nach dem Verschiebungssatze

$$T_1 = T + e^2 J$$

kann man die Trägheitsmomente in Bezug auf andere Ebenen bezw. Achsen, die zu den vorigen parallel sind, leicht berechnen. (Dasselbe gilt vom Polarmomente.) Haben jedoch die neuen Ebenen bezw. Geraden andere Lage bezw. Richtung, so treten die schon in § 15 behandelten Centrifugalmomente in die Formel ein und das Ellipsoid von Poinsot bezw. das von Clebsch-Culmann tritt in Kraft.

§ 204) Die mechanische Energie des um die Achse a sich drehenden Ellipsoids soll im technischen Maſssystem für Meter und Tonnen ausgedrückt werden.

Nach Formel 7) des § 202 war

$$1)\qquad E_a = \frac{J}{5}(b^2 + c^2)\frac{\vartheta^2}{2}.$$

Beim homogenen Ellipsoid vom spezifischen Gewichte p' wird die Energie

$$2)\qquad E_a = \frac{J p'}{5}(b^2 + c^2)\frac{\vartheta^2}{2}.$$

Dies gilt für das absolute Maſssystem. Für das technische Maſssystem wird

$$3)\quad E_a' = \frac{Jp'}{g}(b^2+c^2)\frac{\vartheta^2}{10} = \frac{2}{15}\pi abc(b^2+c^2)\frac{p'}{g}\vartheta^2.$$

Beispiel. Es sei $a=4$m, $b=3$m, $c=2$m, das spezifische Gewicht $p'=8$, die Winkelgeschwindigkeit gleich 2π (eine Umdrehung für die Sekunde), dann ist

$$E_a' = \frac{2}{15}\pi\, 4\,.\,3\,.\,2\,.\,(9+4)\frac{8}{9,81}\cdot 4\pi^2 = \frac{6656}{5\,.\,9,81}\pi^3$$

$$= \frac{1331,2}{9,81}\pi^3$$

oder

$$E_a = 4207,5 \text{ Metertonnen.}$$

Bemerkung: Die Dimension des Ausdrucks E_a bestimmt sich im Sinne der Technik folgendermaſsen: $abc\,.\,p'$ ist das Gewicht in Tonnen, bei $\frac{b^2+c^2}{g}$ handelt es sich um $\frac{l^2}{l}=l^1$, d. h. um die Längeneinheit in Metern.

§ 205) Beispiel: Für den Erdball ist $a=6377397 = \sim 6377000$ m, $b=c=6356079=\sim 6356000$m. Das spezifische Gewicht werde als $5,6$ angenommen, die Winkelgeschwindigkeit aus dem Sterntage abgeleitet als $\vartheta = \frac{2\pi}{86164}$. Wie groſs ist die Drehungsenergie in Metertonnen? Wie groſs ist die Gesamtenergie.

Auflösung.

$$E_c' = \frac{2}{15}\pi\, a\, c^2(a^2+b^2)\frac{p'}{g}\vartheta^2$$

$$= \frac{2}{15}6377000\,.\,6356000^2.(6377000^2+6356000^2)\frac{5,6}{9,81}\cdot\frac{4\pi^3}{86164^2}$$

$$= \frac{44,8\,\pi^3}{15.9,81.86184^2}\cdot(6377000^2+6356000^2)6377000\,.\,6356000^2$$

$$= 26554\,.\,10^{21} \text{ Metertonnen.}$$

Zu dieser Drehungsenergie kommt noch die der fortschreitenden Bewegung $\frac{m v^2}{2}$, also, wenn das mittlere $v = 30000\,m$ angenommen wird,

$$\frac{4}{3}\frac{\pi}{9,81}ac^2 . 5,6 \cdot \frac{v^2}{2} = \frac{336 . 10^7 \pi}{9,81} \cdot 6377000 . 6356000^2$$

$$= 27194 . 10^{26} \text{ Metertonnen.}$$

Schreibt man statt des letzteren $2719400000 . 10^{21}$, so würde man durch Addition der Drehungsenergie erhalten $2719426554 . 10^{21}$, wovon jedoch nur die fünf ersten Stellen brauchbar sind, so dafs es bei $27194 . 10^{26}$ Metertonnen verbleibt. Die Drehungsenergie fällt demnach nur schwach ins Gewicht. Drückt man die Energie in mkg aus, und dividiert man durch 425, so erhält man die Anzahl der Kalorien, welcher jede dieser Bewegungen äquivalent ist.

§ 206) **Aufgabe.** Man denke sich ein Ellipsoid (von den Achsen a, b, c) aufgehängt am Endpunkte der Achse a. Wie grofs ist die reduzierte Länge dieses physischen Pendels und welches ist seine Schwingungsformel, wenn die Schwingungen in der Ebene (a, b) erfolgen?

Auflösung. Das Trägheitsmoment in Bezug auf die Achse c ist nach § 202

$$T_c = \frac{J}{5}(a^2 + b^2),$$

für die gewählte Schwingungsachse aber ist es nach dem Verschiebungssatze

1) $$T'_c = \frac{J}{5}(a^2 + b^2) + a^2 J = \frac{J}{5}(6a^2 + b^2).$$

Das statische Moment in Bezug auf dieselbe Achse ist

2) $$M = J . a.$$

Die reduzierte Pendellänge ist

3) $$l' = \frac{T_c}{M} = \frac{\frac{J}{5}(6a^2 + b^2)}{Ja} = \frac{6a^2 + b^2}{5a}.$$

Die Schwingungsdauer ist

$$4)\qquad t=\pi\sqrt{\frac{l}{g}}=\pi\sqrt{\frac{6a^2+b^2}{5ag}},$$

wobei g die Fallbeschleunigung ist. Die Länge der Halbachse c ist demnach für beide Formeln gleichgültig.

Beispiel. Sind die Halbachsen $a=4$, $b=3$, c beliebig grofs, so ist

$$l=\frac{6\,.\,4^2+3^2}{5\,.\,4}=\frac{105}{20}=5{,}25\text{ m},$$

die Schwingungsdauer

$$t=\pi\sqrt{\frac{5{,}25}{9{,}81}}=2{,}2983\text{ Sekunden.}$$

Ebenso grofs ist die Schwingungsdauer, wenn man den durch Gleichung 3) bestimmten Punkt der Achse a zum Aufhängepunkte macht.

Der Leser versuche auch die Pendellänge für beliebige Lage des Aufhängepunktes auf der Achse a oder deren Verlängerung zu lösen.

§ 207) Angenommen, das ruhig freischwebende Ellipsoid mit senkrechter Hauptachse a erhält am Endpunkte der letzteren einen horizontalen Stofs in der Richtung der Achse der b, der etwa durch eine normal zur Stofsrichtung stehende Radschaufel aufgenommen wird, so erhält der Mittelpunkt M eine fortschreitende Bewegung, aufserdem aber dreht sich das Ellipsoid um die Achse c. Dabei liegt auf der Achse ein Punkt P, der im Anfang keine Geschwindigkeit erhält, weil die positive und die aus der Drehung entspringende negative Bewegung einander für den ersten Augenblick aufheben. Auch dieser Punkt P liegt, wie die Mechanik elementar

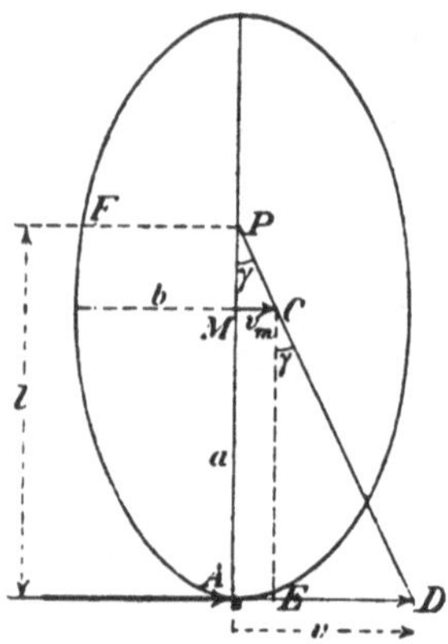

Fig. 72.

zeigt, in der Entfernung $l = \frac{T_c}{M}$ von A, so daſs $AP = \frac{6a^2 + b^2}{5a}$ ist. Hat die durch den Stoſs hervorgebrachte Geschwindigkeit für A den Betrag v, so ist die Geschwindigkeit für M von der Gröſse $v_m = v\frac{l - a}{l}$, die Winkelgeschwindigkeit der Drehung aber, gemessen am Radius 1, ist $\gamma = \frac{v}{l}$.

Würde der Stoſs bei F in der Richtung nach P erfolgen, so jedoch, daſs er bei F gegen eine dort angebrachte Normalfläche zur Stoſsrichtung trifft (damit keine Zerlegung stattfindet), so würde A der zunächst ruhig bleibende Punkt sein. Ist v die Anfangsgeschwindigkeit von P, so erhält der Mittelpunkt M die Geschwindigkeit $v_m = v\frac{a}{l}$, die Winkelgeschwindigkeit dagegen wird wieder $\gamma = \frac{v}{l}$.

Denkt man sich in dem zunächst ruhig bleibenden Punkte eine Drehungsachse parallel zur Achse c, so würde diese bei dem Stoſse keine Erschütterung erleiden, was z. B. für Hammerwerke mit schwingendem Hammer wichtig ist. Die richtig angebrachte Drehungsachse wird nämlich sehr wenig beansprucht. Die etwa zu hoch liegende Achse würde einen negativen Stoſs erhalten, die zu tief liegende einen positiven Stoſs. Bei einem pendelnd aufgehängten Körper nennt man die Stoſsstelle, die keine Erschütterung erhält, den Mittelpunkt des Stoſses.

§ 208) Stoſsaufgabe. Der den Stoſs aufnehmende Punkt eines ruhig freischwebenden Ellipsoides liege irgendwo auf der senkrecht eingestellten Achse A, aber wiederum so, daſs die aufnehmende Fläche normal zur Stoſsrichtung ist. Sonst soll alles wie vorher sein, jedoch soll der Körper durch den Stoſs einer Masse m, die mit der Geschwindigkeit v_1 aufprallt, herbeigeführt werden. Wo liegt der zunächst ruhig bleibende Punkt P, und wie groſs werden die Geschwindigkeiten?

Auflösung. Ist T_A das Trägheitsmoment des Ellipsoids in Bezug auf den Punkt A, also, wenn $MA = e$ ist,

$$T_A = T_c + e^2 J = \frac{J}{5}(a^2 + b^2) + e^2 J = \frac{J}{5}(a^2 + b^2 + 5e^2),$$

und das statische Moment für A ebenso $M_A = Je$, so ist die gesuchte Entfernung

$$AP = l = e + e_1 = \frac{T_A}{M_A} = \frac{\frac{J}{5}(a^2 + b^2 + 5e^2)}{Je} = \frac{a^2 + b^2 + 5e^2}{5e}.$$

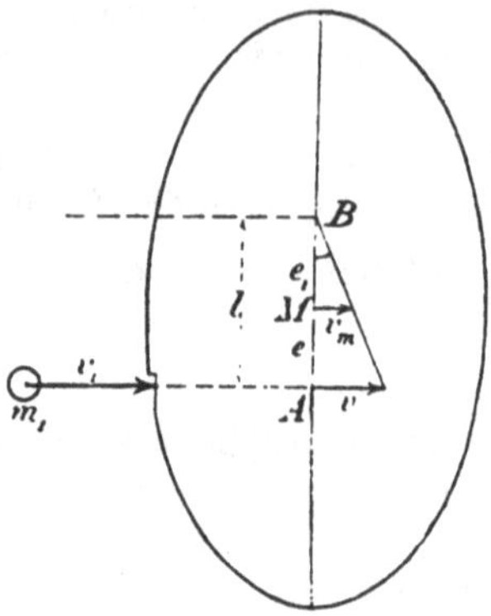

Fig. 73.

Das geometrische Trägheitsmoment in Bezug auf den nun bekannten Punkt P ist

$$T_P = T_c + e_1^2 J$$
$$= \frac{J}{5}(a^2 + b^2 + 5e_1^2),$$

das mechanische also beim spezifischen Gewichte p' würde sein

$$T'_P = \frac{Jp'}{5g}(a^2 + b^2 + 5e_1^2),$$

wo $g = 9{,}81$ m ist, wenn alles andere ebenfalls in Metern gegeben ist.

Es fragt sich nun, welche punktförmige Masse m_2 in A dasselbe mechanische Trägheitsmoment in Bezug auf P hat, wie das Ellipsoid. Aus $m_2 l^2 = T'_P$ folgt $m_2 = \frac{T'_P}{l^2}$. Gegen diese „reduzierte Masse“ prallt m_1 mit der Geschwindigkeit v_1 an. Die gemeinschaftliche Geschwindigkeit nach dem Stoſse ist dort bei unelastischen Massen nach bekannter Formel

$$v = \frac{m_1 v_1 + m_2 v_2}{m_1 + m_2} = \frac{m_1 v_1 + 0}{m_1 + m_2} = \frac{m_1 v_1}{m_1 + m_2},$$

oder
$$v = \frac{m_1 v_1}{m_1 + \frac{T'_P}{l^2}} = \frac{m_1 v_1 l^2}{m_1 l^2 + T'_P}.$$

Demnach wird beim Ellipsoid der Punkt A diese Geschwindigkeit v erhalten, der Mittelpunkt M dagegen die fortschreitende Geschwindigkeit

$$v_m = v\frac{e_1}{l} = v\frac{l-e}{l}.$$

Die Drehungsgeschwindigkeit des Ellipsoids endlich wird (für den Radius 1)

$$\gamma = \frac{v}{l}.$$

Hier sind nur noch die obigen Werte einzusetzen.

Der Leser berechne noch die Energie $m_2 . \frac{v^2}{2} + T'_M \frac{\vartheta^2}{2}$ des Ellipsoids nach dem Stoſse, wobei $T'_M = \frac{Jp'}{5g}(a^2 + b^2)$ ist. Dazu addiere er die Energie der Masse m_1, d. h. $E_1 = \frac{m_1 v^2}{2}$ nach dem Stoſse. Durch Subtraktion dieser Energiesumme von der vor dem Stoſse vorhandenen $\frac{m_1 v_1^2}{2}$ erhält er die bei dem Stoſse verloren gegangene Energie. — Auſserdem möge der vollkommen elastische Stoſs untersucht werden.

Natürlich kann auch die Masse m_1 als $m_1 = \frac{p_1}{g}$ gegeben sein, wobei p_1 das Gewicht ist. Das ruhig freischwebende Ellipsoid ist zunächst nur eine Abstraktion. Für Versuchszwecke reicht es aber aus, den Körper an einem sehr langen Faden z. B. in einer hohen Halle (z. B. Kirche, Theater) aufzuhängen und die Stöſse parallel zu einer der Horizontalachsen zu geben. Nicht zu groſse Ausschläge des Mittelpunktes kann man dann als geradlinig auffassen, auf eine kleinere Strecke hin als Beharrungsbewegung.

Man kann das Ellipsoid im Anschluſs an die elementaren Lehrbücher auch als Beispiel für das ballistische Pendel betrachten, wobei zwei Fälle zu betrachten sind, erstens der, bei dem die anprallende Kugel nach dem Stoſse herabfällt, zweitens der, bei dem sie z. B. durch Eindringen in die Masse, mit dem Ellipsoid verbunden bleibt.

Ist zur Aufnahme des Stofses keine Normalfläche angebracht, so mufs der Stofs in einen Normalstofs und einen Tangentialstofs zerlegt werden. Die Aufgabe wird dann komplizierter, weil der eine Teil nicht mehr parallel zu einer Hauptachse wird.

[Die Aufgaben dieser Art sind von kosmischem Interesse, da jeder Fall von Meteorsteinen gegen die Erde oder einen anderen als Drehungsellipsoid oder dreiachsiges Ellipsoid (z. B. Geoid) betrachteten Weltkörper eine fortschreitende und drehende Bewegung ergiebt, die mit den bereits vorhandenen Bewegungen nach Poinsots Drehungstheorie zusammenzusetzen sind. Denkt man sich einen isolierten Weltkörper durch allmähliches Zusammentreffen kleiner kosmischer Massen entstanden, so ist sein augenblicklicher Bewegungszustand im wesentlichen eine Folge der einzelnen Zusammenstöfse. Denn die Kant-Laplacesche Loslösungstheorie von einem Nebelball wird wohl bald ganz vor der Kritik verschwinden.

Der Leser versuche, den Energieverlust bei solchem Zusammenstofse unelastischer Art zu berechnen und in Meterkilogrammen darzustellen, worauf die Division durch 425 den Höchstbetrag an Kalorien gefunden wird, der durch den Stofs erzeugt werden kann. (Man denke an das Aufleuchten neuer Fixsterne, wie „nova Persei", die nach einiger Zeit auch als von spiraligem Nebel umgeben erscheinen.)

§ 209) Aufgabe. An einem Ellipsoid befinde sich wie vorher eine auf der Halbachse a beliebig liegende Drehungsachse parallel zu c. Wo mufs das pendelnde Ellipsoid von einer Masse m_1 mit Geschwindigkeit v_1 gestofsen werden, damit die Pendelgeschwindigkeit ein Maximum werde?

Auflösung. Ist $PM = e_1$ und erfolgt alles in der oben beschriebenen Weise, so ist folgendermafsen zu rechnen. Der Punkt A der Achse befinde sich in der Entfernung l von P, dann ist die dorthin reduzierte Masse des Ellipsoids

$$1)\quad m_A = \frac{T'_P}{l^2} = \frac{1}{l^2}\,\frac{p'}{g}\,T_P = \frac{1}{l^2}\,\frac{p'J}{g}\,(a^2 + b^2 + 5e_1^2).$$

Die Geschwindigkeit von A nach dem Stofse wird

$$2)\qquad v=\frac{m_1 v_1}{m_1+m_A}=\frac{m_1 v_1}{m_1+\frac{T'_P}{l^2}},$$

die Winkelgeschwindigkeit also

$$3)\qquad \gamma=\frac{v}{l}=\frac{m_1 v_1}{m_1 l+\frac{T'_P}{l}}.$$

Dies wird ein Maximum, wenn der Nenner ein Minimum ist.

Aus der Elementargeometrie ist nun bekannt, dafs unter allen Rechtecken desselben Inhalts das Quadrat den kleinsten Umfang hat, also auch den kleinsten halben Umfang. Demnach ist bei konstantem $xy=\varkappa$ der Wert von $x+y$ am kleinsten, wenn $x=y$ ist. Die Glieder $m_1 l$ und $\frac{T'_P}{l}$ geben nun das konstante Produkt $m_1 l.\frac{T'_P}{l}=m_1 T'_P$, also ist die Summe $m_1 l+\frac{T'_P}{l}$ ein Minimum, sobald $m_1 l=\frac{T'_P}{l}$ oder

$$4)\qquad l=\sqrt{\frac{T'_P}{m_1}}$$

ist. Hat also der Punkt A diese Entfernung von P, so ist die Winkelgeschwindigkeit γ ein Maximum. Der betreffende Punkt heifst der Stofspunkt.

Der Leser untersuche, wie grofs bei solchem Stofs der Energieverlust ist und wieviel Wärme dieser bedeutet. (Anwendung auf den Erdball und auf ihn stürzende Meteore.) Auch berechne er die Verhältnisse für den vollkommen elastischen Stofs.

β) Segmente, Parallelschichten, Sektoren und Zonenpyramiden des Ellipsoids.

§ 210) Die Grundfläche des Segmentes sei parallel zur Symmetrieebene (a, b) des Ellipsoids und habe von dieser den Abstand z_1. Der Inhalt soll berechnet werden.

Auflösung. Nach § 196 ist für die von 0 bis z_1 reichende Parallelschicht

$$\overset{z_1}{\underset{0}{J}} = \pi a b z_1 - \pi \frac{ab}{c^2} z_1^3.$$

Der Inhalt des Halbellipsoids ist

$$\overset{c}{\underset{0}{J}} = \frac{2}{3} \pi a b c.$$

Für das **kleinere** der durch die Schnittebene gebildeten Segmente ist daher

$$1)\quad \overset{c}{\underset{z_1}{J}} = \frac{2}{3}\pi abc - \left(\pi ab z_1 - \pi \frac{ab}{c^2} z_1^3\right) = \frac{\pi ab}{3c^2}\left[2c^3 - 3z_1 c^2 + z_1^3\right],$$

für das grössere dagegen

$$1^*)\quad \overset{z_1}{\underset{-c}{J}} = \frac{2}{3}\pi abc + \left(\pi ab z_1 - \pi \frac{ab}{c^2} z_1^3\right) = \frac{\pi ab}{3c^2}\left[2c^3 + 3z_1 c^2 - z_1^3\right].$$

Damit ist die Aufgabe gelöst.

Es ist aber zweckmäfsig, die Höhe $h_c = c - z_1$ einzuführen, so dafs in den Formeln für z_1 der Ausdruck $c - h_c$ zu setzen ist. Die erste geht dadurch über in

$$2)\quad \overset{c}{\underset{z_1}{J}} = \frac{\pi ab}{3c^2}\left[2c^3 - 3c^2(c - h_c) + (c - h_c)^3\right] = \frac{\pi ab h_c^2}{3c^2}\left[3c - h_c\right].$$

Die zweite wird damit gleichlautend, wenn man $h_c' = c + z_1$, die gröfsere Höhe einführt. (Für $a = b = c = r$ erhält man die bekannte Formel für das Kugelsegment.) Für den Fall, dafs die Grundfläche den anderen Ebenen parallel ist, findet man

$$\overset{a}{\underset{x_1}{J}} = \frac{\pi bc h_a^2}{3a^2}\left[3a - h_a\right], \qquad \overset{b}{\underset{y_1}{J}} = \frac{\pi ca h_b^2}{3b^2}\left[3b - h_b\right].$$

§ 211) **Das Segment sei durch einen ganz beliebigen Schnitt gebildet, zu dem der konjugierte Durchmesser $2a_1$ gehöre, von dem der n^{te} Teil abgeschnitten sei. Der Inhalt soll berechnet werden.**

Auflösung. Für das Kugelsegment ist, wenn seine Höhe gleich h gesetzt wird, der Inhalt

$$S_1 = \frac{\pi h^2}{3}(3r - h).$$

Setzt man für h den Ausdruck $\frac{2r}{n}$ ein, so wird

$$S_1 = \frac{\pi}{3}\left(\frac{2r}{n}\right)^2\left[3r - \frac{2r}{n}\right] = \frac{4}{3}\pi r^3 \frac{3n-2}{n^3},$$

während der Kugelinhalt ist $J_1 = \frac{4}{3}\pi r^3$.

Wird also von der Kugel ein Segment von der Höhe $h = \frac{2r}{n}$ abgeschnitten, so ist der Inhalt des Segmentes

$$S_1 = \frac{3n-2}{n^3} J_1.$$

Wird vom Ellipsoid ein Segment so abgeschnitten, dafs seine Grundfläche die zu einem beliebigen Durchmesser $2a_1$ konjugierte Lage hat und von diesem Durchmesser den n^{ten} Teil abschneidet, so ist aus Affinitätsgründen ebenso

$$S = \frac{3n-2}{n^3} . J = \frac{3n-2}{n^3} \frac{4}{3} \pi abc.$$

(Wird z. B. der dritte Teil vom Durchmesser abgeschnitten, so wird der Inhalt des Segments $S = \frac{28}{81}\pi abc$.)

§ 212) Die horizontale Parallelschicht des Ellipsoids zu bestimmen, wenn die Schnittebenen vom Scheitel die Abstände h_c und h_c' haben (von denen der erstere der gröfsere ist).

Auflösung. Der Inhalt wird

$$J = \frac{\pi ab}{3c^2} h_c^2(3c - h_c) - \frac{\pi ab}{3c^2} h_c'^2(3c - h_c')$$

oder

$$J = \frac{\pi ab}{3c^2}[h_c^2(3c - h_c) - h_c'^2(3c - h_c')].$$

Die Formel kann noch umgestaltet werden.

§ 213) Die Parallelschicht eines Ellipsoids zu berechnen, die dadurch entsteht, daſs von einem beliebigen Durchmesser durch zwei Ebenen von zu ihm konjugierter Lage der n^{te} und der n_1^{te} Teil (in demselben Sinne) abgeschnitten werden.

Auflösung.

$$J_p = \frac{3n-2}{n^3} J - \frac{3n_1-2}{n_1^3} J = J\left[\frac{3n-2}{n^3} - \frac{3n_1-2}{n_1^3}\right].$$

oder

$$J_p = \frac{4}{3}\pi abc\left[\frac{3n-2}{n^3} - \frac{3n_1-2}{n_1^3}\right].$$

(Ist z. B. $n=5$, $n_1=6$, so wird $J_p = \frac{404}{10125}\pi abc$.)

Die zuletzt angewandte Methode ist von besonderer Einfachheit für den Sektor.

§ 214) Den Sektor des Ellipsoids zu bestimmen, der dadurch entsteht, daſs die beliebig liegende Segmentfläche vom konjugierten Durchmesser den n^{ten} Teil abschneidet.

Auflösung. Setzt man bei einem Kugelsektor die Segmenthöhe $h = \frac{2r}{n}$, so wird der Inhalt des Sektors

$$S_1' = \frac{2}{3}\pi r^2 h = \frac{2}{3}\pi r^2 \frac{2r}{n} = \frac{4}{3}\pi r^3 . \frac{1}{n} = \frac{1}{n} J_1,$$

so daſs es sich um den n^{ten} Teil des Kugelinhalts J handelt. Für das Ellipsoid wird aus Affinitätsgründen der Inhalt des Sektors

$$S' = \frac{1}{n} J = \frac{1}{n}\frac{4}{3}\pi abc.$$

(Macht man z. B. $n = \frac{4}{3}\pi$, so wird der Sektorinhalt $S' = abc$.)

Legt man also durch ein Ellipsoid parallele Ebenen derart, daſs der konjugierte Durchmesser in gleiche Teile zerlegt wird, und verbindet man die Punkte aller elliptischen Schnitte mit dem Mittelpunkte des Ellipsoids, so haben sämtliche Zonenpyramiden (bezw. Sektoren) denselben Inhalt. Der Satz ist eine Folge des Satzes, daſs bei der Kugel Zonen von derselben Höhe flächengleich sind.

§ 215) Die horizontale Parallelschicht des Ellipsoids von $z=0$ bis z hat in Bezug auf die untere Grenzfläche welche Planmomente erster und zweiter Ordnung, welchen Schwerpunktsabstand und welchen Trägheitsabstand?

Auflösung. Die Fläche hatte in Höhe z den Querschnitt $q_z = \pi ab - \pi \frac{ab}{c^2} z^2$. Dessen statisches Moment in Bezug auf die genannte Grundfläche ist also

$$q_z' = \pi ab z - \pi \frac{ab}{c^2} z^3,$$

demnach ist das gesuchte statische Moment

$$\overset{z}{\underset{0}{M}} = \pi ab \frac{z^2}{2} - \pi \frac{ab}{c^2} \frac{z^4}{4} = \frac{\pi ab z^2}{4c^2} [2c^2 - z^2].$$

Der Schwerpunktsabstand ist

$$h_z = \frac{\overset{z}{\underset{0}{M}}}{\overset{z}{\underset{0}{J}}} = \frac{\frac{\pi ab z^2}{4c^2}(2c^2 - z^2)}{\frac{\pi ab z}{3c^2}(3c^2 - z^2)} = \frac{3}{4} z \frac{2c^2 - z^2}{3c^2 - z^2}.$$

Der Querschnitt hat in Bezug auf die Grundfläche das Trägheitsmoment

$$q_z'' = \pi ab z^2 - \pi \frac{ab}{c^2} z^4,$$

das Trägheitsmoment der Parallelschicht wird also

$$\overset{z}{\underset{0}{T}} = \pi ab \frac{z^3}{3} - \pi \frac{ab}{c^2} \cdot \frac{z^5}{5} = \frac{\pi ab z^3}{15c^2} [5c^2 - 3z^2].$$

Der mittlere Trägheitsabstand wird also

$$z = \sqrt{\frac{T}{J}} = \sqrt{\frac{\frac{\pi ab z^3}{15c^2}(5c^2 - 3z^2)}{\frac{\pi ab z}{3c^2}(3c^2 - z^2)}} = \sqrt{\frac{z^2}{5} \cdot \frac{5c^2 - 3z^2}{3c^2 - z^2}}.$$

§ 216) Der Leser löse noch die entsprechenden Aufgaben für Segmente und Sektoren von einfacher und von allgemeiner Lage. Bei der letzteren ist der Winkel γ zu beachten, den der Durchmesser mit der konjugierten Ebene bildet.

Durch Behandlung beliebig liegender Segmente gelangt man auch zu den Formeln für nicht parallel begrenzte Zonenkörper.

§ 217) Für die von 0 bis z reichende horizontale Parallelschicht des Ellipsoids das Trägheitsmoment in Bezug auf die z Achse zu ermitteln.

Auflösung. Der in der Höhe z liegende elliptische Schnitt hat die Halbachsen

$$x = \frac{a}{c}\sqrt{c^2 - z^2}, \qquad y = \frac{b}{c}\sqrt{c^2 - z^2}.$$

Das polare Trägheitsmoment der Ellipsenfläche in Bezug auf ihren Mittelpunkt ist aber hier gleich

$$\frac{\pi x y}{4}(x^2 + y^2) = \frac{\pi}{4}\frac{ab}{c^2}(c^2 - z^2)\left[\frac{a^2}{c^2}(c^2 - z^2) + \frac{b^2}{c^2}(c^2 - z^2)\right],$$

also

$$q_z = \frac{\pi}{4}\frac{ab}{c^2}\frac{(c^2 - z^2)^2}{c^2}(a^2 + b^2)$$

$$= \frac{\pi}{4}\frac{ab}{c^4}(a^2 + b^2)(c^4 - 2c^2 z^2 + z^4).$$

Nach der Schichtenformel wird für den Körper

$$T_z = \frac{\pi}{4}\frac{ab}{c^4}(a^2 + b^2)\left[c^4\frac{z}{1} - 2c^2\frac{z^3}{3} + \frac{z^5}{5}\right]$$

$$= \frac{\pi}{60}\frac{ab}{c^4}(a^2 + b^2)z[15c^4 - 10c^2 z^2 + 3z^4].$$

Der Leser suche noch andere Trägheitsmomente zu entwickeln und sie nach dem schon berechneten Schwerpunkt zu verlegen, auch für T_z den Trägheitsradius zu bestimmen.

Auch hier lassen sich Anwendungen auf Segmente und Sektoren von einfacher Lage machen.

Auf physikalische Anwendungen, die sich auf physische Pendel, Schwingungspunkt, Aufhängepunkt, Reversionspendel, Stofstheorie u. dergl. beziehen, sei auch hier aufmerksam gemacht.

γ) Die ähnlich begrenzte Ellipsoidschicht von endlicher und unendlich kleiner Dicke.

§ 218) **Die ähnlich begrenzte Ellipsoidschicht von endlicher Dicke.** Sind die beiden Grenzflächen des Hohl-Ellipsoids konzentrisch und ähnlich, und setzt man die Halbachsen der äufseren Fläche $a_1 = mc_1$, $b_1 = nc_1$, $c_1 = c_1$, so mufs man die der inneren $a_2 = mc_2$, $b_2 = nc_2$, $c_2 = c_2$ setzen. Der Inhalt des ganzen Ellipsoids ist dann

$$J_1 = \frac{4\pi}{3} a_1 b_1 c_1 = \frac{4\pi}{3} mc_1 nc_1 c_1 = \frac{4\pi}{3} mnc_1^3,$$

der des inneren Ellipsoids ist

$$J_2 = \frac{4\pi}{3} mnc_2^3,$$

also der des Hohlellipsoids

$$1) \qquad J = J_1 - J_2 = \frac{4\pi}{3} mn(c_1^3 - c_2^3).$$

Nun ist

$$c_1^3 - c_2^3 = (c_1 - c_2)(c_1^2 + c_1c_2 + c_2^2) = d_c(c_1^2 + c_1c_2 + c_2^2),$$

wobei d_c die Dicke bei der Halbachse c ist, also kann man auch schreiben

$$2) \qquad J = \frac{4\pi}{3} mnd_c(c_1^2 + c_1c_2 + c_2^2).$$

§ 219) Demnach lassen sich auch die verschiedenen Momente des Körpers ohne weiteres hinschreiben. So war das Trägheitsmoment des ganzen Körpers in Bezug auf die horizontale Mittelpunktsebene

$$\overset{+c}{\underset{-c}{T}} = \frac{4}{15}\pi a_1 b_1 c_1^3 = \frac{4\pi}{15} mnc_1^5,$$

also ist es für den Hohlkörper

$$3)\qquad T = \frac{4\pi}{15} m n (c_1^5 - c_2^5),$$

wofür man auch schreiben kann

$$4)\qquad T = \frac{4\pi}{15} m n d_c (c_1^4 + c_1^3 c_2 + c_1^2 c_2^2 + c_1 c_2^3 + c_3^4).$$

In derselben Weise lassen sich alle übrigen Momente erster und zweiter Ordnung, die Trägheitsradien, die Schwerpunkte u. dergl. ohne weiteres hinschreiben.

Die Absicht dieser Betrachtungen liegt aber darin, daſs sich von hier aus eine interessante Infinitesimal-Untersuchung mit endlichen Hilfsmitteln durchführen läſst, die jetzt vorgenommen werden soll.

§ 220) **Die ähnlich begrenzte Ellipsoidschicht von unendlich kleiner Dicke.** Ist die Dicke d_c unendlich klein, so folgt aus Gleichung 2)

$$5)\qquad J = \frac{4\pi}{3} m n d_c 3 c_1^2 = 4\pi m n d_c c_1^2,$$

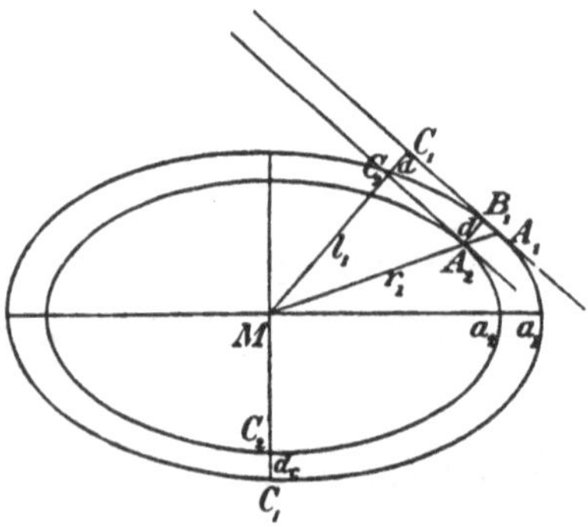

Fig. 74.

denn für die Grenze wird $c_1 = c_2$, also geht $c_1^2 + c_1 c_2 + c_2^2$ über in $3 c_1^2$.

Dabei ist die Dicke für jeden Punkt A proportional dem Abstande der zugehörigen Tangentialebene vom Mittelpunkte M. In Figur 74 ist nämlich die Dicke d des Ellipsoids bei A_1 und A_2 nicht etwa gleich $A_1 A_2$ oder h, sondern für die Grenze gleich dem Abstande d der Tangentialebenen in A_2 und A_1. Aus der Ähnlichkeit der Dreiecke folgt

$$A_2 B_1 : A_2 A_1 = M C_1 : M A_1$$

oder

$$d : h = l_1 : r_1.$$

Ist also $h_1 = \frac{1}{n} r_1$, so ist auch $d_1 = \frac{1}{n} l_1$. Damit ist die behauptete Proportionalität nachgewiesen.

Macht man überall die Dicke gleich dem entsprechenden $\frac{1}{n} l_1$, so ist natürlich auch die Dicke bei der Achse c_1 gleich $\frac{1}{n} c_1$.

Wird nun c als die einzige Variabele z aufgefafst, und läfst man im Sinne der Schichtenformel die unendlich kleine Dicke d_c weg, so hat man für die der Länge z der kleinsten Halbachse entsprechenden Schicht

$$6)\qquad q_z = 4\pi m n z^2,$$

und daraus folgt nach der Schichtenformel für das ganze Ellipsoid

$$7)\qquad \overset{z_1}{\underset{0}{J}} = 4\pi m n \frac{z_1^3}{3} = \frac{4\pi}{3} m n z_1^3 = \frac{4\pi}{3} a b c.$$

Denkt man sich also das Ellipsoid in lauter ähnlich begrenzte ellipsoidische Schichten zerlegt, so läfst sich die Schichtenformel auf die Untersuchung anwenden.

In ähnlicher Weise folgt für das Trägheitsmoment in Bezug auf die horizontale Mittelpunktsebene aus Gleichung 4)

$$8)\qquad q_z'' = \frac{4}{15} \pi m n 5 z^4 = \frac{4}{3} \pi m n z^4.$$

Nach der Schichtenformel folgt daraus für das ganze Ellipsoid

$$9)\qquad \overset{z}{\underset{0}{T}} = \frac{4}{3} \pi m n \frac{z_1^5}{5} = \frac{4}{15} \pi m n z_1^5 = \frac{4}{15} \pi a_1 b_1 c_1^3.$$

§ 221) **Untersuchung einer Ellipsoidfläche mit einer Massenbelegung, die in jedem Punkte proportional dem Abstande der Tangentialebene vom Mittelpunkte ist und im Endpunkte der kleinsten Halbachse c den Betrag δ_c für die sehr klein zu denkende Flächeneinheit hat.**

An Stelle der Dicke d_c ist δ_c getreten, daher wird die Gesamtmasse m der Belegung für die Ellipsoidfläche mit den Achsen a, b, c nach Gleichung 5)

10) $$m = 4\pi\, mn\, \delta_c\, c^2 = 4\pi\, ab\, \delta_c.$$

Ebenso wird das Trägheitsmoment dieser Flächenbelegung in Bezug auf die Mittelpunktsebene nach Gleichung 8)

11) $$T = \frac{4\pi}{3} mn\delta c^4 = \frac{4\pi}{3} abc^2.$$

In derselben Weise sind die sonstigen Momente für diese Belegung zu bestimmen.

Die Untersuchung der homogenen Belegung der Ellipsoidfläche ist weit schwieriger. Die hier behandelte Belegung ist aber wichtig für die Potentialtheorie (auf Grund des Newtonschen Gesetzes) und für die Lehre von der Influenzelektrizität, da in der Elektrizitätstheorie Belegungen solcher Art zur Untersuchung kommen.

Damit ist der Weg zu einer weiteren Gruppe von Übungsbeispielen eröffnet, die an sich zwar keinen besonderen Wert haben, aber geeignet sind, die neueren Anschauungsweisen über gewisse physikalische Theorieen zu veranschaulichen und somit das Verständnis zu erleichtern. (Vergl. die Ingenieurmathematik des Verfassers, Band II, Seite 409 bis 417.)

§ 222) Man kann z. B. auch Ellipsoidkörper untersuchen, für welche die spezifische Masse (oder das spezifische Gewicht) auf den ähnlichen Ellipsoidschichten in dieser Weise verteilt ist. Nach 10) wird dann für die $c = z$ entsprechende ellipsoidische Schicht

$$q_z = 4\pi\, mn\, \delta_z\, z^2.$$

Ist z. B. für die Entfernung 1 auf der Z-Achse $\delta = \varkappa$ gedacht, so ist für die Entfernung z auf derselben Achse $\delta_z = \varkappa z$, also wird für jede Schicht

$$q'_z = 4\pi\, mn\,(\varkappa z)\, z^2 = 4\pi\, mn\, \varkappa\, z^3,$$

also wird die Masse für dieses ganze nicht homogene Ellipsoid

$$m_z = 4\pi\, mn\, \varkappa \frac{z^4}{4} = \pi\, abc^2\, \varkappa.$$

In ähnlicher Weise wird das Trägheitsmoment der ellipsoidischen Einzelschicht in Bezug auf den horizontalen Mittelpunktsschnitt nach Gleichung 8)

$$q_s'' = \frac{4}{3}\pi mn\,\delta_s z^4 = \frac{4}{3}\pi mn(\varkappa z)z^4 = \frac{4}{3}\pi mn\varkappa z^5,$$

also wird das Trägheitsmoment für den ganzen Körper

$$T = \frac{4}{3}\pi mn\varkappa\frac{z_1^6}{6} = \frac{2\pi}{9}mn\varkappa z_1^6 = \frac{2\pi}{9}abc^4\varkappa.$$

Hier also handelt es sich um Körper, bei denen die Dichte der Massenverteilung auf jedem Halbmesser r proportional dem Abstande vom Mittelpunkte M ist, wobei aber für jeden Halbmesser der Faktor von r ein besonderer ist und von dem Winkel $A_1 A_2 B_1$ abhängt, unter dem der Radius die Flächennormale schneidet. Dieser Winkel ist aber für jeden Radius in seiner ganzen Länge derselbe.

Der Leser behandle auch die sonstigen Momente für einen solchen Körper, auch die Trägheitsradien u. dergl., die Schwerpunkte für den halben Körper u. s. w. Die Untersuchungen lassen sich auch auf Segmente, Parallelschichten, Sektoren u. s. w. solcher Körper ausdehnen.

Noch sei bemerkt, dafs die Zunahme der Dichtigkeit auf der Z-Achse nicht dem Gesetze $\delta = \varkappa z$ allein unterworfen werden kann, sondern auch anderen Gesetzen wie $\delta = \varkappa z^n$, oder auch $\delta = a + bz + cz^2 + dz^3 + \ldots$, wobei auch Potenzen mit beliebigen rationalen Exponenten eingeschaltet werden können, die also auch negativ sein können. So ist z. B. auch $\delta = \frac{\varkappa}{z}$ oder $\delta = \frac{\varkappa}{z^2}$ von Interesse, weil dieses auf Zunahme der Dichtigkeit nach innen führt.

δ) Das einmantelige Hyperboloid, seine Segmente, Parallelschichten und Sektoren.

§ 223) Figur 75 stellt einen senkrechten Kreiscylinder quadratischen Querschnitts und vom Radius a dar, dem der Diagonalkegel und die zugehörige Kugel einbeschrieben ist. Aufserdem ist ihm die gleichseitige Hyperbel

$$x^2 - z^2 = a^2$$

anbeschrieben. Bei dieser ist der Querschnitt in der Höhe z

1) $$q_z = \pi x^2 = \pi (a^2 + z^2),$$

so dafs nach der Schichtenformel der Inhalt der von 0 bis z reichenden Parallelschicht des Drehungshyperboloids ist

2) $$\overset{z}{\underset{0}{J}} = \pi \left[a^2 \frac{z}{1} + \frac{z^3}{3}\right] = \frac{\pi}{3} z \, [3a^2 + z^2].$$

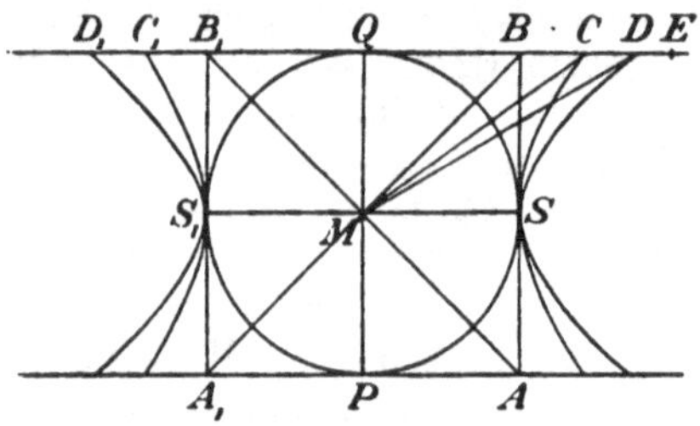

Fig. 75.

Für $z = a$ wird demnach

$$\overset{a}{\underset{0}{J}} = \frac{4}{3} \pi a^3.$$

Der Inhalt des ganzen Körpers ist also

3) $$J = \frac{8}{3} \pi a^3,$$

oder das Doppelte des Kugelinhalts.

Die Inhalte der vier Körper verhalten sich also wie $1 : 2 . 3 : 4$.

§ 224) Man kann diese Reihe beliebig fortsetzen. Will man z. B. das Drehungshyperboloid anbeschreiben, dessen Inhalt der 5-fache von dem des Kegels ist, so setze man nach der Simpsonschen Regel

$$\frac{h}{6} [U + O + 4M] = 5 . \frac{2}{3} \pi a^3$$

oder, da $U = O$ ist,

$$\frac{h}{3} [O + 2M] = \frac{2a}{3} [\pi x_1^2 + 2\pi a^2] = \frac{5 . 2}{3} \pi a^3$$

also

$$\pi x_1^2 = 5\pi a^2 - 2\pi a^2 = 3\pi a^2.$$

Demnach mufs der Radius des Oberschnittes sein $x_1 = a\sqrt{3}$. Die neue Hyperbel ist nun leicht anzubeschreiben.

Dieselbe Berechnung für den n-fachen Inhalt führt auf $x_1 = a\sqrt{n-2}$. Allgemein folgt, macht der Reihe nach

$$QB = a\sqrt{3-2},\ QC = a\sqrt{4-2},\ QD = a\sqrt{5-2},$$
$$QE = a\sqrt{6-2}, \ldots, a\sqrt{n-2}, \ldots$$

so erhält man bezw. das 3-fache, 4-fache, 5-fache, 6-fache, ... n-fache, ... des einbeschriebenen Kegels.

Darin liegt eine interessante Erweiterung des bekannten Archimedischen Satzes, die auch für gebrochene n gilt. (Man vergleiche damit das in Bd. II Seite 306 bis 309 Gesagte und erweitere die dortigen Bemerkungen.) Für ganzes n ergiebt sich folgende einfache Konstruktion. Man mache $QC = MB$, $QD = MC$, $QE = MD$ und fahre damit beliebig weit fort, dann erhält man alle einmanteligen Drehungshyperboloide, welche die Archimedische Proportion $1:2:3$ beliebig weit als $1:2:3:4:5:\ldots:n\ldots$ fortsetzen.

(Mit Drehungsparaboloiden läfst sich Analoges nach innen hin erreichen, $1:\frac{1}{2}:\frac{1}{3}:\frac{1}{4}\ldots$)

§ 225) Unterwirft man das Gebilde einer Cavalierischen Erweiterung in senkrechter Richtung mit Hilfe des Faktors $\frac{c}{a}$, senkrecht gegen die Ebene der Zeichnung einer solchen mit dem Faktor $\frac{b}{a}$, so geht die Kugel in ein Ellipsoid von den Achsen a, b, c über, das erste der Hyperboloide in ein solches von den Halbachsen a, b und c, das folgende in ein solches von den Halbachsen a, b und $\frac{n}{a}KD_1$, das folgende in ein solches mit den Halbachsen a, b und $\frac{n}{a}KD_2$ u. s. w. Werden alle für die Höhe $2c$ der Zeichnung berechnet, so sind die Inhalte der Reihe nach

$$4\frac{2}{3}\pi abc,\quad 5\frac{2}{3}\pi abc,\quad 6\frac{2}{3}\pi abc,\quad 7\frac{2}{3}\pi abc.$$

Unterwirft man es jetzt denselben beiden horizontalen Cavalierischen Verschiebungen, die in § 196 angewandt wurden, so erhält man ein Ellipsoid mit den Halbachsen $a_1 = a$, $b_1 = \frac{b}{\sin\beta}$, $c_1 = \frac{c}{\sin\gamma}$, wo β wieder der Winkel zwischen a_1 und b_1, γ der Winkel zwischen c_1 und der Ebene (a_1, b_1) ist, und alle Hyperboloide werden wieder Hyperboloide, für die a_1, b_1 und c_1 konjugierte Richtungen haben. Die Inhalte werden dieselben wie vorher und lassen sich schreiben

$$4\frac{2}{3}\pi a_1 b_1 c_1 \sin\beta_1 \sin\gamma_1, \quad 5\frac{2}{3}\pi a_1 b_1 c_1 \sin\beta_1 \sin\gamma_1,$$

$$6\frac{2}{3}\pi a_1 b_1 c_1 \sin\beta_1 \sin\gamma_1, \ldots$$

nur ist jetzt c_1 nur für das erste Hyperboloid Halbachse, nicht für die anderen. Für diese geben die Bilder der $D_1, D_2, \ldots$ die Achsenlängen der betreffenden Richtung an. Dagegen ist $\pm c = \pm c_1 \sin\gamma_1$ der Abstand der die Schichten begrenzenden Horizontalebenen. Natürlich kann man auch die symmetrischen Schreibweisen wählen.

§ 226) **Berechnung beliebiger Hyperboloidschichten aus den Hauptachsen a, b, c nach der Schichtenformel.** Nach der Gleichung des senkrechten durch a gelegten hyperbolischen Hauptschnittes, welche lautet

$$\frac{x^2}{a^2} - \frac{z^2}{c^2} = 1,$$

ist die halbe Querlinie in der Höhe z

$$x = \frac{a}{c}\sqrt{c^2 + z^2}.$$

Für den durch b gelegten Hauptschnitt ist ebenso

$$y = \frac{b}{c}\sqrt{c^2 + z^2},$$

der elliptische Querschnitt hat also die Fläche

$$1) \qquad q_z = \pi x y = \pi \frac{ab}{c^2}(c^2 + z^2).$$

Die Parallelschicht von 0 bis z hat demnach den Inhalt (nach der Schichtenformel)

$$2)\qquad \overset{z}{\underset{0}{J}} = \pi \frac{ab}{c^2}\left[c^2 z + \frac{z^3}{3}\right] = \frac{\pi abz}{3c^2}[3c^2 + z^2].$$

(Für $z = c$ ergiebt sich $\frac{4}{3}\pi abc$, was mit dem in § 225 gesagten übereinstimmt, da es sich hier nur um die halbe Höhe handelt.)

Wird jedoch die Parallelschicht durch Ebenen begrenzt, die in den Höhen z_1 und z_2 liegen, so ist der Inhalt

$$\overset{z_2}{\underset{z_1}{J}} = \frac{\pi ab}{c^2}\left[c^2 z_2 + \frac{z_2^3}{3}\right] - \frac{\pi ab}{c^2}\left[c^2 z_1 + \frac{z_1^3}{3}\right],$$

oder

$$3)\qquad \overset{z_2}{\underset{z_1}{J}} = \frac{\pi ab}{3c^2}[3c^2(z_2 - z_1) + (z_2^3 - z_1^3)]$$

$$= \frac{\pi ab(z_2 - z_1)}{3c^2}[3c^2 + z_2^2 + z_2 z_1 + z_1^2].$$

§ 227) Berechnung beliebiger Hyperboloidschichten aus den zugehörigen konjugierten Halbmessern $a_1 = a$, $b_1 = \frac{b}{\sin\beta_1}$, $c_1 = \frac{c}{\sin\gamma_1}$.

Der Querschnitt ist, wenn wieder β den Winkel zwischen a_1 und b_1, γ den Winkel zwischen c_1 und der Ebene (a_1, b_1) bedeutet, von der Form

$$1)\qquad q_z = \pi\frac{ab}{c^2}(c^2 + z^2) = \frac{\pi a_1 b_1 \sin\beta_1}{c_1^2 \sin^2\gamma_1}[c_1^2 \sin^2\gamma_1 + z^2],$$

also ist nach der Schichtenformel für die Parallelschicht von 0 bis zu beliebigem z

$$2)\qquad \overset{z}{\underset{0}{J}} = \frac{\pi a_1 b_1 \sin\beta_1}{c_1^2 \sin^2\gamma_1}\left[c_1^2 \sin^2\gamma_1 z + \frac{z^3}{3}\right]$$

$$= \frac{\pi a_1 b_1 \sin\beta_1}{3c_1^2 \sin^2\gamma_1}[3c_1^2 \sin^2\gamma_1 z + z^3].$$

Demnach ist für die durch z_2 und z_1 bestimmte horizontale Parallelschicht

$$\overset{z_2}{\underset{z_1}{J}} = \frac{\pi a_1 b_1 \sin\beta_1}{3c_1^2 \sin^2\gamma_1}\left[3c_1^2 \sin^2\gamma_1 z_2 + z_2^3\right]$$

$$- \frac{\pi a_1 b_1 \sin\beta_1}{3c_1^2 \sin^2\gamma_1}\left[3c_1^2 \sin^2\gamma_1 z_1 + z_1^3\right]$$

oder

$$3)\quad \overset{z_2}{\underset{z_1}{J}} = \frac{\pi a_1 b_1 \sin\beta_1}{3c_1^2 \sin^2\gamma_1}\left[3c_1^2 \sin^2\gamma_1 (z_2 - z_1) + (z_2^3 - z_1^3)\right]$$

oder

$$3^*)\quad \overset{z_2}{\underset{z_1}{J}} = \frac{\pi a_1 b_1 \sin\beta_1 (z_2 - z_1)}{3c_1^2 \sin^2\gamma_1}\left[3c_1^2 \sin^2\gamma_1 + z_2^2 + z_2 z_1 + z_1^2\right].$$

§ 228) **Verschiedene Planmomente des dreiachsigen Hyperboloids.** Es soll sich hier nur um horizontale Parallelschichten handeln, die von $z = 0$ bis zu einem beliebigen z gehen, denn die allgemeinen Schichten dieser Art lassen sich durch Subtraktion oder Addition aus solchen herstellen, was Schwierigkeiten nicht im Gefolge hat. Ebenso soll es sich nur um die senkrechten Halbachsen a, b, c handeln, da das über andere konjugierte Achsen zu sagende nur eine Umschreibung in $a_1 = a$, $b_1 \sin\beta_1 = b$, $c_1 \sin\gamma_1 = c$ erfordert.

Der Querschnitt

$$q_z = \pi \frac{ab}{c^2}(c^2 + z^2)$$

hat in Bezug auf die Ebene (a, b) das Planmoment erster Ordnung

$$1)\qquad q_z' = \pi \frac{ab}{c^2}\left(c^2 z + \frac{z^3}{3}\right) = \pi \frac{ab}{3c^2}(3c^2 z + z^3),$$

demnach ist das Planmoment erster Ordnung für die von $z = 0$ bis z reichende Schicht in Bezug auf die Grundfläche

$$2)\quad \overset{z}{\underset{0}{M}} = \pi \frac{ab}{3c^2}\left(\frac{3c^2 z^2}{2} + \frac{z^4}{4}\right) = \pi \frac{ab}{12c^2}(6c^2 z^2 + z^4)$$

$$= \frac{\pi a b z^2}{12 c^2}(6c^2 + z^2).$$

Der Schwerpunktsabstand der Schicht ist demnach

$$3)\quad h_s = \frac{\overset{s}{\underset{0}{M}}}{\overset{s}{\underset{0}{J}}} = \frac{\frac{\pi a b z^2}{12 c^2}(6c^2 + z^2)}{\frac{\pi a b z}{3c^2}(3c^2 + z^2)} = \frac{z}{4} \cdot \frac{6c^2 + z^2}{3c^2 + z^2}.$$

Derselbe Querschnitt giebt als Planmoment zweiter Ordnung in Bezug auf die Grundfläche

$$4)\quad q_s'' = \pi \frac{ab}{c^2}(c^2 z^2 + z^4),$$

das Planmoment zweiter Ordnung für die Schicht ist also in Bezug auf die Ebene (a, b)

$$5)\quad \underset{a,b}{T} = \frac{\pi a b}{c^2}\left(c^2 \frac{z^3}{3} + \frac{z^5}{5}\right) = \frac{\pi a b z^3}{15 c^2}(5c^2 + 3z^2).$$

Der Trägheitsmittelpunkt also liegt in der Höhe

$$6)\quad h_t = \sqrt{\frac{T}{J}} = \sqrt{\frac{\frac{\pi a b z^3}{15 c^2}(5c^2 + 3z^2)}{\frac{\pi a b z}{3c^2}(3c^2 + z^2)}} = \sqrt{\frac{z^2}{5}\,\frac{5c^2 + 3z^2}{3c^2 + z^2}}.$$

Die weniger wichtige Formel für den durch $h_o = \sqrt{\frac{T}{M}}$ charakterisierten Punkt stelle der Leser selbst auf.

Die entsprechenden Planmomente zweiter Ordnung für den Hauptschnitt (a, c) ergeben sich folgendermaſsen.

Eine Ellipse mit den Halbachsen x und y hat in Bezug auf die Achse x das Trägheitsmoment $\frac{\pi x y^3}{4}$.

Eine solche Ellipse ist die Querschnittsellipse in der Höhe z, deren Halbachsen nach § 226 sind

$$x = \frac{a}{c}\sqrt{c^2 + z^2}, \quad y = \frac{b}{c}\sqrt{c^2 + z^2}.$$

Ihr Trägheitsmoment in Bezug auf x und damit in Bezug auf die Hauptebene (a, c) ist also

$$7)\qquad q_z''' = \frac{\pi x y^3}{4} = \frac{\pi}{4} \frac{a}{c} \sqrt{c^2+z^2} \cdot \frac{b^3}{c^3} \sqrt{c^2+z^2}^3$$

$$= \frac{\pi a b^3}{4c^4}(c^2+z^2)^2 = \frac{\pi a b^3}{4c^4}(c^4+2c^2z^2+z^4).$$

Demnach ist das **Trägheitsmoment der Parallelschicht** von $z=0$ bis z in Bezug auf die Ebene a, c

$$8)\qquad T_{a,c} = \frac{\pi a b^3}{4c^4}\left(c^4 z + \frac{2c^2z^3}{3} + \frac{z^5}{5}\right)$$

$$= \frac{\pi a b^3 z}{60c^4}(15c^4 + 10c^2z^2 + 3z^4).$$

Durch Vertauschung von a und b ergiebt sich für die Ebene (b, c) ohne weiteres

$$9)\qquad T_{b,c} = \frac{\pi b a^3}{4c^4}\left(c^4 z + \frac{2c^2z^3}{3} + \frac{z^5}{5}\right)$$

$$= \frac{\pi b a^3 z}{60c^4}(15c^4 + 10c^2z^2 + 3z^4).$$

§ 229) **Die Axialmomente der Hyperboloidschicht** ergeben sich aus 5), 8), 9) des vorigen Paragraphen durch Addition zu zweien. So ist in Bezug auf die Achse a aus 5) und 8)

$$T_a = T_{a,c} + T_{a,b} = \frac{\pi a b z^3}{15c^2}(5c^2+3z^2)$$

$$+ \frac{\pi a b^3 z}{60c^4}(15c^4 + 10c^2z^2 + 3z^4),$$

oder

$$1)\quad T_a = \frac{\pi a b z}{60c^4}[15b^2c^4 + (2c^2+b^2)10c^2z^2 + (4c^2+b^2)3z^4].$$

Ebenso ist

$$T_b = T_{a,b} + T_{b,c} = \frac{\pi a b z^3}{15c^2}(5c^2+3z^2)$$

$$+ \frac{\pi a^3 b z}{60c^4}(15c^4 + 10c^2z^2 + 3z^4),$$

oder

$$2)\quad T_b = \frac{\pi abz}{60c^4}\left[15a^2c^4 + (2c^2 + a^2)\,10c^2z^2 + (4c^2 + a^2)\,3z^4\right].$$

Aufserdem ist

$$T_c = T_{a,c} + T_{b,c} = \frac{\pi ab(a^2 + b^2)z}{60c^4}\left[15c^4 + 10c^2z^2 + 3z^4\right].$$

Letzteres ergiebt sich auch aus dem Polarmomente

$$\frac{\pi xy}{4}(x^2 + y^2) = \frac{\pi ab}{4c^4}(a^2 + b^2)(c^2 + z^2)^2$$

des Ellipsenquerschnitts in der Höhe z.

§ 230) Das Polarmoment der Schicht in Bezug auf den Mittelpunkt des Hyperboloids ist

$$T_p = T_{a,c} + T_{b,a} + T_{c,b} = T_c + T_{a,b}$$

$$= \frac{\pi ab(a^2 + b^2)z}{60c^4}\left[15z^4 + 10c^2z^2 + 3z^4\right]$$

$$+ \frac{\pi abc^2z}{60c^4}\left[20c^2z^2 + 12z^4\right] = \frac{\pi abz}{60c^4}\left[15c^4(a^2 + b^2)\right.$$

$$\left. + 10c^2(a^2 + b^2)z^2 + (a^2 + b^2)3z^4 + 20c^4z^2 + 12c^2z^4\right]$$

oder

$$T_p = \frac{\pi abz}{60c^4}\left[15c^4(a^2 + b^2) + (a^2 + b^2 + 2c^2)\,10c^2z^2\right.$$

$$\left. + (a^2 + b^2 + 4c^2)\,3z^4\right].$$

Symmetrie in Bezug auf a, b und c findet nicht statt, weil die Achse c eine Ausnahmestellung einnimmt, denn nur ihre Normalschnitte sind elliptische.

Man versuche auch die Sektoren des Hyperboloids zu behandeln.

§ 231) Für die symmetrische Schicht des Hyperboloids von $-z$ bis $+z$ sind die Werte doppelt so grofs. Diese Schicht eignet sich sehr gut zu Übungsbeispielen aus der Mechanik, weil die Achsen a, b, c u. s. w. als freie Umdrehungsachsen auftreten können, wie es auch beim Ellipsoid der Fall war. Man berechne z. B. die Energie $E_a = \frac{T_a \vartheta^2}{2}$ bei der Umdrehung um die Achse a, $E_b = \frac{T_b \vartheta^2}{2}$ für die Achse b, $E_c = \frac{T_c \vartheta^2}{2}$ für die Achse c, die Trägheitsradien

$$\varrho_a = \sqrt{\frac{T_a}{J}}, \quad \varrho_b = \sqrt{\frac{T_b}{J}}, \quad \varrho_c = \sqrt{\frac{T_c}{J}}$$

für diese Achsen. Die reduzierten Pendellängen bei Schwingungen um eine Achse, die entweder parallel zu einer der Achsen a, b, c ist, lassen sich ebenfalls leicht berechnen. Endlich sind noch Stofsaufgaben u. dergl. zu empfehlen. Auch Quadranten und Oktanten lassen sich leicht untersuchen.

Segmente im gebräuchlichen Sinne giebt es beim einmanteligen Hyperboloid nicht. Denkt man sich aber die symmetrisch begrenzte Parallelschicht einem Cylinder einbeschrieben, so entsteht ein **Restkörper**, dessen Horizontalschnitte ähnliche Ellipsen sind. Ist die halbe Höhe gleich z_1, so sind die beiden Grundflächen Ellipsen mit den Halbachsen $x_1 = \frac{a}{c}\sqrt{c^2 + z_1^2}$ und $y_1 = \frac{b}{c}\sqrt{c^2 + z_1^2}$, der Cylinderinhalt also

$$\pi x_1 y_1 2 z_1 = 2\pi \frac{a b z_1}{c^2}(c^2 + z_1^2),$$

der des Hyperboloids $\frac{2\pi a b z_1}{3c^2}[3c^2 + z_1^2]$, der des Restkörpers also

$$J = \frac{2\pi a b z_1}{3c^2}[3c^2 + 3z_1^2 - 3c^2 - z_1^2] = \frac{4\pi}{3} z_1^3 \cdot \frac{ab}{c^2}.$$

(Ist im besonderen Falle $ab = c^2$, so handelt es sich zugleich um einen Kugelinhalt.)

Der Querschnitt dieses Restkörpers hat in der Höhe z die Fläche

$$q_z = \pi x_1 y_1 - \pi x_z y_z = \pi \left[\frac{ab}{c^2}(c^2 + z_1^2) - \frac{ab}{c^2}(c^2 + z^2)\right]$$

oder

$$q_z = \pi \frac{ab}{c^2} [z_1^2 - z^2].$$

Daraus folgt als Inhalt von $z = 0$ bis z

$$\overset{z}{\underset{0}{J}} = \pi \frac{ab}{c^2} \left[z_1^2 - \frac{z^3}{3}\right],$$

also

$$\overset{+z_1}{\underset{-z_1}{J_0}} = \frac{2\pi ab}{3c^2} [3z_1^3 - z_1^3] = \frac{4\pi ab}{3c^2} z_1^3,$$

wie vorher.

Dieser Restkörper besitzt Segmente, z. B. solche, die durch senkrechte oder schräge Ebenen abgeschnitten werden. Er kann bis ins Unendliche fortgesetzt werden, so dafs die Höhe beliebig grofs sein kann.

Alle Momente erster und zweiter Ordnung, die für ihn oder für seine Schichten oder Segmente von Interesse sind, lassen sich leicht berechnen, sehr bequem mit Hilfe des Cylinders und des Hyperboloids. Dies und die Lösung mechanischer Aufgaben sei dem Leser überlassen, ebenso die Bearbeitung des Falles, wo der Cylinder durch Cavalierische Verschiebung zu einem schrägen, unsymmetrischen Cylinder elliptischer Basis geworden ist, dessen Achsen den konjugierten Achsen des geänderten Hyperboloids entsprechen.

Man versuche auch ähnlich begrenzte hyperbolische Schichten (des Hohl-Hyperboloids) für endliche und unendlich kleine Dicke und daran anschliefsend Hyperbelflächen mit entsprechender Massenbelegung zu behandeln.

ε) Das zweimantelige Hyperboloid, seine Parallelschichten, Segmente u. s. w.

§ 231) Das gleichseitige Drehungshyperboloid mit zwei Mänteln hat in der Lage der Figur einen Hauptschnitt von der Gleichung

$$\zeta^2 - \xi^2 = a^2.$$

Da aber der obere Teil nur in Höhen $\zeta > a$ Schnitte hat, ist es für die Anwendung der Schichtenformel besser, für diesen die Höhen von S ab zu zählen. Dann wird $z = \zeta - a$, und statt ζ ist einzusetzen $z + a$, für ξ kann man einfach x setzen, und so entsteht als maſsgebende Gleichung

$$(z + a)^2 - x^2 = a^2$$

oder

1) $x^2 = 2az + z^2$.

Der Querschnitt in Höhe z_1 wird

2) $q_{z_1} = \pi x_1^2 = \pi [2az_1 + z_1^2]$.

Das Segment von 0 bis z_1 erhält den Inhalt

3) $\overset{z_1}{\underset{0}{J}} = \pi \left[2a \frac{z_1^2}{2} + \frac{z_1^3}{3}\right] = \frac{\pi z_1^2}{3}(2a + z_1)$.

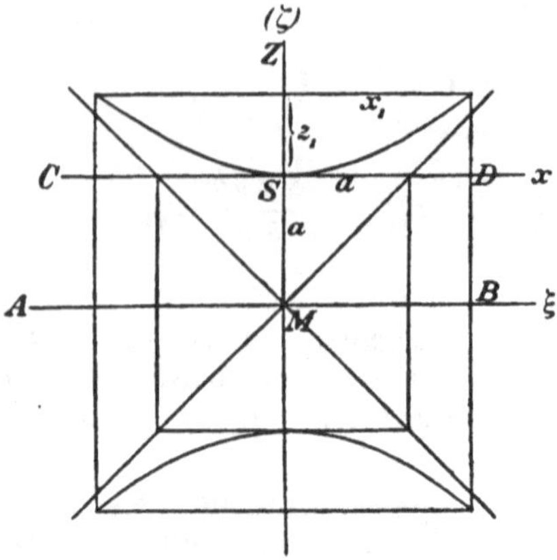

Fig. 76.

In Bezug auf die Ebene xy wird das statische Moment von q_z

4) $$q_z' = \pi [2az^2 + z^3],$$

also das statische Moment des oberen Segmentes in Bezug auf diese Ebene

5) $$\overset{z}{\underset{0}{M}} = \pi \left[2a \frac{z^3}{3} + \frac{z^4}{4}\right] = \frac{\pi z^3}{12}[8a + 3z].$$

Die Schwerpunktshöhe also

6) $$h_z = \frac{\overset{z}{\underset{0}{M}}}{\overset{z}{\underset{0}{J}}} = \frac{\frac{\pi z^3}{12}[8a + 3z]}{\frac{\pi z^2}{3}[3a + z]} = \frac{z}{4} \frac{8a + 3z}{3a + z}.$$

Das Trägheitsmoment von q_z in Bezug auf die Ebene xy ist

7) $$q_z' = \pi [2az^3 + z^4],$$

also das des Segments

8) $$\overset{z}{\underset{0}{T}} = \pi \left[2a \frac{z^4}{4} + \frac{z^5}{5}\right] = \frac{\pi}{10}[5az^4 + 2z^5] = \frac{\pi z^4}{10}[5a + 2z].$$

Will man das Trägheitsmoment für die entsprechende Schwerpunktsachse haben, so hat man noch zu vermindern um $h_s^2 J$, so daſs man erhält

$$9)\quad T_s = \frac{\pi z^4}{10}[5a + 2z] - \left(\frac{z}{4}\frac{8a+3z}{3a+z}\right)^2 \cdot \frac{\pi z^2}{3}(3a+z),$$

was sich erheblich umformen läſst, da der zweite Posten sich zu $\frac{\pi z^4}{48}\frac{(8a+3z)^2}{3a+z}$ vereinfacht.

Der Leser versuche im Anschluſs an das beim einmanteligen Hyperboloid Gesagte die sonstigen Momente erster und zweiter Ordnung für Segmente und Schichten zu berechnen, da hier der allgemeine Fall behandelt werden soll.

§ 232) Erweitert man das Hyperboloid in der Richtung y mittels $\frac{b}{a}$, in der Richtung z mittels $\frac{c}{a}$, so werden die Gleichungen der Hauptschnitte (ac) und (bc) für die Mittelpunktslage M des Koordinatenanfangs

$$\frac{\zeta^2}{c^2} - \frac{\xi^2}{a^2} = 1, \qquad \frac{\zeta^2}{c^2} - \frac{\eta^2}{b^2} = 1.$$

Da man um c zu verschieben hat, um von S aus zu rechnen, gehen die Gleichungen ähnlich wie vorher in andere über:

$$1)\quad \frac{(z+c)^2}{c^2} - \frac{x^2}{a^2} = 1, \qquad \frac{(z+c^2)}{c^2} - \frac{y^2}{b^2} = 1.$$

Demnach wird

$$2)\quad \begin{cases} x^2 = \frac{a^2}{c^2}[(z+c)^2 - c^2] = \frac{a^2}{c^2}[2cz + z^2], \\ y^2 = \frac{b^2}{c^2}[(z+c)^2 - c^2] = \frac{b^2}{c^2}[2cz + z^2]. \end{cases}$$

Der elliptische Querschnitt in der Höhe z wird also

$$3)\quad q_s = \pi xy = \pi\frac{ab}{c^2}(2cz + z^2),$$

der Inhalt des Segmentes von Höhe z wird

$$4)\quad \overset{z}{\underset{0}{J}} = \frac{\pi a b}{c^2}\left(2c\frac{z^2}{2} + \frac{z^3}{3}\right) = \frac{\pi a b z^2}{3c^2}(3c + z).$$

Das statische Moment des Querschnitts in Bezug auf die Ebene xy wird

$$5)\quad q_z' = \pi \frac{ab}{c^2}(2cz^2 + z^3),$$

das statische Moment in Bezug auf dieselbe Ebene also

$$6)\quad \overset{z}{\underset{0}{M}} = \frac{\pi ab}{c^2}\left(2c\frac{z^3}{3} + \frac{z^4}{4}\right) = \frac{\pi ab z^3}{12c^2}[8c + 3z].$$

Die Schwerpunktsachse des Segments wird

$$7)\quad h_s = \frac{\overset{z}{\underset{0}{M}}}{\overset{z}{\underset{0}{J}}} = \frac{\frac{\pi ab z^3}{12c^2}[8c + 3z]}{\frac{\pi ab z^2}{3c^2}[3c + z]} = \frac{z}{4}\cdot\frac{8c + 3z}{3c + z}.$$

Das Trägheitsmoment des Querschnittes in Bezug auf die Ebene xy wird

$$8)\quad q_z'' = \frac{\pi ab}{c^2}(2cz^3 + z^4),$$

das Trägheitsmoment in Bezug auf dieselbe Ebene, also T_{xy} oder

$$9)\quad \overset{z}{\underset{0}{T}} = \frac{\pi ab}{c^2}\left(2c\frac{z^4}{4} + \frac{z^5}{5}\right)\frac{\pi ab z^4}{10c^2}[5c + 2z].$$

Der mittlere Trägheitsradius also

$$10)\quad h_t = \sqrt{\frac{\overset{z}{\underset{0}{T}}}{\overset{z}{\underset{0}{J}}}} = \sqrt{\frac{\frac{\pi ab z^4}{10c^2}(5c + 2z)}{\frac{\pi ab z^2}{3c^2}(3c + z)}}$$

$$= z\sqrt{\frac{3}{10}\cdot\frac{5c + 2z}{3c + z}}.$$

Das kleinste Trägheitsmoment in Bezug auf eine der Horizontalebenen erhält man durch Verlegung nach dem Segmentschwerpunkte, also durch Verminderung um $h_s^2 . J$. Es wird also

$$T_s = \frac{\pi a b z^4}{10 c^2}[5c + 2z] - \left(\frac{z}{4}\frac{8c+3z}{3c+z}\right)^2 . \frac{\pi a b z^2}{3 c^2}[3c + z]$$

oder

$$11) \qquad T_s = \frac{\pi a b z^4}{c^2}\left\{\frac{(5c+2z)}{10} - \frac{(8c+3z)^2}{48(3c+z)}\right\}$$

$$= \frac{\pi a b z^4}{c^2} \cdot \frac{40 c^2 + 24 c z + 3 z^2}{240(3c+z)}.$$

Das Trägheitsmoment der Ellipse mit den Achsen x und y ist in Bezug auf die x-Achse

$$T_x = \frac{\pi x y^3}{4}.$$

Hier ist aber

$$x = \frac{a}{c}\sqrt{2cz + z^2}, \qquad y = \frac{b}{c}\sqrt{2cz + z^2},$$

also für den Querschnitt in Höhe z

$$12) \quad q_s = \pi \frac{ab^3}{4c^4}(2cz + z^2)^2 = \pi \frac{ab^3}{4c^4}(4c^2z^2 + 4cz^3 + z^4).$$

Demnach wird das Trägheitsmoment in Bezug auf die Ebene xz für das Segment von 0 bis z

$$13) \qquad T_{xs} = \frac{\pi a b^3}{4 c^4}\left(4c^2\frac{z^3}{3} + 4c\frac{z^4}{4} + \frac{z^5}{5}\right)$$

$$= \frac{\pi a b^3 z^3}{60 c^4}(20 c^2 + 15 c z + 3 z^2).$$

Ebenso das in Bezug auf die yz-Ebene

$$14) \qquad T_{ys} = \frac{\pi a b z^3}{60 c^4}(20 c^2 + 15 c z + 3 z^2).$$

In Bezug auf die x-Achse wird das Trägheitsmoment

$$T_x = T_{xy} + T_{xz} = \frac{\pi a b z^4}{10 c^2}(5c + 2z)$$
$$+ \frac{\pi a b^3 z^3}{60 c^4}(20c^2 + 15cz + 3z^2).$$

oder

$$15)\quad T_x = \frac{\pi a b z^3}{60 c^4}[20 b^2 c^2 + 15 c (b^2 + 2c^2) z + 3(b^2 + 4c^2) z^2].$$

Ebenso

$$16)\quad T_y = \frac{\pi a b z^3}{60 c^4}[20 a^2 c^2 + 15 c (a^2 + 2c^2) z + 3(a^2 + 4c^2) z^2],$$

$$17)\quad T_z = \frac{\pi a b (a^2 + b^2) z^3}{60 c^4}[20 c^2 + 15 c z + 3 z^2].$$

Das Polarmoment zweiter Ordnung für den Schnittpunkt der Achsen x, y, z ist $T_p = T_{xy} + T_{yz} + T_{zx} = T_z + T_{xy}$ oder

$$18)\qquad T_p = \frac{\pi a b (a^2 + b^2) z^3}{60 c^4}[20 c^2 + 15 c z + 3 z^2]$$
$$+ \frac{\pi a b z^4}{10 c^2}[5c + 2z],$$

was sich ebenfalls noch vereinfachen läfst.

Der Leser verschiebe noch alle Bezugsebenen, alle Achsen und den Pol des letzten Moments nach dem Schwerpunkte, wobei die betreffenden Abzüge zu machen sind. Auch versuche er die Ebenen, Achsen und den Pol nach dem Mittelpunkte M des Hyperboloids zu verschieben. Endlich stelle er die Formeln für konjugierte Achsen (wie beim Ellipsoid und beim einfachen Hyperboloid) auf.

Mit Hilfe zweier Segmente werden noch die Parallelschichten erledigt. Auch die Sektoren sind leicht zu behandeln. Dann kann man mit Hilfe der Ausdrücke

$$T_x \frac{\vartheta^2}{2}, \qquad T_y \frac{\vartheta^2}{2}, \qquad T_z \frac{\vartheta^2}{2}$$

die Energie solcher Hyperboloide berechnen, die um eine der Hauptachsen sich drehen und auch Pendelaufgaben, Stofsaufgaben u. s. w. wie beim Ellipsoid berechnen. Alle diese Beispiele zu wiederholen, ist hier nicht nötig, da die Methode und der Rechnungsgang im wesentlichen übereinstimmen. Dasselbe gilt von den ähnlich begrenzten Hohlhyperboloiden und den Flächen mit entsprechender Massenverteilung.

ζ) Das dreiachsige Paraboloid, das hyperbolische Paraboloid und sonstige Flächen zweiten Grades.

§ 233) Das Drehungsparaboloid ist schon behandelt, es ist also nur noch eine „Erweiterung“ mit einem konstanten Faktor in irgend einer Normalrichtung zur Drehungsachse nötig, um das Paraboloid mit elliptischem Querschnitt zu erhalten. Die Berechnung der Segmente und Parallelschichten in geometrischer und mechanischer Hinsicht schliefst sich an das Vorangegangene so einfach an, dafs diese Übungsaufgaben dem Leser überlassen bleiben können. Dies gilt auch von der Behandlung der Schräglagen mit konjugierten Richtungen nach dem Muster der beim Ellipsoid ausgeführten Untersuchungen. Als Hauptachsenrichtungen betrachte man die Normale auf der Tangentialebene im Scheitelpunkte und die Richtungen der gröfsten und kleinsten Achse des elliptischen Parallelschnitts. Den Scheitel wähle man zum Ausgangspunkte der Berechnung (Schnittpunkt der Achsenrichtungen).

Konjugierte Richtungen findet man folgendermafsen. Man mache einen beliebig liegenden elliptischen Schnitt und gebe der Ellipse ein beliebiges Paar konjugierter Durchmesser. Dann lege man an den Körper eine dem Schnitt parallele Tangentialebene. Die Verbindungslinie des Berührungspunktes mit dem Mittelpunkte der Ellipse giebt die dritte konjugierte Achse.

§ 234) **Das hyperbolische Paraboloid und seine statischen Momente.** Schon in Figur 28 war ein hyperbolisches Paraboloid dargestellt, und zwar in einer Lage, in der seine Gleichung die einfache Form

$z = xy$ hat.*) Nur der Teil über einem Quadrate $ABCD$ mit der Seite 1 war gezeichnet, bezw. mit den Seiten x_1 und y_1, was auf den Inhalt $J = \frac{x_1^2 y_1^2}{4}$ führte. [Zieht man noch die Gerade EA, so hat man die Zeichnung einer Pyramide mit Grundfläche $x_1 y_1$ und der Höhe $x_1 y_1$, also vom Inhalte $J_1 = \frac{x_1^2 y_1^2}{3}$. Zieht man davon ab den Inhalt J, so hat man als Inhalt des stehen bleibenden Halbtetraeders

$$J_2 = J_1 - J = \frac{x_1^2 y_1^2}{12}.]$$

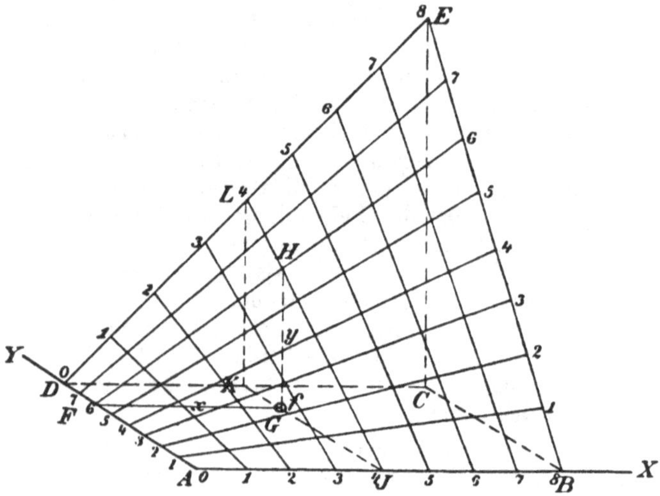

Fig. 77.

Die statischen Momente des gezeichneten Körpers in Bezug auf die Grundfläche sind leicht zu berechnen. Die senkrecht zur X-Achse stehende Parallelschicht hat in Entfernung y den Inhalt $x_1 \cdot \frac{x_1 y}{2} = \frac{x_1^2 y}{2}$. Die Schwerpunkts-

*) In der Figur ist GH mit z statt mit y zu bezeichnen.

höhe dieses Dreiecks ist $\frac{1}{3}x_1 y$, das statische Moment der Schicht also in Bezug auf die Grundfläche ist

$$q'_y = \frac{x_1^2 y}{2} \cdot \frac{1}{3} x_1 y = \frac{x_1^3 y^2}{6}.$$

Das statische Moment in Bezug auf die Grundfläche ist daher für den ganzen Körper nach der Schichtenformel

1) $$M_{xy} = \frac{x^3}{6} \cdot \frac{y_1^3}{3} = \frac{x_1^3 y_1^3}{18}.$$

Die Schwerpunktshöhe also

2) $$z_s = \frac{M_{xy}}{J} = \frac{\frac{x_1^3 y_1^3}{18}}{\frac{x_1^2 y_1^2}{4}} = \frac{2}{9} x_1 y_1.$$

Das statische Moment derselben Schicht in Bezug auf die Ebene ist von der Gröfse $\frac{x_1^2 y}{2} . y = \frac{x_1^2 y^2}{2}$. Nach der Schichtenformel ist daher das Moment für $y = 0$ bis y

3) $$M_{xs} = \frac{x_1^2}{2} . \frac{y_1^3}{3} y = \frac{x_1^2 y_1^3}{6}.$$

Der Abstand der Schwerpunktshöhe von der Ebene xz ist also

4) $$y_s = \frac{M_{xs}}{J} = \frac{\frac{x_1^2 y_1^3}{6}}{\frac{x_1^2 y_1^2}{4}} = \frac{2}{3} y_1.$$

Ebenso ist 5) $M_{ys} = \frac{x_1^3 y_1^2}{6}$, und 6) $x_s = \frac{M_{ys}}{J} = \frac{2}{3} x_1$.

Die Lage des Schwerpunkts ist durch die Koordinaten $\frac{2}{3} x_1$, $\frac{2}{3} y_1$, $\frac{2}{9} x_1 y_1$ vollständig bestimmt.

§ 235) Die Trägheitsmomente des hyperbolischen Paraboloids in Bezug auf die Koordinatenebenen und Achsen.

Das Trägheitsmoment des Körpers in Bezug auf die Grundfläche bestimmt sich aus dem der zuerst betrachteten Schicht $\frac{x_1^2 y}{2}$, die ein Dreieck von Grundlinie $g = x_1$ und der Höhe $h = x_1 y$ ist, als $\frac{g h^3}{12} = x_1 \cdot \frac{x_1^3 y^3}{12} = \frac{x_1^4 y^3}{12}$, nach der Summenformel wird für den ganzen Körper

$$1)\qquad T'_{xy} = \frac{x_1^4}{12} \frac{y_1^4}{4} = \frac{x_1^4 y_1^4}{48}.$$

Dieselbe Schicht giebt in Bezug auf die Ebene xz das Trägheitsmoment

$$\frac{g h}{2} \cdot y^2 = \frac{x_1 \cdot x_1 y}{2} \cdot y^2 = \frac{x_1^2}{2} y^3.$$

Für den ganzen Körper folgt

$$2)\qquad T'_{xz} = \frac{x_1^2}{2} \frac{y_1^4}{4} = \frac{x_1^2 y_1^4}{8}.$$

Ebenso ist

$$3)\qquad T'_{yz} = \frac{x_1^4 y_1^2}{8}.$$

Demnach ist für die X-Achse

$$4)\qquad T'_x = T_{xy} + T_{xz} = \frac{x_1^4 y_1^4}{48} + \frac{x_1^2 y_1^4}{8} = \frac{x_1^2 y_1^4 (x_1^2 + 6)}{48}.$$

für die anderen Achsen

$$5)\qquad T'_y = T_{xy} + T_{yz} = \frac{x_1^4 y_1^4}{48} + \frac{x_1^4 y_1^2}{8} = \frac{x_1^4 y_1^2 (y_1^2 + 6)}{48}.$$

$$6)\qquad T'_z = T_{xz} + T_{yz} = \frac{x_1^2 y_1^4}{8} + \frac{x_1^4 y_1^2}{8} = \frac{x_1^2 y_1^2 (y_1^2 + x_1^2)}{8}.$$

Das Polarmoment in Bezug auf den Nullpunkt ist

$$7)\qquad T'_p = (T_{xy} + T_{yz}) + T_{zx} = T_y + T_{zx} = \frac{x_1^4 y_1^2}{48} (y_1^2 + 6)$$

$$+ \frac{x_1^2 y_1^4}{8} = \frac{x_1^2 y_1^2 [x_1^2 y_1^2 + 6 x_1^2 + 6 y_1^2]}{48}.$$

§ 236) Alle diese Trägheitsmomente sollen jetzt nach dem Schwerpunkte hin reduziert werden. Dabei wird

$$T_{xy} = T'_{xy} - \left(\frac{2}{9} x_1 y_1\right)^2 . J = \frac{x_1^4 y_1^4}{48} - \frac{4}{81} x_1^2 y_1^2 . \frac{x_1^2 y_1^2}{4}$$

$$= x_1^4 y_1^4 \frac{27-16}{1296} = x_1^4 y_1^4 \frac{9}{1296}$$

oder

1) $$T_{xy} = \frac{x_1^4 y_1^4}{144}$$

$$T_{yz} = T'_{yz} - \left(\frac{2}{3} x_1\right)^2 J = \frac{x_1^4 y_1^2}{8} - \frac{4}{9} x_1^2 \frac{x_1^2 y_1^2}{4} = x_1^4 y^2 \frac{9-8}{72},$$

oder

2) $$T_{yz} = \frac{x_1^4 y_1^2}{72}.$$

3) $$T_{zx} = T'_{zx} - \left(\frac{2}{3} y_1\right)^2 J = \frac{x_1^2 y_1^4}{72}.$$

Demnach wird

4) $$T_y = T_{xy} + T_{yz} = \frac{x_1^4 y_1^4}{144} + \frac{x_1^4 y_1^2}{72} = \frac{x_1^4 y_1^2 (y_1^2 + 2)}{144}.$$

5) $$T_z = I_{yz} + T_{zx} = \frac{x_1^4 y_1^2}{72} + \frac{x_1^2 y_1^4}{72} = \frac{x_1^2 x_1^2 (x_1^2 + y_1^2)}{72}.$$

6) $$T_x = T_{zx} + T_{xy} = \frac{x_1^2 y_1^4}{72} + \frac{x_1^4 y_1^4}{144} = \frac{x_1^2 y_1^4 (2 + x_1^2)}{144}.$$

Das Polarmoment in Bezug auf den Schwerpunkt ist

$$T_p = T_{xy} + T_{yz} + T_{zx} = T_y + T_{zx} = \frac{x_1^4 y_1^2 (y_1^2 + 2)}{144}$$

$$+ \frac{x_1^2 y_1^4}{72} = \frac{x_1^4 y_1^4 + 2 x_1^4 y_1^2 + 2 x_1^2 y_1^4}{144}$$

oder

7) $$T_p = \frac{x_1^2 y_1^2 [x_1^2 y_1^2 + 2 x_1^2 + 2 y_1^2]}{144}$$

Die entsprechenden Trägheitsabstände und Trägheitsradien, Schwingungspunkte u. dergl. sind nun leicht zu berechnen. Dies und die Lösung mechanischer Übungsaufgaben sei dem Leser überlassen.

Zu empfehlen ist noch die Aufgabe, das allgemeine Tetraeder (mit senkrechter Achse) in der Stellung der Fig. 100 in Band I und das daraus entspringende Halbtetraeder in gleicher Weise zu behandeln.

Ferner sei die Aufgabe gestellt, senkrechte Cylinder von beliebiger Grundfläche und Stellung zu untersuchen, die durch die Fläche $z = xy$ begrenzt werden.

Statt der Fläche $z = xy$ die Fläche $\frac{z}{c} = \frac{x}{a} \cdot \frac{y}{b}$ oder $z = \frac{c}{ab} xy = kxy$ zu behandeln, ist eine leichte Übungsaufgabe. Nur wenig komplizierter ist die Bezugnahme auf konjugierte Richtungen.

Man untersuche auch ähnlich begrenzte Hohlparaboloide elliptischer und hyperbolischer Art, die entsprechenden Massenbelegungen auf beiden Arten von parabolischen Flächen und ihren Segmenten, Parallelschichten u. dergl.

§ 237) Sonstige mit Kegelschnittsflächen zusammenhängende Körper, wie senkrechte und schiefe Kreiscylinder, elliptische, parabolische, hyperbolische Cylinder, senkrechte und schiefe Kreiskegel, elliptische, parabolische, hyperbolische Kegel und ihre Schichten und Abschnitte aller Art in entsprechender Weise zu untersuchen, giebt einfache Übungsaufgaben in grofser Zahl.

Nur die Flächen, z. B. schon die des schrägen Kreiscylinders, des elliptischen Cylinders, des schrägen Kreiskegels, des elliptischen Kegels u. s. w. machen Schwierigkeiten, die übrigens auch der höheren Analysis nicht erspart werden, da es sich dort um elliptische und hyperelliptische Integrale handelt. Das elementar zu behandelnde, z. B. die Oberfläche des Paraboloids, kann an der Hand der schon behandelten Voraufgaben in Angriff genommen werden. Wohl aber lassen sich, wie vorher Flächen mit besonderen Massenbelegungen ganz elementar behandeln. Sonst ist wesentlich Neues hier nicht mehr zu vermerken.

η) Einiges über Centrifugalmomente solcher Körper.

§ 238) Ein geometrischer Hilfssatz nebst mechanischen Folgerungen. Zur Behandlung der Centrifugalmomente sei folgender Hilfssatz bewiesen. Schneidet man von einer Ecke eines Parallelogramms aus $\frac{1}{m}$ der einen und $\frac{1}{m_1}$ der anderen Seite ab, so schneidet die Verbindungslinie der Teilpunkte $\frac{1}{m+m_1}$ von der Länge der dortigen Diagonale ab, und letztere teilt die Verbindungslinie im Verhältnis $m_1 : m$.

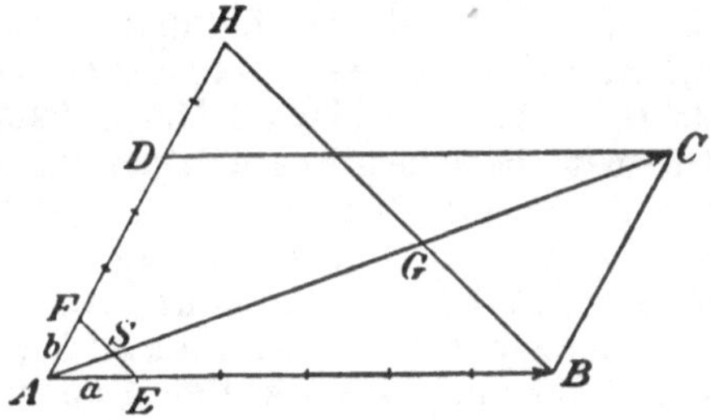

Fig. 78.

Beweis. $AE = a$ sei $\frac{1}{m} AB$, $AF = b \frac{1}{m} AD$, AC die Diagonale von $ABCD$, welche FE in S teilt. Man ziehe noch $BH \parallel EF$, was auf der Diagonale G giebt. Aus der Ähnlichkeit der entsprechenden Dreiecke folgt $HG : GB = AH : BC = mb : m_1 b = m : m_1$. Folglich ist auch $FS : SE = m : m_1$. Damit ist die eine Behauptung bewiesen. — Ferner ist $AG : GC = AH : BC = m : m_1$, also

$$AG : (AG + GC) = m : m + m_1.$$

Nun ist aber $AG = mAS$, also folgt $mAS : AC = m : m + m_1$, folglich ist $AS = \frac{AC}{m + m_1}$. Damit ist die andere Behauptung bewiesen.

Folgerungen. Man denke sich E und F mit Massen m und m_1 belegt und um die in A auf der Ebene von $ABCD$ errichtete Normale, mit der sie starr verbunden sind, mit der Winkelgeschwindigkeit $\vartheta = 1$ rotierend. Dann ist die eine Centrifugalkraft $m a \vartheta^2 = m a \,.\, 1^2$, also wird sie bequem durch $AB = ma$ dargestellt, wenn $AE = a$ ist.

Die andere ist $m_1 b \vartheta^2 = m_1 b 1^2$, also wird sie durch AD dargestellt, wenn $AF = b$ ist. Die Resultante beider Kräfte, die durch EF starr verbunden sind, ist $AC = (m + m_1) AS = (m + m_1) AS \cdot 1^2$. Letzteres ist aber gleich der Centrifugalkraft der in S angebrachten Masse $(m + m_1)$. Da ferner $FS : SE = m : m_1$ ist, so ist S der Schwerpunkt der beiden Massen. Also geht die Resultante durch den Schwerpunkt und ist gleich der Centrifugalkraft der in diesem angebrachten Masse. Diese kombinierte Masse kann man nun mit einer dritten in derselben Ebene lagernden Masse m_2 kombinieren, was ein entsprechendes Resultat giebt. Fährt man so fort, so folgt z. B. für eine homogene mit Masse belegte ebene Fläche, dafs, wenn sie um eine zu ihr normale Achse rotiert, die Centrifugalkraft nach Gröfse und Richtung gleich der Centrifugalkraft der im Schwerpunkt angebrachten Masse ist.

Ist ein homogener Körper symmetrisch zu einer solchen Ebene, so lassen sich stets je zwei symmetrische Massenteilchen mit ihren Centrifugalkräften ersetzen durch die vereinigte Masse, die im Schnittpunkte der Verbindungslinie und der Ebene angebracht ist. Macht man dies mit allen symmetrischen Teilchen, so ist das Problem auf das vorige zurückgeführt. Folglich:

Hat ein homogener Körper eine Symmetrieebene und dreht er sich um eine zur letzteren normale Achse, so ist die Centrifugalkraft nach Gröfse und Richtung gleich der Centrifugalkraft der im Schwerpunkte vereinigten Masse.

Denkt man sich in irgend welcher Höhenlage eine zur vorigen parallele Ebene, z. B. im Abstande z, so hat die Centrifugalkraft p in Bezug auf diese Ebene ein Centrifugalmoment $p \cdot z$ im mechanischen Sinne.

§ 239) Anders ist es, wenn die homogen mit Masse belegte ebene Fläche um eine Achse rotiert, die in ihrer Ebene liegt. In diesem Falle werden alle Centrifugalkräfte parallel, die Resultante ist also gleich der Summe der Kräfte und horizontal gerichtet, aber sie geht im allgemeinen nicht durch den Schwerpunkt der Massen. Denkt man sich z. B. in A und A_1 Massen 1, die mit der Drehungsachse PQ fest verbunden sind und von ihr die Entfernungen

x und x_1 haben, so verhalten sich die Centrifugalkräfte $1 . x\vartheta^2$ und $1 x_1 \vartheta^2$ wie x und x_1. Die Resultante $x + x_1$ greift also in einem Punkte P an, der die Verbindungslinie im umgekehrten Verhältnis der Kräfte teilt. Dieser liegt hier tiefer als der Schwerpunkt. Dagegen ist die Gröfse der Centrifugalkräfte so, dafs sie gleich der Centrifugalkraft der in S vereinigten Masse ist. Ebenso ist es, wenn man in A und B Massen m und m_1 anbringt, was Centrifugalkräfte $m x \vartheta^2$ und $m_1 x_1 \vartheta^2$ giebt. Dann teilt die Resultante die Verbindungslinie wieder im umgekehrten Verhältnis der Kräfte. Die Summe der Kräfte $(mx + m_1 x)\vartheta^2$ ist aber ebenso grofs, wie die Centrifugalkraft der im neuen Schwerpunkte vereinigten Masse, denn es ist $mx + mx_1 = (m + m_1)x_s$, wenn x_s der Schwerpunktsabstand ist. Denn der eine Ausdruck ist die Summe der einzelnen statischen Momente in Bezug auf PQ, der andere ist das Gesamtmoment der im Schwerpunkt vereinigten Masse in Bezug auf PQ. Entsprechendes gilt von 3, 4, 5 ... Punkten. Liegen jedoch alle Punkte in einer Parallelen zur Schwerpunktsachse, so geht die Kraft durch den Schwerpunkt.

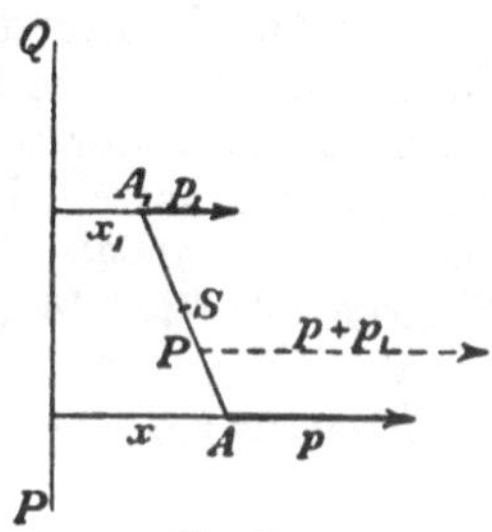

Fig. 79.

Die Höhenlage des Angriffspunktes bestimmt sich dabei allgemein folgendermafsen. Die Abstände der Punkte $A, A_1, A_2 \ldots$ von einer Normalebene zu PQ seien $z, z_1, z_2 \ldots$, dann sind die statischen Momente der Centrifugalkräfte in Bezug auf diese Ebene

$$m x \frac{\vartheta^2}{2} z + m_1 x_1 \frac{\vartheta^2}{2} z_1 + m_2 x_2 \frac{\vartheta^2}{2} z_2 + \ldots$$

$$= \frac{\vartheta^2}{2} (m x z + m_1 x_1 z_1 + m_2 x_2 z_2 + \ldots).$$

Dieses statische Moment ist gleich dem Momente der Mittelkraft, also gleich

$$\zeta (m x + m_1 x_1 + m_2 x_2 + \ldots) \frac{\vartheta^2}{2}.$$

Der Abstand ζ der Mittelkraft von der Bezugsebene ist also

$$\zeta = \frac{m x z + m_1 x_1 z_1 + m_2 x_2 z_2 + \ldots}{m x + m_1 x_1 + m_2 x_2 + \ldots} = \frac{\text{Centrifugalmoment}}{\text{Resultante}}.$$

Ist die Resultante gleich Null, was stattfindet, sobald die Achse durch den Schwerpunkt geht, und ist das Centrifugalmoment endlich, so wird ζ unendlich grofs, d. h. es handelt sich um ein Kräftepaar. Im besonderen Falle kann auch dieses gleich Null sein. Dem entsprechen z. B. die Figuren 80, 81. In der einen befindet sich ein Kräftepaar mit dem Momente $p\,e$, in der andern hat das Moment des Kräftepaars den Wert Null.

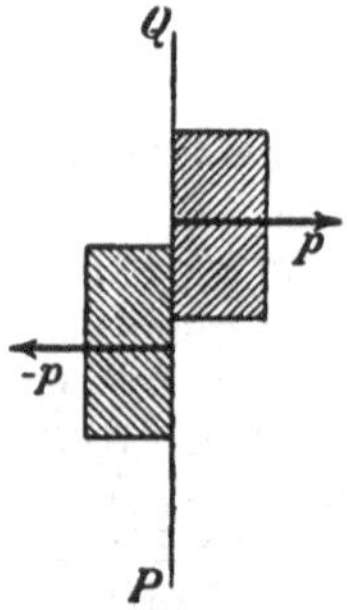

Fig. 80.

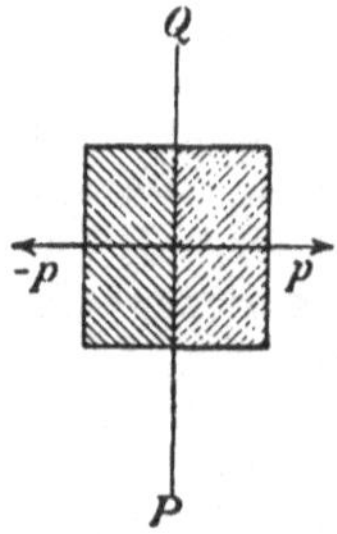

Fig. 81.

Das allgemeine Resultat ist folgendes: Die Centrifugalkraft einer mit Masse belegten ebenen Fläche, die sich um eine in ihrer Ebene liegende Achse dreht, ist der Stärke nach gleich der Centrifugalkraft der im Schwerpunkte vereinigten Masse, auch ist sie parallel gerichtet zu dieser Kraft. Im allgemeinen geht sie aber **nicht** durch den Schwerpunkt. Ihre Angriffshöhe in Bezug auf eine beliebige Normalebene zur Achse bestimmt sich aus $\zeta = \frac{\text{Centrifugalmoment}}{\text{Resultante}}$. Ist die Resultante gleich Null, so ist das Centrifugalmoment gleich dem Momente des Kräftepaars.

Folgerung. Zerlegt man einen Körper durch Normalebenen zur Drehungsachse in Scheiben, und liegen deren Schwerpunkte in einer durch die Drehungsachse gehende Ebene, so ist die Centrifugalkraft des Körpers nach der zuletzt gegebenen Methode zu behandeln, denn für jede Scheibe gilt der Schwerpunktssatz des § 238. Das Kräftepaar hat, wie Fig. 80 zeigt, das Bestreben, die Drehungsachse umzuwerfen, selbst wenn die Kräfteresultante gleich Null ist.

§ 240) Ist der Körper von allgemeiner Gestalt und die Drehungsachse z. B. senkrecht, so lege man durch den Schwerpunkt eine Horizontalebene. Projiziert man alle Massenteilchen auf diese Ebene, so bleibt der Schwerpunkt ungeändert, ebenso jede Centrifugalkraft ihrer Gröfse und Richtung nach. Dadurch findet man im Anschlufs an § 238 die gesamte Centrifugalkraft der Stärke nach als die Centrifugalkraft der im Schwerpunkte vereinigten Masse.

Diese Verlegung der Massen ist aber nur in folgendem Sinne gestattet: Man projiziere jeden Massenpunkt auf die Hilfsebene und bringe dort die Centrifugalkraft gleich und entgegengesetzt gerichtet an. So erhält man eine in jener Ebene liegende Kraft, deren Richtungslinie durch die Drehungsachse geht, und ein Kräftepaar, welches in einer durch die Achse gehenden Ebene wirkt. Die Kräfte werden nach § 238 behandelt, die Kräftepaare, die in einem durch die Achse gehenden Ebenenbüschel liegen, sind nach der bekannten Methode der Mechanik zu einem resultierenden Kräftepaare zu vereinigen. Fallen dann die Resultante und das resultierende Kräftepaar in dieselbe Ebene, so lassen sie sich zu einer Kraft vereinigen, die im allgemeinen nicht durch den Schwerpunkt geht. Liegen sie aber nicht in derselben Ebene, dann ist eine weitere Vereinfachung nicht möglich. — Geht die Drehungsachse durch den Schwerpunkt, so verschwindet die Kraft, aber im allgemeinen nicht das Kräftepaar. Weil sie aber nicht beide in derselben Ebene zu liegen brauchen, kann im allgemeinen das Kräftepaar verschwinden, ohne dafs die Kraft verschwindet, und die Kraft kann verschwinden, ohne dafs das Kräftepaar verschwindet.

Diese Sätze reichen hin, eine Reihe von Centrifugalaufgaben zu lösen. Und wie man von den barycentrischen Methoden aus Schlüsse auf die Planimetrie und Stereometrie ziehen kann, kann man dies auch von diesen Centrifugalaufgaben aus, so dafs man eine grofse Anzahl von Resultaten für die Übungsbeispiele erhält.

Will man die Centrifugalmomente unmittelbar erhalten, so gebe man jedem Volumenteilchen v auch die Masse v, die Winkelgeschwindigkeit ϑ aber (gemessen am Radius 1) setze man von vornherein gleich 1.

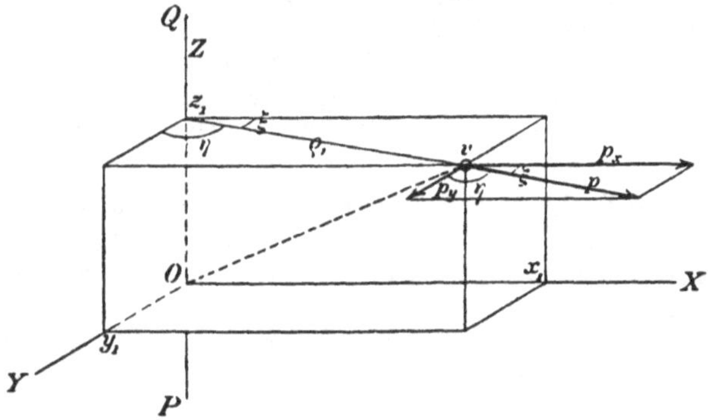

Fig. 82.

§ 241) Centrifugalmoment für ein einziges Massenteilchen v. Man mache die Drehungsachse, mit dem das Teilchen v fest verbunden zu denken ist, zur Z-Achse des Koordinatensystems. Das Teilchen habe die Koordinaten x_1, y_1, z_1, so dafs der Abstand von der Z-Achse $\varrho_1 = \sqrt{x_1^2 + y_1^2}$ ist. Ist $\vartheta = 1$ die Winkelgeschwindigkeit der Drehung, so entsteht die Centrifugalkraft

$$p = v\varrho_1 \vartheta^2 = v\varrho_1 1^2 = v\varrho_1,$$

die in Bezug auf die Ebene XY das Centrifugalmoment $v\varrho_1 z$ im mechanischen Sinne hat.

Die Komponente von p in Bezug auf die Richtung der X ist $p_x = p \cos\xi = (v\varrho_1)\cos\xi = v(\varrho_1 \cos\xi) = vx_1$, das Centrifugalmoment dieser Komponente in Bezug auf die Ebene XY ist also $vx_1 z_1$. (In diesem Ausdrucke können z_1 und x_1 ihre Rolle vertauschen. Man hat also zugleich das Centrifugalmoment $v z_1 x_1$ für die Z-Komponente der Drehung mit Winkelgeschwindigkeit $\vartheta = 1$ um die X-Achse, bezogen auf die Ebene ZY.)

Für einen Körper ist bei der entsprechenden Drehung um die Z-Achse die aus der Mechanik zu entnehmende Centrifugalkomponente in der Richtung der X zu multiplizieren mit dem Abstande z. Der mathematische Ausdruck $\sum xz$ für den ganzen Körper ist nun nach den vorliegenden Methoden zu bestimmen.

§ 242) **Beispiel der Kugel.** Die Kugel ist symmetrisch gegen den horizontalen Mittelpunktsschnitt. Folglich ist nach § 238 die Centrifugalkraft von der Gröfse der im Mittelpunkt vereinigten Masse und geht durch diesen Punkt. Ist also r der Radius der Kugel und sind die Koordinaten des Mittelpunktes x_1, y_1, z_1, so ist die Centrifugalkraft unter den obigen Annahmen ($T = 1$, Masse im Volumen v gleich v)

$$p = \frac{4\pi}{3} r^3 . \varrho_1 . 1^2 = \frac{4\pi}{3} r^3 \varrho_1 .$$

Die Komponente in der Richtung x ist

$$p_x = \frac{4\pi}{3} r^3 \varrho_1 \cos \xi_1 = \frac{4\pi}{3} r^3 x_1 .$$

Das Moment dieser Komponente in Bezug auf die Ebene XY ist

$$p_x . z_1 = \frac{4\pi}{3} r^3 x_1 z_1 = J x_1 z_1 .$$

Demnach ist das **stereometrische Centrifugalmoment** der Kugel in diesem Falle

$$\sum v x z = \frac{4\pi}{3} r^3 x_1 z_1 = J x_1 z_1 .$$

Man versuche dies auch auf dem Wege der Schichtenformel nachzuweisen, indem man zunächst die Centrifugalkraft und ihr Moment auf die Ebene XY für jede Einzelschicht untersucht und dann die Summierung für den ganzen Körper durchführt.

§ 243) Beim senkrechten und senkrecht stehenden Cylinder mit Kreis, Ellipse, Kreissegment, Ellipsensegment, Parabelsegment, Hyperbelsegment als Grundfläche, beim senkrechten und senkrecht stehenden Kegel mit solchen Grundflächen, d. h. bei Kegeln, deren Spitze senkrecht über dem Schwerpunkte der Grundfläche liegt (bei der Kugel), beim dreiachsigen Ellipsoid, dreiachsigen einmanteligen Hyperboloid, beide mit einer senkrecht stehenden Hauptachse gedacht, beim zweimanteligen Hyperboloid mit senkrecht stehender durch den Scheitelpunkt gehender Hauptachse, beim entsprechenden elliptischen Paraboloid liegen die Schwerpunkte der Horizontalschichten sämtlich in einer Senkrechten. Demnach geht bei allen die Centrifugalkraft durch den Schwerpunkt, sobald die Z-Achse des Koordinatensystems parallel zur Drehungsachse ist. Sind also die Schwerpunktskoordinaten x_1, y_1, z_1, so ist bei allen das Centrifugalmoment $\Sigma vxz = Jx_1 z_1$, ebenso das Centrifugalmoment $\Sigma vyz = Jy_1 z_1$. Vertauschen aber x und z bezw. y und z ihre Rollen, so hat man dieselben Centrifugalmomente für die Drehung um die X-Achse bezw. Y-Achse des Koordinatensystems.

Damit ist eine grofse Anzahl von Übungsbeispielen mit einfachen Resultaten für die Anwendung der Summenformel erledigt. Das hier fehlende Σxy erhält man z. B. bei der Drehung um die X-Achse und die Komponente in der Y-Richtung.

§ 244) Sind nun die Trägheitsmomente T_x, T_y, T_z für einen solchen Körper in solcher Lage in Bezug auf die Koordinatenachsen bestimmt, so mufs man den in § 18 bewiesenen Satz anwenden und das Trägheitsmoment für eine Achse A berechnen, die durch den Nullpunkt des Koordinatensystems geht und mit dessen Achsen die Winkel α, β, γ bildet, denn dabei wird das Trägheitsmoment in Bezug auf die neuen Achsen

$$T_A = \cos^2\alpha\, T_x + \cos^2\beta\, T_y + \cos^2\gamma\, T_z$$

$$-2\cos\alpha\cos\beta \sum vxy - 2\cos\beta\cos\gamma \sum vyz - 2\cos\gamma\cos\alpha \sum vzx.$$

Entsprechendes gilt übrigens von den Formeln des § 17, wo es sich um die Planmomente zweiter Ordnung handelt, wobei z. B. die Drehung um die Z-Achse auf die Formeln

$$T_{\eta\zeta} = \cos^2\gamma\, T_{yz} + \sin^2\gamma\, T_{zx} + \sin 2\gamma \sum xy,$$

$$T_{\zeta\xi} = \cos^2\gamma\, T_{zx} + \sin^2\gamma\, T_{yz} - \sin 2\gamma \sum xy,$$

$$T_{\eta\xi} = T_{yx}$$

führt.

Dadurch sind zahlreiche Übungsaufgaben für Momente zweiter Ordnung in Bezug auf beliebig liegende Ebenen lösbar gemacht, denn die Verschiebungen der Ebenen oder Achsen führen nur auf einen Zusatz $c^2 J$, wenn man vom Schwerpunkte ausgeht.

Auch horizontale Parallelschichten, Segmente und Sektoren der Kugel und des Ellipsoids und zahlreiche andere Körper lassen sich in entsprechender Weise behandeln.

§ 245) **Liegen die Schwerpunkte der zur Drehungsachse normalen Parallelschichten eines homogenen Körpers in einer Geraden, welche die Drehungsachse schräg schneidet, so fällt die Centrifugalaufgabe unter den in § 239 behandelten Fall.**

Hierher gehören als einfache Fälle der schräge Kreiscylinder und Kreiskegel, das dreiachsige Ellipsoid, Hyperboloid, Paraboloid mit schrägen Achsen, jedoch so, daſs die horizontalen Parallelschnitte untersucht werden. Hier kommen, da die Schwerpunktsachse konjugierte Richtung gegen die Ebenen der Parallelschnitte hat, die oben behandelten konjugierten Achsen zur Geltung.

Die Angriffshöhe der Resultante fällt dabei nicht mehr mit der Schwerpunktshöhe des Körpers zusammen. Einige Beispiele sollen behandelt werden.

§ 246) **Schräger Kreiscylinder**, auf der XY-Ebene stehend, jedoch so, daſs seine Mittellinie BC die Z-Achse, die Drehungsachse sein soll, schneidet und gegen die XY-Ebene unter α geneigt sein soll. (Figur 83) Die Höhe des Cylinders sei z_2, der Mittelpunkt der Grundfläche habe die Koordinaten x_1, y_1, $z=0$, der der oberen x_2, y_2, z_2. Der Abstand $\varrho_1 = OB$ ist $\varrho_1 = \sqrt{x_1^2 + y_1^2}$, der Abstand $\varrho_2 = KC$

ist $\varrho_2 = \varrho_1 + z_2 \cot\alpha$, der Schwerpunktsabstand ist $\varrho_s = \frac{\varrho_1 + \varrho_2}{2}$, also das zugehörige $x_s = \frac{x_1 + x_2}{2}$, $y_s = \frac{y_1 + y_2}{2}$, wobei $x_2 = z_2 \cot\alpha \cos\xi_1$, $y_2 = z_2 \cot\alpha \sin\xi_1$ und $\cos\xi_1 = \frac{y_1}{\sqrt{x_1^2 + y_1^2}}$, $\sin\xi_1 = \frac{y_1}{\sqrt{x_1^2 + y_1^2}}$. Für die Höhe z ist der Mittelpunktsabstand $\varrho_z = \varrho_1 + z \cot\alpha$; ebenso $x_z = x_1 + z \cot\alpha \cos\xi_1$, $y_z = y_1 + z \cot\alpha \sin\xi_1$.

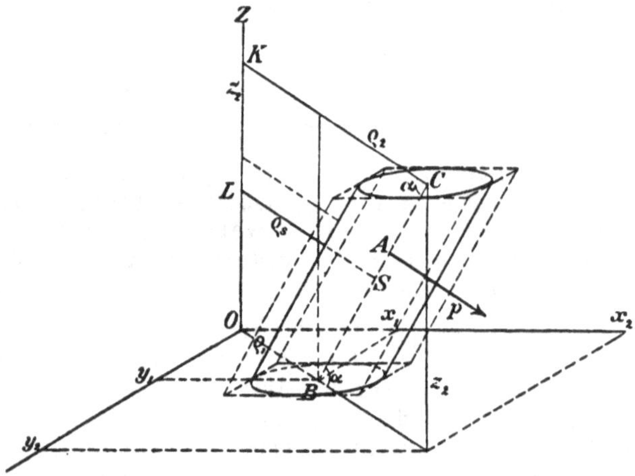

Fig. 83.

Die Centrifugalkraft des ganzen Körpers wird (bei der Winkelgeschwindigkeit $\vartheta = 1$ und der spezifischen Masse 1)

$$p = (\pi r^2 z_2)\,\varrho_s = J\varrho_s = J\frac{\varrho_1 + \varrho_2}{2} = J\left(\varrho_1 + \frac{z_2}{2}\cot\alpha\right),$$

die X-Komponente

$$1)\qquad p_x = (\pi r^2 z_2)\,x_s = J x_s = J\frac{\varrho_1 + \varrho_2}{2}\cos\xi_1$$

$$= J\left(x_1 + \frac{z_2}{2}\cot\alpha\cos\xi_1\right).$$

Die Querschnitte des Körpers sind von der Form $q = \pi r^2$, dazu gehört für die Centrifugalkraft der Querschnittsausdruck $q' = \pi r^2 \varrho_s$, als X-Komponente $q'' = \pi r^2 x_s$; als Moment in Bezug auf die XY-Ebene

$$2)\qquad q''' = \pi r^2 x_s z = \pi r^2 z (x_1 + z \cot \alpha \cos \xi_1)$$
$$= \pi r^2 (x_1 z + z^2 \cot \alpha \cos \xi_1).$$

Für den ganzen Körper wird also nach der Summenformel

$$\sum v x z = \pi r^2 \left(\frac{x_1 z_2^2}{2} + \frac{z_2^3}{3} \cot \alpha \cos \xi_1 \right),$$

oder

$$3)\qquad \sum v x z = \frac{\pi r^2 z_2^2}{6} (3 x_1 + 2 z_2 \cot \alpha \cos \xi_1)$$

$$= J \frac{z_2}{6} (3 x_1 + 2 z_2 \cot \alpha \cos \xi_1) = J \frac{z_2}{6} (3 x_1 + 2 x_2).$$

Damit ist das betreffende Centrifugalmoment gefunden. Die Angriffshöhe der Centrifugalkraft wird

$$4)\qquad h = \frac{J \frac{z_2}{6} (3 x_1 + 2 z_2 \cot \alpha \cos \xi_1)}{J x_s}$$

$$= \frac{z_2}{6 x_s} (3 x_1 + 2 z_2 \cot \alpha \cos \xi_1) = \frac{z_2}{6 x_s} (3 x_1 + 2 x_2).$$

Will man in 3) nur die gegebenen Werte x_1, y_1, $z_1 = 0$, z_2, r, α haben, so wird

$$3^*)\qquad \sum v x z = \frac{\pi r^2}{6} z_2^2 \left(3 x_1 + 2 z_2 \cot \alpha \frac{x_1}{\sqrt{x_1^2 + y_1^2}} \right).$$

$$4^*)\qquad h = \frac{z_2}{3} \cdot \frac{3 x_1 + 2 z_2 \cot \alpha \dfrac{x_1}{\sqrt{x_1^2 + y^2}}}{x_1 + z_2 \cot \alpha \dfrac{x_1}{\sqrt{x_1^2 + y^2}}}$$

$$= \frac{z_2}{3} \frac{3 x_1 \sqrt{x_1^2 + y_1^2} + 2 x_1 z_2 \cot \alpha}{x_1 \sqrt{x_1^2 + y_1^2} + x_1 z_2 \cot \alpha}.$$

§ 247) Beispiel des schrägen Kreiskegels, dessen Schwerpunktsachse ebenso steht, wie vorher, so dafs er dem vorigen Kreiscylinder einbeschrieben ist. Die Spitze soll in der XY-Ebene liegen.

Auflösung. Der Schwerpunktsabstand wird $\varrho_s = \frac{\varrho_1 + 3\varrho_2}{4}$, die gesamte Centrifugalkraft

$$p = \pi r^2 \frac{z_2}{3} \cdot \frac{\varrho_1 + 3\varrho_2}{4} = J \frac{\varrho_1 + 3\varrho_2}{4}.$$

Die X-Komponente wird

1) $$p_x = J \frac{\varrho_1 + 3\varrho_2}{4} \cdot \cos\xi_1 = J \frac{x_1 + 3x_2}{4}.$$

Der Abstand für Höhe z wird hier $\varrho_s = \frac{z(\varrho_2 - \varrho_1) + \varrho_1 z_2}{z_2}$, die Querschnittsformel wird $q = \pi r^2 \frac{z^2}{z_2^2}$ hinsichtlich der Centrifugalkraft

$$q' = \frac{\pi r^2}{z_2^2} z^2 \cdot \varrho_s = \frac{\pi r^2 z^2}{z_2^2} \cdot \frac{z(\varrho_2 - \varrho_1) + \varrho_1 z_2}{z_2}$$

$$= \frac{\pi r^2}{z_2^3} [\varrho_1 z_2 z^2 + (\varrho_2 - \varrho_1) z^3];$$

hinsichtlich deren Komponente

$$q'' = \frac{\pi r^2}{z_2^3} [\varrho_1 z_2 z^2 + (\varrho_2 - \varrho_1) z^3] \cos\xi_1;$$

hinsichtlich des Momentes in Bezug auf die Grundebene

$$q'' = \frac{\pi r^2}{z_2^3} [\varrho_1 z_2 z^3 + (\varrho_2 - \varrho_1) z^4] \cos\xi_1.$$

Demnach wird für den ganzen Körper das Centrifugalmoment

$$\sum vxz = \frac{\pi r^2}{z_2^3} \left[\varrho_1 z_2 \frac{z_2^4}{4} + (\varrho_2 - \varrho_1) \frac{z_2^5}{5} \right] \cos\xi_1$$

$$= \frac{\pi r^2}{20} [5\varrho_1 z_2^2 + 4(\varrho_2 - \varrho_1) z_2^2] \cos\xi_1$$

$$= \frac{\pi r^2 z_2}{3} \cdot \frac{3 z_2}{20} [5\varrho_1 + 4\varrho_2 - 4\varrho_1] \cos\xi_1$$

$$= \frac{3 J z_2}{20} [\varrho_1 + 4\varrho_2] \cos\xi_1 = \frac{3 J z_2}{20} [x_1 + 4x_2].$$

Damit ist das betreffende Centrifugalmoment gefunden. Die Höhe des Angriffspunktes der Centrifugalkraft ist

$$h = \frac{\frac{3J}{20} z_2 (x_1 + 4x_2)}{J \frac{x_1 + 3x_2}{4}} = \frac{3}{5} z_2 \frac{x_1 + 4x_2}{x_1 + 3x_2}.$$

§ 248) Der Kugeloktant, der in die Dreikantecke des Koordinatensystems gestellt ist. Der Schwerpunkt hat die Koordinaten

$$x_s = \frac{3}{8} r, \; y_s = \frac{3}{8} r, \; z_s = \frac{3}{8} r.$$

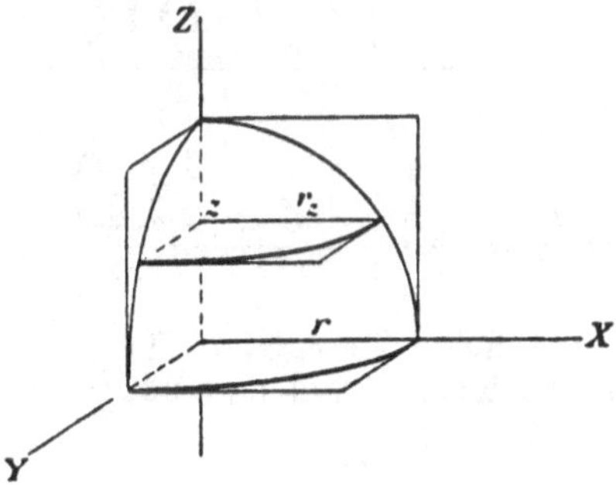

Fig. 84.

Die X-Komponente der Centrifugalkraft wird

$$1) \qquad p_x = \left(\frac{3}{8} r\right) \frac{1}{8} \frac{4\pi}{3} r^3 = \frac{\pi}{16} r^4.$$

Die Schicht hat die Fläche $\frac{\pi}{4} r_z^2 = \frac{\pi}{4}(r^2 - z^2)$ und den Schwerpunktsabstand $x_s = \frac{4 r_z}{3\pi} = \frac{4}{3\pi}\sqrt{r^2 - z^2}$, so dafs die X-Komponente wird

$$q = \frac{\pi}{4}(r^2 - z^2) \frac{4}{3\pi} \sqrt{r^2 - z^2} = \frac{1}{3} \sqrt{r^2 - z^2}^3.$$

Das Moment dieser Komponente in Bezug auf die XY-Ebene ist also

$$q' = \frac{1}{3} z \sqrt{r^2 - z^2}^3.$$

Die Summenformel ist hier nur anwendbar, wenn man es versteht, diesen Ausdruck in eine konvergente Reihe zu verwandeln. Man erhält mit Hilfe des binomschen Satzes

$$q' = \frac{1}{3} z (r^2)^{\frac{3}{2}} \sqrt{1 - \frac{z^2}{r^2}}^3 = \frac{zr^3}{3}\left(1 - \frac{z^2}{r^2}\right)^{\frac{3}{2}}$$

$$= \frac{zr^3}{3}\left[1 - \frac{\frac{3}{2}}{1}\left(\frac{z}{r}\right)^2 + \frac{\frac{3}{2}\left(\frac{3}{2}-1\right)}{1.2}\left(\frac{z}{r}\right)^4\right.$$

$$\left. - \frac{\frac{3}{2}\left(\frac{3}{2}-1\right)\left(\frac{3}{2}-2\right)}{1.2.3}\left(\frac{z}{r}\right)^6 + \dots\right]$$

$$= \frac{r^3}{3}\left[z - \frac{\left(\frac{3}{2}\right)}{1}\frac{z^3}{r^2} + \frac{\frac{3}{2}\left(\frac{1}{2}\right)}{1.2}\frac{z^5}{r^4} - \frac{\frac{3}{2}\cdot\frac{1}{2}\left(-\frac{1}{2}\right)}{1.2.3}\frac{z^7}{r^6} + \dots\right].$$

Diese Reihe konvergiert für $r < z$, also läſst sich auf sie die Schichtenformel anwenden, und dies giebt für den ganzen Körper

$$\frac{r^3}{3}\left[\frac{z_1^2}{2} - \frac{\left(\frac{3}{2}\right)}{1}\frac{z_1^4}{r^2.4} + \frac{\frac{3}{2}\cdot\frac{1}{2}}{1.2}\frac{z_1^6}{r^4.6}\right.$$

$$\left. - \frac{\frac{3}{2}\cdot\frac{1}{2}\left(-\frac{1}{2}\right)}{1.2.3}\frac{z_1^8}{r^6.8} + \dots\right]$$

oder, um wieder auf $\left(\frac{z_1}{r}\right)^2$ u. s. w. zu kommen,

$$\frac{r^5}{3}\left[\frac{1}{2}\left(\frac{z_1}{r}\right)^2 - \frac{\left(\frac{3}{2}\right)}{1.2}\frac{1}{2}\left(\frac{z_1}{r}\right)^4 + \frac{\frac{3}{2}\cdot\frac{1}{2}}{1.2.3}\frac{1}{2}\left(\frac{z}{r}\right)^6\right.$$

$$\left. - \frac{\frac{3}{2}\cdot\frac{1}{2}\left(-\frac{1}{2}\right)}{1.2.3.4}\frac{1}{2}\left(\frac{z_1}{r}\right)^8 + \dots\right].$$

Die Nenner deuten jetzt auf ein mit r^5 zusammenhängendes $\frac{5}{2}$ hin, also schreibe man

$$\frac{r^5}{3.5}\left[\frac{\frac{5}{2}}{1}\left(\frac{z_1}{r}\right)^2-\frac{\frac{5}{2}\cdot\frac{3}{2}}{1.2}\left(\frac{z_1}{r}\right)^4+\frac{\frac{5}{2}\cdot\frac{3}{2}\cdot\frac{1}{2}}{1.2.3}\left(\frac{z_1}{r}\right)^6\right.$$

$$\left.-\frac{\frac{5}{2}\cdot\frac{3}{2}\cdot\frac{1}{2}\cdot\left(-\frac{1}{2}\right)}{1.2.3.4}\left(\frac{z_1}{r}\right)^8+\ldots\right].$$

Um mit 1 beginnen zu können, füge man $\frac{r^5}{3.5}-\frac{r^5}{3.5}$ hinzu und setze dabei das Minuszeichen aus der Klammer. So erhält man

$$\frac{r^5}{15}-\frac{r^5}{15}\left[1-\frac{\frac{5}{2}}{1}\left(\frac{z_1}{r}\right)^2+\frac{\frac{5}{2}\cdot\frac{3}{2}}{1.2}\left(\frac{z_1}{r}\right)^4\right.$$

$$\left.-\frac{\frac{5}{2}\cdot\frac{3}{2}\cdot\frac{1}{2}}{1.2.3}\left(\frac{z_1}{r}\right)^6+\frac{\frac{5}{2}\,\frac{3}{2}\,\frac{1}{2}\left(-\frac{1}{2}\right)}{1.2.3.4}\left(\frac{z_1}{r}\right)^8\ldots\right]$$

oder endlich

$$2)\quad \frac{r^5}{15}-\frac{r^5}{15}\left[1-\left(\frac{z}{r}\right)^2\right]^{\frac{5}{2}}=\frac{r^5}{15}\left[1-\left(\frac{r^2-z_1^2}{r^2}\right)^{\frac{5}{2}}\right].$$

Hier hat man für z_1 als gröfste Höhe r zu setzen. Dann fällt der zweite Posten in der Klammer weg, und man erhält als das gesuchte Centrifugalmoment*)

$$3)\qquad \sum vxz=\frac{r^5}{15}.$$

*) Man sieht, dafs man zu Reihen-Untersuchungen genötigt wird, die es angezeigt erscheinen lassen, solche Aufgaben der Integralrechnung zu überlassen. Unüberwindlich sind aber die Schwierigkeiten auch für den elementaren Weg nicht. — Die oben entwickelte Integralformel würde sein

$$\frac{1}{3}\int_{0}^{z=r} dz\,.\,z\sqrt{r^2-z^2}^{\,3}=\frac{1}{3}\left|\frac{(r^2-z^2)^{\frac{5}{2}}}{-5}\right|_{0}^{z=r}$$

$$=\frac{1}{15}\left[\frac{(r^2-r^2)^{\frac{5}{2}}}{-1}-\frac{(r^2-0^2)^{\frac{5}{2}}}{-1}\right]=\frac{(r^2)^{\frac{5}{2}}}{15}=\frac{r^5}{15}.$$

Es ist also damit ein brauchbares Beispiel für die Integration durch Reihen gegeben.

Die Höhe des Angriffspunktes der obigen Komponente wird

$$4)\qquad h = \frac{\frac{r^5}{15}}{\frac{\pi}{16} r^4} = \frac{16}{15\pi} r,$$

also rund

$$h = \frac{16}{47,124\ldots} r$$

oder etwa mehr als $\frac{r}{3}$. — Nimmt man $z_1 < r$, so wird Formel 2) für $\sum xz$ mafsgebend und gilt für die horizontale Parallelschicht.

In ganz ähnlicher Weise lassen sich Oktanten des dreiachsigen Ellipsoids, Paraboloids, Hyperboloids behandeln, und zwar auch solche mit schrägstehenden Achsen. Aufserdem sind Oktanten der aus Parabeln höherer Ordnung entstehenden Cylinder und Drehungskörper der elementaren Behandlung fähig.

Damit sollen diese Aufgaben abgeschlossen werden.

ϑ) Die einfachsten Gleichungen der Kegelschnittsflächen, einige Andeutungen und der Satz vom Trägheitsellipsoid.

§ 249) Die einfachste Gleichung des dreiachsigen Ellipsoids. Fallen die Koordinatenachsen X, Y, Z mit den Halbachsen a, b, c zusammen, so hat nach § 198 der in der Höhe z_1 geführte Horinzontalschnitt die Halbachsen

$$x_1 = \frac{a}{c}\sqrt{c^2 - z_1^2},\quad y_1 = \frac{b}{c}\sqrt{c^2 - z_1^2},$$

Die Gleichung dieser Querschnittsellipse ist

$$\frac{x^2}{x_1^2} + \frac{y^2}{y_1^2} = 1,$$

oder, wenn man die Werte von x_1 und y_1 einsetzt

$$\frac{x^2}{\frac{a^2}{c^2}(c^2 - z_1^2)} + \frac{y^2}{\frac{b^2}{c^2}(c^2 - z_1^2)} = 1$$

oder

$$\frac{x^2}{a^2}+\frac{y^2}{b^2}=\frac{1}{c^2}(c^2-z_1^2).$$

Macht man die willkürlich gewählte Höhe z_1 zur veränderlichen Höhe z, so geht die Gleichung über in

$$\frac{x^2}{a^2}+\frac{y^2}{b^2}+\frac{z^2}{c^2}=1.$$

Diese Gleichung stellt die Bedingung dar, der ein Punkt x, y, z genügen mufs, wenn er auf dem genannten Ellipsoid liegen soll.

Die Gleichung läfst sich auch durch Cavalierische Erweiterung mittels des Faktors $\frac{b}{a}$ in der Richtung y und des Faktors $\frac{c}{a}$ in der Richtung z aus der einfachsten Kugelgleichung

$$x^2+y^2+z^2=a^2$$

leicht ableiten.

§ 250) **Die einfachste Gleichung des einmanteligen dreiachsigen Hyperboloids.** Fallen die Kordinatenachsen wieder mit den Hauptachsen dieser Fläche zusammen, so hat der in der Höhe z_1 geführte Horizontalschnitt nach § 226 die Halbachsen

$$x_1=\frac{a}{c}\sqrt{c^2+z_1^2},\quad y_1=\frac{b}{c}\sqrt{c^2+z_1^2},$$

die Querschnittsellipse hat also die Gleichung

$$\frac{x}{x_1^2}+\frac{y}{y_1^2}=1.$$

Setzt man wie vorher, die Werte von x_1 und y_1 in die Gleichung ein, und verfährt man wie vorher, so wird schliefslich die Gleichung der Hyperboloidfläche

$$\frac{x^2}{a^2}+\frac{y^2}{b^2}-\frac{z^2}{c^2}=1.$$

§ 251) **Einfachste Gleichung des dreiachsigen Hyperboloids mit zwei Mänteln.** Wählt man die in Fig. 85 dargestellte Lage, so hat die senkrechte Hyperbel die Gleichung

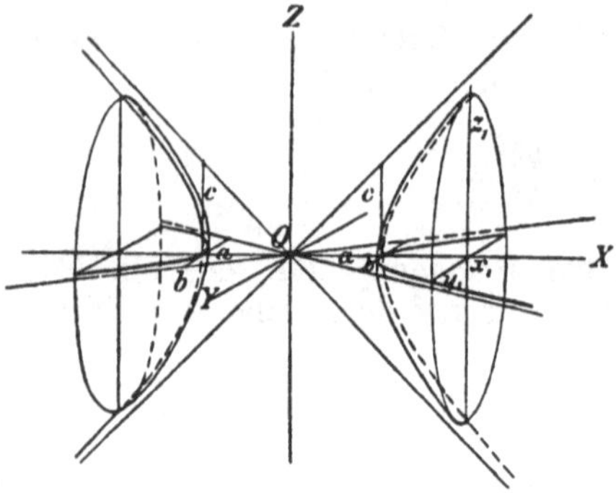

Fig. 85.

$$\frac{x^2}{a^2} - \frac{z^2}{c^2} = 1,$$

so dafs der Normalschnitt an der Stelle x_1 die Halbachse

$$1)\quad z_1 = c\sqrt{\frac{x_1^2}{a^2} - 1}$$

$$= \frac{c}{a}\sqrt{x_1^2 - a^2}$$

giebt. Die horizontale Hyperbel dagegen hat die Gleichung $\frac{x^2}{a^2} - \frac{y^2}{b^2} = 1$ und giebt bei x_1 die Halbachse

$$2)\qquad y_1 = b\sqrt{\frac{x_1^2}{a^2} - 1} = \frac{b}{a}\sqrt{x_1^2 - a^2},$$

der elliptische Schnitt hat also die Gleichung

$$\frac{y^2}{y_1^2} + \frac{z^2}{z_1^2} = 1.$$

Setzt man die Werte von y_1 und z_1 aus Gleichung 1) und 2) ein, so geht sie, ähnlich wie vorher über in

$$\frac{y^2}{b^2} + \frac{z^2}{c^2} = \frac{1}{a^2}(x_1^2 - a^2)$$

oder

$$-\frac{x_1}{a^2} + \frac{y^2}{b^2} + \frac{z^2}{c^2} = -1.$$

Kehrt man die Vorzeichen um und macht man x_1 veränderlich (als x), so wird die Gleichung der Hyperboloidfläche schliefslich

$$\frac{x^2}{a^2} - \frac{y^2}{b^2} - \frac{z^2}{c^2} = 1.$$

§ 252) **Einfachste Gleichung des elliptischen Paraboloids.** Die Lage sei die in Fig. 86 dargestellte, dann ergiebt sich die Gleichung der in der XZ-Ebene liegenden Parabel aus der Proportion

$$z : z_1 = x^2 : x_1^2$$

als

1) $$x^2 = \frac{x_1^2}{z_1} z,$$

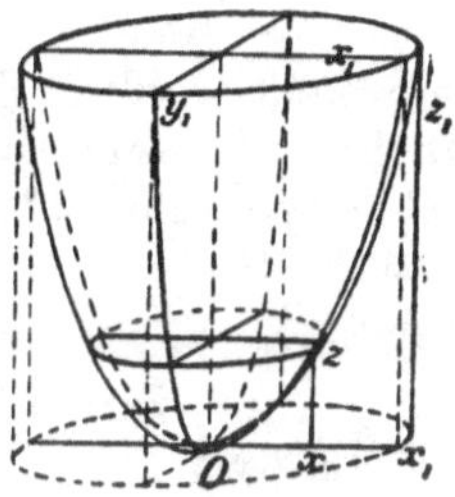

Fig. 86.

die der in der YZ-Ebene liegenden Parabel entsprechend aus

$$z : z_1 = y^2 : y_1^2$$

als

2) $$y^2 = \frac{y_1^2}{z_1} z.$$

Führt man aber die Parameter $p = \frac{x_1^2}{2z_1}$ und $p_1 = \frac{y_1^2}{z_1^2}$, so gehen die Gleichungen über in

1*) $$x^2 = 2pz,$$

2*) $$yz = 2p_1 z.$$

Der Horizontalschnitt in der Höhe z_1 hat nach diesen Gleichungen die Halbachsen

$$x_1 = \sqrt{2pz_1}, \quad y_1 = \sqrt{2p_1 z_1}.$$

Die Gleichung der Schnittellipse läfst sich also schreiben

$$\frac{x^2}{x_1^2} + \frac{y^2}{y_1^2} = 1$$

oder

3) $$\frac{x^2}{2pz_1} + \frac{y^2}{2p_1 z_1} = 1$$

oder

3*) $$\frac{x^2}{p} + \frac{y^2}{p_1} = 2z_1.$$

Macht man z_1, variabel, und schreibt man es als z, so hat man in 3) und 3*) die Gleichung für die Fläche des elliptischen Paraboloids.

§ 253. Die einfachste Gleichung des hyperbolischen Paraboloids war schon in § 234 in der Form

$$z = \varkappa x y$$

dargestellt worden. Die einfachsten Gleichungen der elliptischen, hyperbolischen und parabolischen Cylinder und Kegel und ihrer Sonderfälle suche der Leser selbst aufzustellen. Sämtliche führen auf Gleichungen vom zweiten Grade.

§ 254. Konfokale Kegelschnitte in der Ebene. Alle Ellipsen der XY-Ebenen von der Gleichung

$$1)\qquad \frac{x^2}{e^2 + \varkappa^2} + \frac{y^2}{\varkappa^2} = 1,$$

wobei $\varkappa^2$ zwischen o und $+\infty$ liegt, sind konfokal, denn es ist $(e^2 + \varkappa^2) - (o^2 + \varkappa^2) = e^2$, so daſs die Brennpunkte die Lage $\pm e$ haben.

Ist dagegen $\varkappa^2$ zwischen o und $-e^2$ gelegen, so stellt dieselbe Gleichung eine Hyperbel dar, wie sich aus der Schreibweise

$$\frac{x^2}{e^2 + \varkappa^2} - \frac{y^2}{-\varkappa^2} = 1$$

ergiebt, in der beide Nenner positiv sind. Denkt man sich $\varkappa^2$ positiv und als $\varkappa_1^2$ geschrieben, so hat man zu schreiben

$$\frac{x^2}{e^2 - \varkappa_1^2} - \frac{y^2}{\varkappa_1^2} = 1,$$

denn $(e^2 - \varkappa^2) + \varkappa^2 = e^2$.

Verbindet man einen Punkt x, y, in dem sich zwei solche Kurven schneiden, mit den an den Stellen $x = \pm e$, $y = o$ liegenden Brennpunkten, so giebt die Halbierung des von den Radii vectores eingeschlossenen Winkels und die seines Nebenwinkels die Tangenten beider Kurven, und diese stehen auf einander senkrecht. Es handelt sich also um zwei orthogonale Scharen von Ellipsen und Hyperbeln. Jacobi, der etwa gleichzeitig mit Lamé die elliptischen

Koordinaten zuerst aufgestellt hat, schreibt die Doppelschar dieser Kurven in der Form

$$\frac{x^2}{a_1+\lambda}+\frac{y^2}{a_2+\lambda}=1,$$

wobei für die Ellipsen λ zwischen $-a_2$ und $+\infty$, für die Hyperbeln zwischen $-a_2$ und $-a_1$ liegen mufs.

Sind $x=x_1$ und $y=y_1$ gegeben, so giebt es stets zwei bestimmte Werte von λ, die dieser Gleichung genügen, einen, der eine Ellipse giebt, und einen, der eine Hyperbel giebt.

An Stelle der x_1 und y_1 kann man also diese beiden Werte λ_1 und λ_2 einführen, d. h. statt einen Punkt der Ebene durch die Geraden $x=x_1$ und $y=y_1$ zu bestimmen, kann man ihn auch durch die dem λ_1 entsprechende Ellipse und die dem λ_2 entsprechende Hyperbel bestimmen.

§ 255) Ähnliches geschieht im Raume. Die Gleichung

$$\frac{x^2}{a_1+\lambda}+\frac{y^2}{a_2+\lambda}+\frac{z^2}{a_3+\lambda}=1$$

stellt ein Ellipsoid dar, wenn alle drei Nenner positiv sind, ein einmanteliges Hyperboloid, wenn einer davon negativ ist, ein zweimanteliges Hyperboloid, wenn zwei davon negativ sind. Ist $a_1>a_2>a_3$, so ist für positive a die Fläche ein Ellipsoid, sobald λ zwischen $-a_3$ und $+\infty$ liegt; ein einmanteliges Hyperboloid, sobald λ zwischen $-a_2$ und $-a_3$ liegt; ein zweimanteliges, sobald λ zwischen $-a_1$ und $-a_2$ liegt. Alle drei Arten von Flächen sind konfokal, was sich ebenso, wie vorher zeigen läfst. An Stelle der Ortsbestimmung eines Punktes im Raume durch die Ebenen $x=x_1$, $y=y_2$, $z=z_3$ kann man die Bestimmung seiner Lage durch 3 Gröfsen λ_1, λ_2, λ_3 durchführen, welche der obigen Gleichung genügen und je ein Ellipsoid, ein einmanteliges und ein zweimanteliges Hyperloid geben. Die analytische Geometrie zeigt ganz elementar, dafs die Tangentialebenen im gemeinsamen Schnittpunkte der drei Flächen auf einander senkrecht stehen, so dafs ihre Schnittlinien eine rechtwinkelige Dreikantecke bilden. Es handelt sich demnach um drei orthogonale Scharen von Flächen.

Weil dies überall geschieht, läfst sich der Raum durch solche Flächen in ein System kleiner „Rechteckszellen“ einteilen. Diese Zellen werden mit zunehmender Kleinheit schliefslich zu wirklichen kleinen Rechteckskörpern, so dafs die sämtlichen Flächen jeder Zelle als ebene Rechtecke zu betrachten sind. Liegen aber zwei

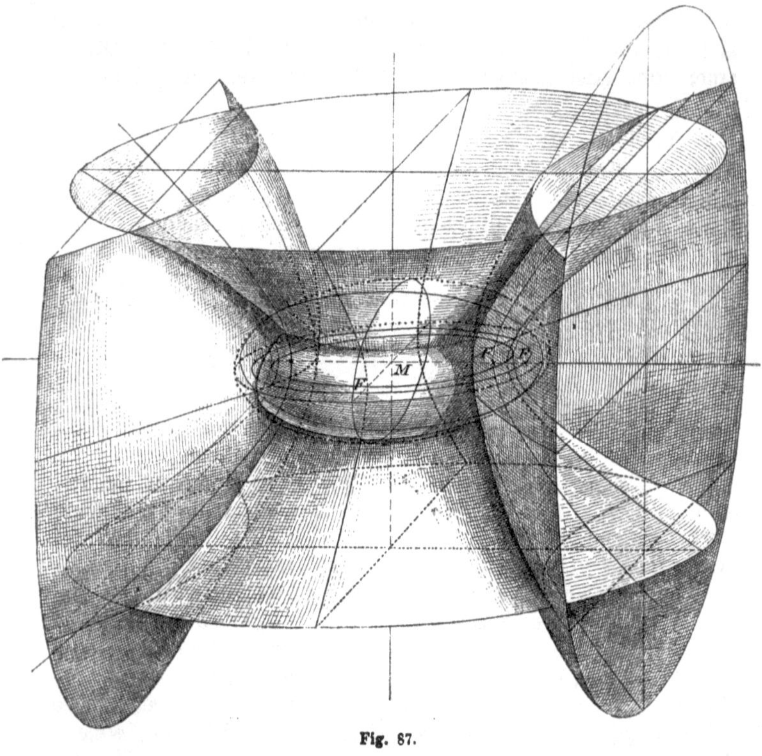

Fig. 87.

parallele Nachbarkanten, die Normalen derselben Fläche sind, in einer Ebene, so schneiden sie sich im Endlichen oder Unendlichen, kreuzen sich aber nicht. Ihre Fufspunkte gehören also einer Krümmungslinie der Fläche an. Die beiden Scharen von Hyperboloiden schneiden also jedes Ellipsoid der Schar in dessen beiden Scharen von Krümmungslinien. Ebenso wird jedes Hyperboloid der einen (bezw. der anderen) Schar von den Ellipsoiden und den Hyperboloiden der anderen (bezw. der ersten) Schar in den Krümmungslinien geschnitten. Die Krümmungslinien jedes Ellipsoids legen sich um je zwei der von der Fokalhyperbel bestimmten Punkte als „Brennpunkte", um die sog. Nabelpunkte oder Kreispunkte.*) Jeder der drei Hauptschnitte des Ellipsoids wird durch die beiden anderen Flächenscharen in konfokalen Ellipsen und Hyperbeln geschnitten. Entsprechendes gilt von den beiden anderen Flächen. Die Sonderfälle der drei Scharen konfokaler Flächen zweiten Grades sind schon in Bd. I besprochen, besonders der Fall, wo jedes Ellipsoid in eine Kugel übergeht, während die Hyperboloide zu hyperbolischen Kegeln werden. Die Nabelpunkte sind bei der Kugel als zwei Paare von Gegenpunkten, die auf einem Hauptkreise liegen, willkürlich zu bestimmen. (Auch hier gilt die Fadenkonstruktion für die „sphärischen Kegelschnitte".

Nachdem Binet den Satz über das Schneiden der konfokalen Flächen zweiten Grades in den Krümmungslinien gefunden hatte, dehnte Dupin dessen Geltung für alle Arten von je drei orthgonalen Flächen aus. Die angegebene Betrachtung über kleine Rechteckskörper läfst sich nämlich auch für diesen allgemeinsten Fall mit zwingender Kraft wiederholeu.

Die Schlufsbetrachtungen des ersten Bandes können von hier aus zum Teil mit elementaren Hilfsmitteln weitergeführt werden.

§ 256) Wird ein Ellipsoid aus seiner einfachsten Lage gegen das Koordinatensystem entfernt, indem der Mittelpunkt nach einer beliebigen Stelle des Raumes gebracht wird, seine Hauptachse aber in beliebige Lagen gedreht werden, so ist die Gleichung in Bezug auf die alten Koordinaten wieder eine solche vom zweiten Grade. Während aber vorher nur

*) Für diese Kurven gilt die Fadenkonstruktion auf dem Ellipsoid, wobei die Kreispunkte die Rolle der Brennpunkte übernehmen. Die Kurven ermöglichen eine isothermische Einteilung der Ellipsoidfläche. Dadurch fand Jacobi die konforme Abbildung des Ellipsoids auf das ebene Rechteck und auf die ganze Ebene.

Glieder mit x^2, y^2, z^2 und ein konstantes vorhanden waren, sind jetzt auch Glieder mit xy, yz, zx vorhanden, gegebenenfalls auch solche mit x, y und z.

Entsprechendes gilt von den übrigen Flächen zweiten Grades, die oben aufgeführt wurden.

Daher darf man vermuten, dafs alle Gleichungen zweiten Grades zwischen den Variabelen x, y, z auf Kegelschnittsflächen der obigen Art führen. Die analytische Geometrie weist dies in der That nach. Jeder ebene Schnitt führt nämlich auf eine Kurve zweiten Grades, da mit der Gleichung zweiten Grades eine solche vom ersten Grade kombiniert wird. Es handelt also um Kegelschnittsflächen.

Die analytische Geometrie bestimmt auch die Lage der Hauptachsen dieser Flächen aus der Gleichung der Fläche zweiten Grades und giebt Kriterien an, welcher Gruppe von Flächen jede durch eine Gleichung zweiten Grades (für x, y, z von der Form

$$ax^2 + by^2 + cz^2 + dxy + eyz + fzx + gx + hy + iz + k = 0)$$

dargestellte Fläche angehört, je nach den vorliegenden Konstanten.

Ist die Gleichung von der Form

$$ax^2 + by^2 + cz^2 + dxy + eyz + fzx + k = 0,$$

so handelt es sich um eine Mittelpunktsfläche, deren Mittelpunkt im Nullpunkte des Koordinatensystems liegt, also entweder um ein Ellipsoid oder um ein Hyperboloid der beiden Hauptarten. Giebt man nämlich den sämtlichen Variabelen zugleich entgegengesetzte Zeichen, so bleibt der ganze Ausdruck doch unverändert. Der Nulldunkt mufs also Mittelpunkt sein. Sind auch d, e, f gleich Null, so handelt es sich um eine Gleichung von der Form

$$ax^2 + by^2 + cz^2 + k = 0,$$

die sich schreiben läfst

$$\frac{x^2}{\left(\frac{1}{a}\right)^2} + \frac{y^2}{\left(\frac{1}{b}\right)^2} + \frac{c}{\left(\frac{1}{z}\right)^2} = -k.$$

Dividiert man noch beiderseits durch $-k$, so hat man eine Gleichung von der Form

$$\frac{x^2}{a_1^2}+\frac{y^2}{b_1^2}+\frac{z^2}{c_1^2}=1,$$

die je nach den Vorzeichen eine der drei Mittelpunktsflächen darstellt, jedoch so, daſs die Koordinatenrichtungen den Hauptachsen entsprechen.

§ 257) Das Trägheitsellipsoid von Poinsot. Diese Bemerkungen hatten nur die Absicht, der Lehre von den Trägheits- und Centrifugalmomenten einen gewissen Abschluſs zu geben. Schon in § 18 wurde gezeigt, daſs man das Trägheitsmoment eines Gebildes in Bezug auf eine beliebig durch den Nullpunkt des Koordinatensystems gelegte Achse berechnen kann, sobald man die Trägheits- und Centrifugalmomente des Gebildes in Bezug auf die Koordinatenachsen x, y, z kennt. Die Berechnung hatte nach den Formeln 13) oder 15) von § 18 zu geschehen. Die eine davon war

$$1)\qquad T=\cos^2\alpha\, T_x+\cos^2\beta\, T_y$$
$$+\cos^2\gamma\, T_z-2\cos\alpha\cos\beta\, C_{xy}-2\cos\beta\cos\gamma\, C_{yz}-2\cos\gamma\cos\alpha\, C_{zx},$$

wobei α, β, γ die Winkel sind, welche die willkürlich gewählte Achse mit den Koordinatenachsen bildet.

Nimmt die Achse T beliebige Lagen an, so ändern sich nur α, β, γ, aber nicht T_x, T_y u. s. w. Man kann bei jenen Änderungen die T und C als Konstante betrachten, die der Reihe nach mit A', B', C', D', E', F' bezeichnet werden mögen.

Für eine bestimmte Lage $\alpha_1, \beta_1, \gamma_1$ der Achse hat man dann das besondere Trägheitsmoment

$$2)\qquad T_1=A'\cos^2\alpha_1+B'\cos^2\beta_1$$
$$+C'\cos^2\gamma_1-2D'\cos\alpha_1\cos\beta_1-2E'\cos\beta_1\cos\gamma_1-2F'\cos\gamma_1\cos\alpha_1.$$

Poinsot wählt nun folgende graphische Darstellung. Er bestimmt für diese Achse den Ausdruck T_1 mit Hilfe der letzten Gleichung, berechnet dann $\sqrt{\frac{1}{T_1}}$ und trägt vom Nullpunkte der Koordinaten ab den letzteren Ausdruck als die entsprechende Länge auf der Achse ab. Der so bestimmte Endpunkt der letzteren möge die Koordinaten x_1, y_1, z_1 haben. Dann ist

$$x_1 = \frac{1}{\sqrt{T_1}} \cos \alpha, \quad y_1 = \frac{1}{\sqrt{T_1}} \cos \beta_1, \quad z_1 = \frac{1}{\sqrt{T_1}} \cos \gamma_1,$$

daraus folgt

$$\cos \alpha_1 = x_1 \sqrt{T_1}, \quad \cos \beta_1 = y_1 \sqrt{T_1}, \quad \cos \gamma_1 = z_1 \sqrt{T_1}.$$

Man setze diese Werte in Gleichung 2) ein, dann verwandelt sie sich in

$$T_1 = A' x_1^2 T_1 + B' y_1^2 T_1$$
$$+ C' z_1^2 T_1 - 2 D' x_1 y_1 T_1 - 2 E' y_1 z_1 T_1 - 2 F' z_1 x_1 T_1,$$

oder nach beiderseitiger Division durch T_1 in

$$1 = A' x_1^2 + B' y_1^2 + C' z_1^2 - 2 D' x_1 y_1 - 2 E' y_1 z_1 - 2 F' z_1 x_1.$$

Denkt man sich die Richtung der Bezugsachse variabel, also die α, β, γ variabel, so werden auch die x, y, z veränderlich und man hat die Gleichung

$$3) \quad 1 = A' x^2 + B' y^2 + C' z^2 - 2 D' xy - 2 E' yz - 2 F' zx.$$

Dies ist dann die Gleichung der Fläche, auf der die Endpunkte aller nach dieser Methode begrenzten vom Nullpunkte ausgehenden Achsen liegen. Dies ist aber die Gleichung einer Fläche zweiten Grades, und zwar die Mittelpunktsgleichung einer Mittelpunktsfläche zweiten Grades, weil sie unverändert bleibt, wenn x, y und z gleichzeitig das Vorzeichen wechseln. (Paraboloide elliptischer und hyperbolischer Art sind also im allgemeinen ausgeschlossen.)

Diese Fläche besitzt drei Hauptachsen a, b, c (absolut genommen $a > b > c$), zu denen nach der Konstruktion Trägheitsmomente

$$\sqrt{\frac{1}{A}} = a, \quad \sqrt{\frac{1}{B}} = b, \quad \sqrt{\frac{1}{C}} = c$$

gehören. Dreht man das Koordinatensystem in die Lage dieser Achsen, und nennt man die neuen Koordinaten

ξ, η, ζ, so mufs die Flächengleichung übergehen in die einfachste Form

$$4)\qquad \frac{\xi^2}{a^2}+\frac{\eta^2}{b^2}+\frac{\zeta^2}{c^2}=1$$

oder

$$5)\qquad A\xi^2+B\eta^2+C\zeta^2=1.$$

Wenn nun durch die Koordinatentransformation Gleichung 3) in Gleichung 5) übergegangen ist, so ist der noch zu erwartende Teil

$$-2D\xi\eta-2E\eta\zeta-2F\zeta\xi,$$

zu dem noch Glieder mit ξ, η, ζ allein und eine weitere Konstante treten könnten, weggefallen. In dem Oktanten z. B., der nur positive ξ und η hat, mufs jedes Glied für sich weggefallen sein, was dort nur der Fall sein kann, wenn die Centrifugalmomente D, E und F, die konstante Gröfsen sind, den Wert Null haben.

Da übrigens die Trägheitsmomente

$$A=T_\xi=\sum v(\eta^2+\zeta^2),\quad B=T_\eta=\sum v(\zeta^2+\xi^2),$$
$$C=T_\zeta=\sum v(\xi^2+\eta^2)$$

positive Gröfsen sind, so ist Gleichung 5) die Gleichung eines Ellipsoids.

Dies ist das sogenannte Trägheitsellipsoid von Poinsot, welches aber eigentlich schon von Cauchy behandelt worden ist.

Das Resultat ist also folgendes:

Hat ein gegebener Körper in Bezug auf die Achsen eines beliebigen Koordinatensystems die Trägheitsmomente T_x, T_y, T_z und die Centrifugalmomente C_{xy}, C_{yz}, C_{zx}, so läfst sich das Trägheitsmoment in Bezug auf jede beliebige durch den Nullpunkt gehende Achse berechnen.

Trägt man auf jeder der neuen Achsen den Wert $\sqrt{\frac{1}{T}}$ als Länge vom Nullpunkt aus ab, so liegen die Endpunkte der Achsen auf einem Ellipsoid, dem Poinsoitschen Trägheitsellipsoid, dessen Gleichung von der Form

$$A'x^2 + B'y^2 + C'z^2 - 2D'xy - 2E'yz - 2F'zx = 1$$

ist, wobei $A', B', \ldots F'$ die obigen Momente sind.

Jeder Halbmesser ϱ dieses Ellipsoids ist gleich dem Ausdrucke $\sqrt{\frac{1}{T}}$, also ist das zugehörige Trägheitsmoment $T = \frac{1}{\varrho^2}$, so dafs jedes Trägheitsmoment eine einfache Darstellung gefunden hat. Das Ellipsoid hat drei Hauptachsen a, b, c, von denen a der gröfste Halbmesser des Ellipsoids ist, c der kleinste. Die zugehörigen Trägheitsmomente sind

$$A = \frac{1}{a^2}, \quad B = \frac{1}{b^2}, \quad C = \frac{1}{c^2}.$$

Dabei ist A das kleinste Trägheitsmoment des Körpers, C das gröfste unter allen, die in Bezug auf alle durch den gewählten Nullpunkt gehenden Achsen bestimmt sind.

In Bezug auf die Ellipsoidachsen a, b und c sind die Centrifugalmomente des Körpers gleich Null.

Statt auf den durch den Nullpunkt gelegten Strahlen $\frac{1}{\sqrt{T}}$ abzutragen, hätte man, wie es bisweilen geschieht, auch

$$\frac{1}{\varrho} = \frac{1}{\sqrt{\frac{T}{J}}} = \sqrt{\frac{J}{T}}$$

abtragen können, was nur das Gröfsenverhältnis beeinflufst. Dabei wäre dann wie in § 114 bei der Trägheitsellipse zu verfahren.

§ 258) Das Centralellipsoid von Poinsot.

Wählt man den Schwerpunkt des Körpers als Nullpunkt des Koordinatensystems, so heifst das Trägheitsellipsoid jetzt

Centralellipsoid. Als Koordinatensystem wählt man am besten das den Achsen a, b, c entsprechende. An diesem ist die mechanische Bedeutung am besten aufzuklären.

T_a ist das kleinste, T_c das gröfste Trägheitsmoment des Körpers. Für gleiche Winkelgeschwindigkeiten bei der Drehung um die Achsen a, oder c oder um irgend welche andern Achsen ist bei der Achse a die Drehungsenergie $T\frac{\vartheta^2}{2}$ am kleinsten, bei der Achse c am gröfsten. Die Centrifugalmomente in Bezug auf die Achsen a, b, c sind gleich Null.

Bei der Drehung um jede dieser Achsen, die zugleich Schwerpunktsachsen sind, ist erstens die Resultante der Centrifugalkräfte gleich Null, zweitens auch das Centrifugalmoment gleich Null. Ruht also die Achse und erteilt man dem Körper eine Drehung um sie, so erhält die frei schwebend zu denkende Achse durch die Drehung keinen Antrieb zu fortschreitender Bewegung, aber auch keinen Antrieb zu einer Richtungsänderung. Sie ist und bleibt freiwillige Drehungsachse oder sog. freie Achse.

Hat die Achse aus sonstigen Gründen (Beharrungsbewegung, freier Fall, parabolische, hyperbolische oder elliptische Bewegung von Weltkörpern u. s. w.) eine fortschreitende Bewegung, so verschiebt sie sich stets parallel zu sich selbst und bleibt Drehungsachse.

Jeder Körper hat ein Centralellipsoid, folglich hat jeder Körper mindestens drei freie Drehungsachsen.

Ist das Centralellipsoid ein Drehungsellipsoid, so besitzt der Körper unendlich viele freie Achsen. Ist z. B. $a = b$, so ist jeder Radius des kreisförmigen Hauptschnitts eine freie Achse. Dazu kommt noch die freie Achse c.

Ist das Centralellipsoid eine Kugel, so ist jeder Radius eine freie Achse.

Bei der Drehung um eine Schwerpunktsachse, die nicht zu den freien gehört, stellt sich ein die

Achse aus ihrer Richtung bringendes Centrifugalmoment ein.

Man erkennt daraus die grundlegende Bedeutung für die Drehungstheorie der Mechanik.

§ 259) Aus der Lehre vom Trägheitsmoment kann man Sätze über das Ellipsoid ableiten, umgekehrt aus der Theorie des Ellipsoids Sätze über das Trägheitsmoment. Ein Beispiel sei dazu gegeben. Aus

$$T_{xy} + T_{xz} = T_x, \quad T_{yz} + T_{yx} = T_y, \quad T_{xz} + T_{zy} = T_z$$

in Bezug auf irgend ein System von Koordinatenachsen folgt durch Addition

$$T_x + T_y + T_z = 2\,(T_{xy} + T_{yz} + T_{zx}) = 2\,T_p.$$

Hier ist T_p das polare Trägheitsmoment, also z. B. für den Schwerpunkt eine konstante Gröfse. In der obigen Schreibweise hat man also

$$A_n + B_n + C_n = \varkappa,$$

wobei $\varkappa$ konstant ist. Für A, B, C kann man aber setzen

$$\frac{1}{a_n^2}, \quad \frac{1}{b_n^2}, \quad \frac{1}{c_n^2},$$

so dafs man hat

$$\frac{1}{a_n^2} + \frac{1}{b_n^2} + \frac{1}{c_n^2} = \varkappa.$$

Hier bedeuten a_n, b_n, c_n drei auf einander senkrechte Radien des Trägheitsellipsoids. Die Summe der Reciproken zu den Quadraten dieser Radien ist also konstant, folglich gilt für jedes Ellipsoid der Satz:

Die Summe der Reciproken der Quadrate von je drei aufeinander senkrechten Radien ist eine konstante Gröfse. Die letztere ist $\frac{1}{a^2} + \frac{1}{b^2} + \frac{1}{c^2}$, wo a, b, c die Hauptachsen des Ellipsoids sind.

Näheres über diesen Gegenstand findet man in den Lehrbüchern der Mechanik und der graphischen Statik, wo höchst interessante Untersuchungen angestellt werden.

§ 260) **Geschichtliches über das Trägheitsmoment und das Centrifugalmoment.** Der **Begriff** des Trägheitsmoments wurde durch Huygens in die Physik eingeführt, der mit seiner Hilfe die Lehre vom physischen Pendel anbahnte. Der Name dagegen rührt von Euler her. Huygens gelangte bis zum Satze von der Vertauschbarkeit des Aufhängepunktes und Schwingungspunktes. (Vgl. Huygens, Opera varia, Seite 154, Satz 20.) Euler hatte bemerkt, dafs das Trägheitsmoment in der Mechanik bei Drehungen dieselbe Rolle spielt, wie sonst die Masse. So entsprechen einander hinsichtlich der geradlinigen Beschleunigung g und der Winkelbeschleunigung γ bei Drehungen (gemessen am Radius 1 die Formeln für eine Kraft bezw. für mehrere Parallelkräfte am starren Punktsystem

1) $$g = \frac{p}{m} = \frac{\text{Kraft}}{\text{Masse}},$$

oder

1*) $$g = \frac{\sum p}{\sum m} = \frac{\text{Summe der Einzelkräfte}}{\text{Summe der Einzelmassen}}$$

und für ein oder mehrere Kraftmomente, die an einem starren um eine Achse rotierenden Punktsystem wirken

2) $$\gamma = \frac{p\varrho}{T} = \frac{\text{Kraftmoment}}{\text{Trägheitsmoment}},$$

oder

2*) $$\gamma = \frac{\sum p\varrho}{\sum T} = \frac{\text{Summe der Kraftmomente}}{\text{Summe der Trägheitsmomente}}.$$

Ebenso ist die Formel für die Drehungsenergie (für sich drehende Massen) analog der Formel für die kinetische Energie geradlinig bewegter Massen, nämlich

3) $$E = \frac{mv^2}{2},$$ 4) $$E_1 = \frac{T\vartheta^2}{2},$$

bezw.

3*) $$E = \sum m\frac{v^2}{2},$$ 4*) $$E_1 = \sum\frac{T\vartheta^2}{2}.$$

Dabei ist das eine Mal v die Geschwindigkeit der geradlinigen Masse, das andere Mal ϑ die Winkelgeschwindigkeit der Drehung, gemessen am Radius *1*. Die oben behandelten Beispiele geben weitere Analogien.

Später stellte sich das Bedürfnis heraus, den Begriff des Trägheitsmomentes in die Mathematik hereinzuziehen, wobei z. B. an Stelle des Ausdrucks $\sum mr^2$ der Ausdruck $\sum vr^2$ trat, wobei v ein kleines Volumen, statt einer kleinen Masse bedeutet.

Während nun früher für den Raum nur an axiale Trägheitsmomente gedacht wurde, verlangte die Mathematik auch Planmomente und Polarmomente. Die ersteren, für die ich den Namen Planmomente zweiter Ordnung vorgeschlagen habe, wurden von Binet als Trägheitsmomente in Bezug auf eine Ebene bezeichnet, was etwas lang erscheint. Dies geschah in dem „Mémoire sur la théorie der axes conjugués et des moments d'inertie", Journal de l'Éc. polyt. cah. XVI, S. 127.

Dafs man in der Planimetrie nur Axial- und Polarmomente (für ebene Flächen oder Linien) kennt, ist selbstverständlich. Ihre Bedeutung für die Lehren von der Festigkeit (Biegungs-, Knick- und Drehungsfestigkeit), für die Schwerpunktsberechnungen bei abgeschrägten Cylindern, bei Sektoren von Drehungskörpern, für den Angriffspunkt des seitlichen Massendrucks gegen Ebenen, für die Drehungsenergie cylindrischer Körper und für sonstige mechanische Probleme ist in der Ingenieurmathematik des Verfassers durch zahlreiche Beispiele auseinandergesetzt.

Das Trägheitsellipsoid von Poinsot ist eigentlich zuerst von rein räumlichen Gesichtspunkten aus von Cauchy behandelt worden, Exercices de Math., Bd. 2, Seite 93. Poinsot aber erkannte die Bedeutung dieses Ellipsoids für die Drehungsbewegungen. Seine grundlegende Abhandlung ist die „Théorie nouvelle de la rotation des corps". Liouvilles Journal de Math. XVI, wo auf S. 58 das Centralellipsoid eingeführt wird.

Die Bestimmung des Trägheitsmomentes für Achsen von beliebiger Richtung führte auf die Ausdrücke $\sum vxy$, $\sum vyz$, $\sum vzx$, die zunächst als Centrifugalmomente bezeichnet wurden. Später wurden sie von den Engländern als Deviationsmomente bezeichnet, zuerst von Rankine in dessen Werke „A manual of applied mechanics“. In der dritten Ausgabe findet man diese Bezeichnung auf S. 522. Andere verstehen unter Deviationsmoment das resultierende Moment von je zweien der genannten Momente. Hâton de la Goupillière hat in dem „Mémoire sur une théorie nouvelle des masses“, Journal de l'École polyt. XXXVII diese Bezeichnung beibehalten.

Weitere Litteratur findet man in der „Ingenieurmathematik“ Bd. I. Dort wird auch das sog. zweite Trägheitsellipsoid, welches von Clebsch im 57. Bande des Crell-Journals Seite 401 eingeführt wird, behandelt. Auch in Rouths Mechanik und in Schells Theorie der Bewegung und der Kräfte findet man zahlreiche litterarische Angaben. Hier soll nicht näher auf den Gegenstand eingegangen werden, der doch in höherem Grade der Mechanik angehört.

ι) Schlufsbemerkungen.

§ 261) Die sogenannten barycentrischen Methoden, zu denen die Guldinsche Regel für Drehungskörper und Drehungsflächen, die Sätze über abgeschrägte Prismen und Cylinder und ihre Mantelflächen gehören, lassen sich zusammenfassen als eine Methode der statischen Momente, allgemeiner als eine Methode der Momente erster Ordnung, wobei es sich um Planmomente, Axialmomente und Polarmomente erster Ordnung handelt. Diese Methode erleichtert den Überblick über ein ausgedehntes Gebiet der Planimetrie und Stereometrie.

Ganz ebenso kann die Lehre von den Momenten zweiter Ordnung, bei denen es sich ebenfalls um Planmomente, Axialmomente und Polarmomente räumlicher Gebilde (Punktsysteme, Linien und Liniensysteme, Flächen und Flächensysteme, Körper und Körpersysteme) handelt, und endlich die Lehre von den Centrifugalmomenten benutzt werden, einen entsprechenden Überblick über weite Gebiete der Planimetrie und Stereometrie zu gewinnen. Das in den beiden Abschnitten dieses Buches Gegebene bringt Beispiele dafür.

Oben sind aber nicht nur Momente erster und zweiter Ordnung behandelt worden, sondern auch Momente n^{ter} Ordnung. Auch solche von der Ordnung Null wurden behandelt.

Die einfache Inhaltsberechnung z. B. mit Hilfe der Schichtenformel (oder der Simpsonschen Regel) war nichts als eine Addition der Momente von der Ordnung Null für die aufeinander lagernden Horizontalschichten. Die Addition der Momente erster Ordnung für diese Schichten führte auf die Berechnung des statischen Momentes des Körpers in Bezug auf die Grundfläche; die der Momente zweiter Ordnung auf die Berechnung des Trägheitsmomentes in Bezug auf die Grundfläche u. s. w. Mit Hilfe dieser Formeln wurden Schwerpunkte, Trägheitsmittelpunkte, „Schwingungspunkte" u. dergl. bestimmt.

Aber auch Axialmomente und Polarmomente verschiedener Ordnung kamen zur Sprache, wobei für die ersteren konzentrische Cylinderschichten, für die anderen konzentrische Kugelschichten in Frage kamen, an deren Stelle gelegentlich auch ähnliche Schichten elliptischer Cylinder und ähnliche Ellipsoidschichten traten oder treten konnten.

Alle diese Untersuchungen könnten zusammengefafst werden unter dem Namen einer Methode der Momente höherer Ordnung für Untersuchungen auf dem Gebiete der Planimetrie und Stereometrie, der Mechanik u. s. w.

In derselben Weise kann man die Lehre vom Newtonschen und vom logarithmischen Potential in den Dienst der geometrischen und planimetrischen Forschung stellen. In der „Ingenieurmathematik II, Potentialtheorie", hat der Verfasser gezeigt, wie weit man elementar vorgehen kann.

Es eröffnet sich also von hier aus ein Einblick in weitreichende Gebiete der Raumlehre und ihrer Anwendungen, die zum Teil noch unerforscht vor uns liegen, obwohl sie durchaus elementar sind und daher zu den Elementen gehören.

Die höhere Analysis kann selbstverständlich solche Untersuchungen auch ausführen und die geschlossenen Resultate der Differential- und Integralrechnung benutzen, statt die hier bisweilen durchgeführten Reihensummierungen zu verwenden. Aber schliefslich ist sie in den höheren Gebieten doch auch auf Summierungen der Reihen angewiesen, nach denen sich die analytischen Funktionen entwickeln lassen. Und diese Reihen sind doch die Grundlage der gesamten Weierstrafsschen Funktionentheorie. Die Methode der Reihensummierung zu verbannen, würde also eine nicht unbedenkliche Mafsregel sein. Auch ist die Möglichkeit, solche vielfach entbehren zu können, durchaus nicht ausgeschlossen, wie manche Beispiele beweisen.

Jedenfalls ist der hier angedeutete Forschungsweg ein solcher, der sich stets mit dem Wesen der Sache und der Anwendung der elementaren Grundbegriffe beschäftigt. Er zeigt auch, wie etwa die elementare Mathematik sich weiter hätte entwickeln können, wenn die Sprache der Differential- und Integralrechnung nicht zur Einführung gelangt wäre. Es handelt sich dabei um das Arbeiten mit gewissen Vorstellungsbildern, wobei auf die Vorstellungsbilder bezw. Symbole der Differential- und Integralrechnung verzichtet wird. Steiner z. B. verzichtete ganz auf die letzteren und hat trotzdem gewaltige Erfolge erzielt, auch Möbius hat mit den ihm eigenen Methoden Grofses geschaffen. Es würde höchst einseitig sein, alles den Differentialen und Integralen anheimzustellen.

Der Leser versuche also nicht nur die hier gegebenen Elementarmethoden auf sämtliche der behandelten Raumgebilde anzuwenden, sondern auch den Andeutungen entsprechend selbständig auf das Entdecken weiterer Vorstellungsbilder auszugehen.

Der Abschlufs des Buches ist also durchaus nicht ein Abschlufs der Elemente der Stereometrie — denn Baltzer, Steiner, Möbius, von Staudt, Poncelet, Chasles, Carnot und andere, auch die Potentialtheorie hätten noch weiter herangezogen werden können, und die Gleichungen dritten und vierten Grades sind noch gar nicht zur Geltung gekommen — sondern nur ein vorläufiges Abbrechen der Betrachtungen aus rein räumlichen Gründen.

Man betrachte das Ganze als eine Anregung, die Grenzen der Elementarmathematik weiter und weiter hinauszuschieben, und zwar nicht nur hinsichtlich der Planimetrie und Stereometrie, sondern auch hinsichtlich der Mechanik, der Kartographie, der Geodäsie, der kosmischen Physik, der Potentialtheorie und anderer mathematischer Gebiete und ihrer Anwendungen.

Dritter Abschnitt.

Nachtrag über Katenoid, Gaufssche Pseudosphäre und Minimalschraubenregelfläche.

§ 262) Nebenstehende Figur stellt eine Kettenlinie vom Parameter $OS = 1$ mit der zugehörigen Evolvente und Evolute dar. Ihre Gleichung ist $y = \frac{e^x + e^{-x}}{2}$. (Vgl. Bd. III § 122.) Die beiden letzteren Kurven sollen untersucht werden. Aus Raumgründen ist die X-Achse senkrecht gezeichnet worden. BDE ist das in Band III von Seite 127 ab untersuchte charakteristische Dreieck, in dem BD die Tangente der Kettenlinie im Punkte B BE die zugehörige Ordinate, ED die Kathete von der Länge 1, $\overline{BD}$ die Länge der Kettenlinie von B bis S ist. Demnach ist D ein Punkt der Evolvente, DE eine Tangente der letzteren. Diese Tangente hat aber stets die Länge 1, und daraus folgt, dafs die Evolvente der Kettenlinie, die vom Scheitelpunkt S ausgeht, stets eine Traktrix ist. Dazu vergleiche man Band I Seite 303. Alle anderen Evolventen der Kettenlinie sind äquidistante Kurven dieser Traktrix. Da man nach Band III die Kettenlinie mit beliebiger Genauigkeit konstruieren kann, so ist damit auch die Traktrix sowohl hinsichtlich der Punkte als auch der Tangenten ebenso genau zu konstruieren. Der auf Seite 303 des ersten Bandes gegebenen Konstruktion ist damit eine neue beigefügt.

§ 263) In Figur 88 ist $\triangle DBE \sim \triangle EFB$, also: $DE : EB = EB : BF$, oder, wenn man BF als Normale der Kurve mit n bezeichnet, $1 : y = y : n$, also $n = y^2$. Um

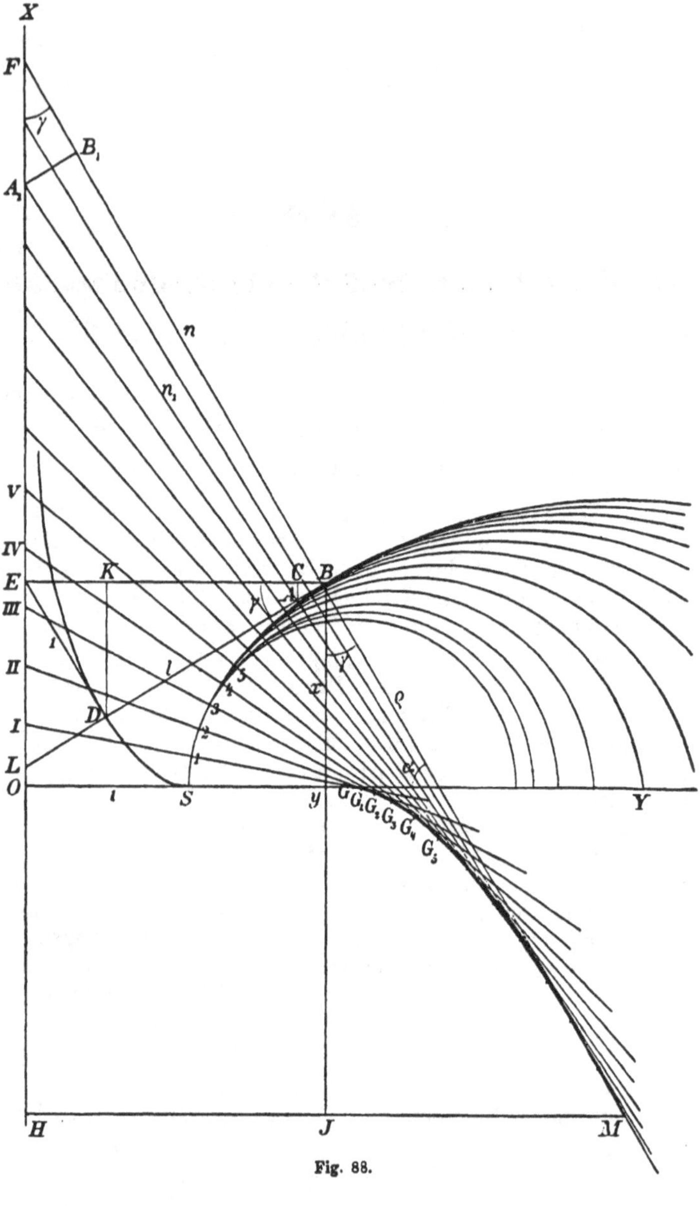
X
F
γ
B₁
A₁
n
n₁
V
IV
E
K
C
B
III
γ
II
l
D
I
L
O
S
y
x
ρ
α
Y
G
G₁
G₂
G₃
G₄
G₅
H
J
M
1
2
3
4
5

Fig. 88.

die Länge $MB = \varrho$, d. h. den Krümmungsradius der Kettenlinie zu finden, betrachte man zwei unendlich benachbarte Normalen AA_1 und BF, deren Längendifferenz gleich B_1F sei. Dabei ist $B_1F = n - n_1 = y^2 - y_1^2 = (y + y_1)(y - y_1)$, oder, da für die Grenze $y = y_1$ wird, $B_1F = 2y(y - y_1)$ Die sehr kleine Differenz $(y - y_1)$ für die Normalenausgangspunkte B und A ist aber BC oder was dasselbe ist $AB \cdot \frac{1}{\cos\gamma}$. Dagegen ist der kleine Abstand $A_1B_1 = B_1F \cdot \tan\gamma = 2y(y - y_1)\tan\gamma = 2AB \cdot \frac{1}{\cos\gamma} \cdot y\sin\gamma$, oder da im charakteristischen Dreieck $y\sin\gamma = DE = 1$ ist, $A_1B_1 = 2AB \cdot \frac{1}{\cos\gamma}$, d. h. für die Grenze ist $\widehat{A_1B_1} = 2\widehat{AB}$. Folglich ist für die Grenze im Dreieck A_1B_1M die Seite A_1M in A halbiert. Läfst man A_1A unendlich nahe an B_1F heranrücken, so ist auch die Gerade MF durch die Kettenlinie in B halbiert. Folglich: Der Krümmungsradius BM der Kettenlinie ist gleich der Normale BF, d. h. es ist stets $\varrho = n = y^2$.

§ 264) Demnach ergiebt sich für die Kettenlinie folgende praktisch brauchbare Annäherungskonstruktion. Ist OF die Direktrix und OS der Abstand des Scheitelpunktes S von der Direktrix, so mache man $GS = 1$ und schlage um G mit dem Radius GS einen Kreis, den kleinsten Krümmungskreis der Kurve. Darauf ziehe man einen benachbarten d. h. sehr naheliegenden Radius $\overline{G1}$ bis zum Schnittpunkte I mit der Direktrix und schneide auf ihm von 1 aus nach rechts die Strecke $\overline{1I}$ ab, was den folgenden Krümmungsradius sehr genau als $\overline{1G_1}$ giebt. Um G_1 schlage man mit diesem Radius einen zweiten Krümmungskreis. In diesem ziehe man einen neuen Nachbarradius $\overline{G_1 2}$ bis zum Durchschnitt II mit der Direktrix und trage auf ihm von 2 aus nach rechts die Strecke $II\,2$ ab, was den folgenden Krümmungsradius $\overline{2G_2}$ giebt. Mit dieser Konstruktion fahre man beliebig weit fort. Die Kreise schattieren um so genauer die gesuchte Kettenlinie aus, je dichter die Radien auf einander folgen. Die Radien $\overline{SG}$, $\overline{1G_1}$, $\overline{2G_2}$ u. s. w. schattieren die Evolute der Kettenlinie aus und berühren sie in den Punkten $G, G_1, G_2 \ldots$

§ 265) Die Gleichung der Evolute ergiebt sich, wenn man die Koordinaten von M mit ξ und η bezeichnet, folgendermafsen: Im Dreieck MHF ist, da B der Halbierungspunkt von MF ist, $MH = 2BE$, d. h. der Abstand $\eta = 2y$. Im Dreieck MJB ist $MB^2 = MJ^2 + BJ^2$, oder, da $MJ = BE = y$, $AB = (\xi - x)$ ist (ξ und x sind in der Figur entgegengesetzt gerichtete Koordinaten) $\varrho^2 = (\xi - x)^2 + y^2$ oder $y^4 = (\xi - x)^2 + y^2$. Hier setze man für y ein $\frac{\eta}{2}$, für x den aus der Gleichung $y = \frac{e^x + e^{-x}}{2}$ folgenden Ausdruck $x = {}^e lg\,[y + \sqrt{y^2 - 1}]$ oder, indem man y durch $\frac{\eta}{2}$ ersetzt,

$$x = {}^e lg\left(\frac{\eta}{2} + \sqrt{\frac{\eta^2}{4} - 1}\right) = {}^e lg\,\frac{\eta + \sqrt{\eta^2 - 4}}{2}.$$

Die pythagoreische Gleichung geht dadurch über in

$$\frac{\eta^4}{16} = \left(\xi - {}^e lg\,\frac{\eta + \sqrt{\eta^2 - 4}}{2}\right)^2 + \frac{\eta^2}{4}$$

oder in

$$1) \qquad \xi = \frac{\eta\sqrt{\eta^2 - 4}}{4} + {}^e lg\,\frac{\eta + \sqrt{\eta^2 - 4}}{2}.$$

Dies ist die Gleichung der Evolute.

§ 266) Ebenso leicht ist die Gleichung der Evolvente, d. h. der Traktrix zu ermitteln. Man bezeichne jetzt die Koordinaten des Kurvenpunktes D mit ξ und η. Im charakteristischen Dreiecke BDE ist nach Pythagoras $DE^2 = EK \,.\, EB = \eta \,.\, y$, also, da $DE = 1$ ist, $\eta \,.\, y = 1$ und $y = \frac{1}{\eta}$. Aufserdem ist dort $DK^2 = EK \,.\, KB$ oder $(x - \xi)^2 = \eta \,.\, (y - \eta)$. Hier ersetze man y durch $\frac{1}{\eta}$ und, ähnlich wie oben, x durch ${}^e lg\,[y + \sqrt{y^2 - 1}]$ oder

$${}^e lg\left[\frac{1}{\eta} + \sqrt{\frac{1}{\eta^2} - 1}\right] = {}^e lg\,\frac{1 + \sqrt{1 - \eta^2}}{\eta}.$$

Die Höhengleichung geht dadurch über in

$$\left[{}^e lg\frac{1+\sqrt{1-\eta^2}}{\eta}-\xi\right]^2=\eta\left(\frac{1}{\eta}-\eta\right)=1-\eta^2,$$

was sich leicht umformt zu

$$2)\qquad \xi={}^e lg\frac{1+\sqrt{1-\eta^2}}{\eta}-\sqrt{1-\eta^2}.$$

Dies ist die Gleichung der Evolvente, d. h. der Traktrix für den Parameter 1.

Denkt man sich um E mit dem Radius 1 einen Kreis geschlagen, so wird dieser von der Traktrix orthogonal geschnitten. Daraus folgt: Die Orthogonalkurve gleich grofser Kreise, die ihre Mittelpunkte auf einer Geraden haben, ist eine Traktrix.

Im Dreieck BEL ist $DL.DB=DE^2=1$ (abgesehen vom Vorzeichen), also $DL=\frac{1}{DB}$. Nun ist DL die Normale der Traktrix, DB der entsprechende Krümmungsradius. Daraus folgt: Das Produkt aus der Normale und dem Krümmungsradius ist für alle Punkte der Traktrix konstant, nämlich gleich dem Quadrate des Parameters. (Letzterer ist hier gleich 1.)

Bei der Kettenlinie ist dasselbe Produkt gleich y^4, also proportional der vierten Potenz des Abstandes von der Direktrix.

§ 267) Läfst man die Figur 88 um die Direktrix rotieren, so entsteht ein Katenoid, eine Gaufssche Pseudosphäre und aufserdem der Drehungskörper (positiver Krümmung) der Evolute.

Für das Katenoid ergeben sich die zum Punkte B gehörigen Hauptkrümmungsradien als

$$3)\qquad \varrho_1=y^2,\quad \varrho_2=-y^2,$$

und daraus folgt

$$4)\qquad \frac{1}{\varrho_1}+\frac{1}{\varrho_2}=0.$$

Den Ausdruck $\frac{1}{\varrho_1} + \frac{1}{\varrho_2}$ bezeichnet man als die **mittlere Krümmung** einer Fläche. Für das Katenoid also folgt der Satz:

Die mittlere Krümmung des Katenoids ist konstant und überall gleich Null.

[Dies ist nur ein Sonderfall eines allgemeinen Satzes über Minimalflächen.]

Aufserdem folgt aus den Gleichungen 3) und 4)

$$5) \qquad \frac{1}{\varrho_1} \cdot \frac{1}{\varrho_2} = -\frac{1}{y^4}$$

und damit der Satz:

Beim Katenoid ist das Gaufssche Krümmungsmafs umgekehrt proportional der vierten Potenz des Abstandes von der Achse.

Für die Traktrix folgt aus Dreieck BEL die Gleichung $DB \,.\, DL = -DE^2 = -1$, oder wenn man die Hauptkrümmungsradien für die Stelle D mit r_1 und r_2 bezeichnet,

$$6) \qquad \frac{1}{r_1} \cdot \frac{1}{r_2} = -1,$$

wodurch sich die Fläche als **Fläche konstanten negativen Krümmungsmafses** bestätigt. Ihre mittlere Krümmung ergiebt sich als

$$7) \quad \frac{1}{r_1} + \frac{1}{r_2} = \frac{1}{r_1} - \frac{r_1}{1} = \frac{1}{\sqrt{y^2-1}} - \sqrt{y^2-1} = \frac{2-y^2}{\sqrt{y^2-1}}.$$

Die zu den Kreisschnitten des Katenoids gehörigen Tangentenkegel werden von der Pseudosphäre orthogonal geschnitten, die zu den Kreisschnitten der Evolutenfläche gehörigen ebenso vom Katenoid.

§ 268) Soll eine Drehungsfläche Minimalfläche sein, so mufs nach Guldin der Schwerpunkt des rotierenden ebenen Bogens möglichst nahe an der Drehungsachse liegen, was auf die Kettenlinie führt, und aufserdem mufs die Drehungsachse Direktrix des letzteren sein. Dies ist in Band III nachgewiesen. Daraus folgt:

Unter den Drehungsflächen giebt es nur eine einzige Minimalfläche, nämlich das Katenoid.

Jede Schraubenregelfläche läfst sich im allgemeinen auf ein Drehungshyperboloid abwickeln, die Minimalschraubenregelfläche auf ein Katenoid. Die Verbiegungsflächen des Drehungshyperboloids und die der Minimalschraubenregelfläche, insbesondere die so entstehenden Regelflächen, lassen sich demnach auf Drehungsflächen abwickeln. [Beiläufig sei bemerkt, dafs dies die einzigen Regelflächen sind, bei denen dies möglich ist, dafs ferner die Minimalschraubenregelfläche unter allen Regelflächen die einzige ist, die den Charakter einer Minimalfläche hat.]

§ 269) Von Wichtigkeit ist auch noch folgender Satz: Rollt eine Parabel ohne zu gleiten auf einer Geraden, so bewegt sich der Brennpunkt auf einer Kettenlinie.

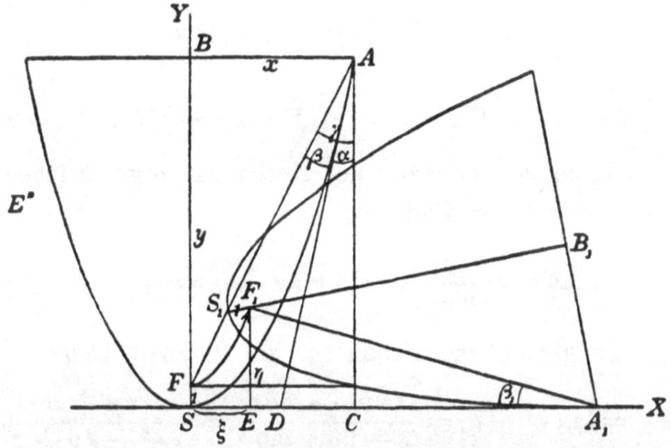

Fig. 89.

Figur 89 stellt den Vorgang dar. Die Bewegung gehe von der Scheitelstellung aus. Die Koordinaten des Punktes A seien x und y, der Parameter der Parabel sei gleich 2, damit $SF = 1$ werde, die Gleichung der Parabel also

$$x^2 = 2py = 4y. \tag{1}$$

Die Länge der Parabel von S bis A ist nach der in Band III, Seite 103 gegebenen Rektifizierungsformel [da dort des Mafsstabs wegen rechts statt y zu schreiben ist $\frac{x}{2p}$, links $\frac{l}{2p}$]

$$l = \frac{1}{2}\left[\frac{x}{p}\sqrt{p^2+x^2} + p\,{}^e lg \frac{x+\sqrt{p^2+x^2}}{p}\right]$$

also hier

2) $$l = \frac{x}{4}\sqrt{x^2+4} + {}^e lg \frac{x+\sqrt{x^2+4}}{2}.$$

Rollt dieser Teil der Peripherie auf der Geraden SX ab, so gelangt die Parabel in die zweite der gezeichneten Lagen, und dabei wird $SA_1 = l$ und $\sphericalangle SA_1F_1 = \sphericalangle DAF = \beta$, wobei AD die Tangente der Parabel bedeutet. Daraus folgen für F_1 die Koordinaten

3) $$\eta = A_1F_1 \sin\beta = AF\sin\beta$$

und

4) $$\xi = SA_1 - EA_1 = l - A_1F_1\cos\beta = l - AF\cos\beta.$$

Dadurch ist der Gang der Rechnung vorgeschrieben.

Zunächst ist in Figur 89

$$\tan\gamma = \frac{x}{y-1}, \quad \tan\alpha = \frac{DC}{CA} = \frac{x}{2y}$$

(vergl. Tangentenkonstruktion für die Parabel), also

$$\tan\beta = \tan(\gamma-\alpha) = \frac{\tan\gamma - \tan\alpha}{1+\tan\gamma\tan\alpha} = \frac{xy+x}{2y^2-2y+x^2}.$$

Daraus folgt

$$\cos\beta = \frac{1}{\sqrt{1+\tan^2\beta}} = \frac{2y^2-2y+x^2}{\sqrt{(2y^2-2y+x^2)^2+(xy+x)^2}}$$

$$\sin\beta = \frac{\tan\beta}{\sqrt{1+\tan^2\beta}} = \frac{xy+x}{\sqrt{(2y^2-2y+x^2)^2+(xy+x)^2}}.$$

Endlich ist noch

$$AF = \sqrt{x^2 + (y-1)^2}.$$

Setzt man die entsprechenden Werte in Gleichung 3) ein, so wird

$$\eta = \sqrt{x^2 + (y-1)^2} \cdot \frac{xy + x}{\sqrt{(2y^2 - 2y + x^2)^2 + (xy + x)^2}},$$

oder, da der Nenner sich durch die erste Wurzel ohne Rest teilen läfst,

$$\eta = \frac{xy + x}{\sqrt{x^2 + 4y^2}},$$

oder, wenn man nach Gleichung 1) y durch $\frac{x^2}{4}$ ersetzt,

5) $$\eta = \frac{1}{2}\sqrt{x^2 + 4}.$$

Entsprechend wird

$$AF\cos\beta = \sqrt{x^2 + (y-1)^2} \cdot \frac{2y^2 - 2y + x^2}{\sqrt{2y^2 - 2y + x)^2 + (xy + x)^2}}$$

$$= \frac{2y^2 - 2y + x}{\sqrt{x^2 + 4y^2}},$$

oder wenn man wieder y durch $\frac{x^2}{4}$ ersetzt, gleich $\frac{x}{4}\sqrt{x^2 + 4}$.

Demnach wird (nach Gleichung 4)

$$\xi = l - AF.\cos\beta = \left[\frac{x}{4}\sqrt{x^2 + 4} + {}^{e}lg\,\frac{x + \sqrt{x^2 + 4}}{2}\right]$$

$$- \frac{x}{4}\sqrt{x^2 + 4}$$

oder

6) $$\xi = lg\,\frac{x + \sqrt{x^2 + 4}}{2}.$$

Dafür kann man schreiben

$$\frac{x + \sqrt{x^2 + 4}}{2} = e^{\xi}.$$

Daraus folgt

$$\frac{2}{x+\sqrt{x^2+4}}=e^{-\xi}.$$

Durch Addition und Halbierung folgt daraus (unter Berücksichtigung von Gleichung 5)

$$\frac{e^{\xi}+e^{-\xi}}{2}=\frac{1}{2}\left[\frac{x+\sqrt{x^2+4}}{2}+\frac{2}{x+\sqrt{x^2+4}}\right]$$

$$=\frac{1}{2}\left[\frac{x+\sqrt{x^2-4}}{2}+\frac{2\,(x-\sqrt{x^2+4})}{(x+\sqrt{x^2+4})\,(x-\sqrt{x^2+4})}\right]$$

$$=\frac{1}{2}\left[\frac{x+\sqrt{x^2-4}}{2}+\frac{\sqrt{x^2+4}-x}{2}\right]=\frac{1}{2}\sqrt{x^2+4}=\eta.$$

Demnach besteht für ξ und η die Beziehung

7) $$\eta=\frac{e^{\xi}+e^{-\xi}}{2}.$$

Dies ist die Gleichung einer Kettenlinie und damit ist die Behauptung bewiesen.

Daraus folgt für die durch Drehung um die Direktrix entstehende Fläche:

Die Drehungsfläche der vom Brennpunkte einer (auf der Geraden) rollenden Parabel beschriebenen Kurve ist ein Katenoid, d. h. eine Fläche von der konstanten mittleren Krümmung Null.

[Auch dieser Satz ist nur ein Sonderfall eines allgemeineren. Die Drehungsflächen, die in entsprechender Weise aus den Brennpunktswegen rollender Ellipsen und Hyperbeln hervorgehen, sind ebenso Flächen konstanter mittlerer Krümmung, wie *Delaunay* bewiesen hat. Positiv ist diese Krümmung für die elliptischen Fälle, negativ für die hyperbolischen, Null für die parabolischen. *Unduloid* und *Nodoid* sind die Namen der Flächen für den elliptischen bezw. hyperbolischen Fall. — Man wird erkennen, daß die oben angewandte Methode in den Fällen die Ermittelung der Rollkurvengleichung ermöglicht, in denen die Rektifikation der rollenden Kurve bekannt ist und Gleichungschwierigkeiten nicht auftreten.]

§ 270) Die sphärische Abbildung der Katenoidfläche auf die Kugel giebt die konforme Abbildung der ersteren auf die letztere.

Beweis. Die sphärische Abbildung des Katenoids auf die Kugel im Gaufsschen Sinne wird nach Band I Seite 293 gefunden, indem man in der Kugel Radien zieht, die den Normalen der ersteren Fläche parallel sind. Die Endpunkte der Radien sind den Fufspunkten jener Normalen zugeordnet. Da es sich um Drehungsflächen handelt, kann man sich auf einen ebenen Hauptschnitt beschränken. Nimmt man die in Fig. 88 nach oben gehenden Normalen, so entsprechen die Winkel γ den Polabständen auf der Kugel.

Nach Band III Seite 140 erhält man die quadratische (isothermische) Einteilung des Katenoids mit Hilfe von Normalschnitten zur Achse, die unter gleichen Abständen aufeinanderfolgen. Dies giebt zugleich die Übertragung der quadratischen Einteilung auf den einbeschriebenen Cylinder des Katenoids. Die kleinen Quadratseiten auf dem Cylinder verhalten sich zu den Quadratseiten auf dem Katenoid wie $1:y$, oder, da dort $\sin\gamma = \frac{y}{n} = \frac{y}{y^2} = \frac{1}{y}$ ist, wie $1:\frac{1}{\sin\gamma}$ oder wie $\sin\gamma : 1$.

Ist aber auf der Kugel der Polabstand der zugeordneten Punkte ebenfalls durch γ gegeben, so verhalten sich bei der konformen Abbildung des Cylinders auf die Kugel die Seiten der einander entsprechenden kleinen Quadrate nach Band I Seite 252 und Band II Seite 379 ebenfalls wie $\sin\gamma : 1$.

Die konforme Abbildung des Cylinders auf die Kugel vermittelt aber die des Katenoids auf die Kugel. Es sind also zur konformen Übertragung nur Radien nötig, die zu den unter γ gegen die Achse geneigten Normalen der Fig. 88 parallel sind. Damit ist die Behauptung bewiesen.

Will man das Resultat aus der Fig. 88 durch Rechnung ableiten, so kann man folgendermafsen verfahren und direkt auf die in Band II Seite 379 gegebene Formel für die Äquatorialabstände gelangen. Aus

$$\sin \gamma = \frac{1}{y} = \frac{2}{e^x + e^{-x}} = \frac{2e^x}{e^{2x} - 1}$$

folgen für den Äquatorialabstand $\varphi = 90^0 - \vartheta$ die Formeln

$$\cos \varphi = \frac{2e^x}{e^{2x} - 1}, \quad \sin \varphi = \frac{e^{2x} - 1}{e^{2x} + 1}.$$

Für den halben Winkel ist

$$\tan \frac{\varphi}{2} = \frac{-1 + \sqrt{1 + \tan^2 \varphi}}{\tan \varphi} = \frac{1 - \cos \varphi}{\sin \varphi}.$$

Daraus folgt durch Einsetzung der Werte

$$\tan \frac{\varphi}{2} = \frac{e^{2x} + 1 - 2e^x}{e^{2x} - 1},$$

also wird

$$e^x = \frac{1 + \tan \frac{\varphi}{2}}{1 - \tan \frac{\varphi}{2}} = \tan \left(45^0 + \frac{\varphi}{2} \right)$$

und

$$x = lg \frac{1 + \tan \frac{\varphi}{2}}{1 - \tan \frac{\varphi}{2}} = \tan \left(45^0 + \frac{\varphi}{2} \right).$$

Dies stimmt mit der in Band II Seite 379 gegebenen Formel überein, nur ist $-x$ an Stelle von x zu setzen, was jedoch ohne Belang ist und nur mit der willkürlichen Wahl der Koordinatenrichtung in Figur 88 zusammenhängt. Damit ist die Richtigkeit der Behauptung ebenfalls bewiesen.

Führt man in der Figur die quadratische Einteilung des Katenoids aus, und zwar mit Hilfe der Projektion der quadratischen Einteilung des Cylinders auf das Katenoid, und zieht man dann die entsprechenden Normalen und die ihnen parallelen Radien der Kugel, so hat man eine geometrische Elementar-Konstruktion für die Übertragung der Mercatorkarte auf die Kugel. Auch die umgekehrte Übertragung ist damit erledigt.

Die obigen Darlegungen sind also auch von kartographischem Interesse.

[Auch der hier bewiesene Satz ist nur ein Sonderfall eines allgemeineren, denn Bonnet hat bewiesen, dafs die sphärische Abbildung jeder Minimalfläche eine konforme ist. Ihre konformen Abbildungen auf einander hängen also ebenso zusammen, wie die entsprechenden konformen Abbildungen der Kugelflächen aufeinander.]

§ 271) Die Kettenlinie ist ein interessantes Beispiel zu den in Band III auf Seite 99 besprochenen imaginären Schreibweisen. Dort zeigte sich, dafs die gleichseitige Hyperbel gewissermafsen die imaginäre Fortsetzung der Hyperbel ist, und schon in Band II Seite 294 wurde das aus der ersteren entstehende zweifache Drehungshyperboloid als Fortsetzung der Kugel betrachtet. Es fragt sich, ob ähnliches bei der Kettenlinie bezw. beim Katenoid stattfindet.

Die Gleichung der Kettenlinie ist

$$1)\qquad y=\frac{e^x+e^{-x}}{2}$$

oder

$$2)\qquad e^x=y+\sqrt{y^2-1}.$$

Dafür kann man, ohne dafs sich etwas ändert, schreiben

$$3)\qquad e^x=y+i\sqrt{1-y^2},$$

wo $i=+\sqrt{-1}$ ist. Für reelles $y>1$ steht rechts nur scheinbar Imaginäres. Für $y<1$ dagegen wird die rechte Seite ebenso, wie in Gleichung 2) komplex. Im letzteren Falle kann also links auch x nicht reell bleiben. Was ist dann dafür zu schreiben?

Jede komplexe Gröfse läfst sich auf die Form $r(\cos\varphi + i\sin\varphi)$ bringen. Aus

$$4)\qquad y + i\sqrt{1-y^2} = r(\cos\varphi + i\sin\varphi)$$

folgt durch Gleichsetzung der reellen und imaginären Teile

$$y = r\cos\varphi,\quad \sqrt{1-y^2} = r\sin\varphi.$$

Durch Quadrierung und Addition folgt

$$r^2(\cos^2\varphi + i\sin^2\varphi) = y^2 + 1 - y^2 = 1,$$

oder, da die Klammer auch gleich 1 ist, $r = 1$. Daraus aber folgt $y = \cos\varphi$, was von selbst mit $\sin\varphi = \sqrt{1-y^2}$ zusammenstimmt. Die Gleichung 4) wird also

$$\cos\varphi + i\sin\varphi = y + i\sqrt{1-y^2}$$

oder

$$e^{\varphi i} = y + i\sqrt{1-y^2}.$$

Der Vergleich mit 3) zeigt, dafs man für x eine rein imaginäre Zahl zu schreiben hat. Hätte man statt φ von vornherein x geschrieben, so hätte man erhalten

$$5)\qquad e^{xi} = y + i\sqrt{1-y^2}.$$

Gleichung 1) aber würde übergegangen sein in die auch aus 5) folgende

$$6)\qquad y = \frac{e^{xi} + e^{-xi}}{2} = \cos x.$$

Das Resultat ist folgendes:

Sobald $y > 1$ ist, sind 1) und 2) Gleichungen der Kettenlinie. Diese Gleichungen verlieren ihre Bedeutung, sobald $y < 1$ ist. Sollen sie auch für $y < 1$ eine Bedeutung erhalten, so ist eine Änderung nötig, die darin besteht, dafs man xi statt x schreibt. Dadurch aber geht Gleichung 1) über in die einfache Gleichung

$$7)\qquad y = \cos x,$$

d. h. in die Gleichung einer Kurve, die sich von der durch $y = \sin x$ dargestellten Sinuskurve nur durch eine Verschiebung um die Strecke $\frac{\pi}{2}$ auf der X-Achse unterscheidet. Folglich:

Die imaginäre Fortsetzung der Kettenlinie ist eine Sinuskurve.

(Beide Kurven gehören also ebenso zusammen, wie die Hyperbel $x^2 - y^2 = 1$ oder $x^2 + (iy)^2 = 1$ und der Kreis $x^2 + y^2 = 1$. In den Scheitelpunkten berühren sie einander.)

Führt man die von Gudermann aufgestellten hyperbolischen Funktionen mittels der Gleichungen

$$\mathfrak{Cos}\, x = \frac{e^x + e^{-x}}{2}, \quad \mathfrak{Sin}\, x = \frac{e^x - e^{-x}}{2}$$

ein, so lautet die Gleichung der Kettenlinie

8) $$y = \mathfrak{Cos}\, x.$$

Läfst man die Figur um die Y-Achse rotieren, so hat man den besprochenen Zusammenhang zwischen dem Katenoid und der aus der Sinus-Kurve entstehenden Drehungsfläche.

Mit Hilfe der Gleichung 8) läfst sich also eine ganz neue Behandlung dieser Fläche durchführen, wobei sich zahlreiche Eigenschaften in einfachster Weise ergeben.

§ 272) Über die Schraubenlinie sei folgende Bemerkung gemacht. Man kann sie sich dadurch entstanden denken, dafs ein Kreisschnitt des Kreiscylinders sich mit konstanter Geschwindigkeit um die Cylinderachse dreht, während sich sein Mittelpunkt auf der Achse mit konstanter Geschwindigkeit verschiebt. Jeder Kreispunkt beschreibt dann eine Schraubenlinie. Steht dabei der Cylinder senkrecht auf horizontaler Ebene und wird er von der Sonne irgendwie beleuchtet, so ist der Schatten (die Projektion) des Kreises stets ein Kreis, der sich mit konstanter Geschwindigkeit dreht, während sein Mittelpunkt sich mit konstanter Geschwindigkeit auf einer Geraden bewegt. Jeder Punkt des Schattenkreises beschreibt also eine cyklische Kurve. Stimmt die Neigung der Sonnenstrahlen mit dem Steigungswinkel der Schraubenlinie überein, so ist der Schatten der Schraubenlinie eine gewöhnliche Cykloide. Fallen die Sonnenstrahlen steiler ein, so entsteht eine sogenannte verlängerte, mit Schleifen versehene Cykloide; fallen sie weniger steil ein, so entsteht eine verkürzte Cykloide ohne Schleifen oder Rückkehrpunkte.

Diese cyklischen Kurven sind bekanntlich der elementaren Konstruktion und Berechnung zugänglich. (Vergl. z. B. die Schriften von Zehme, Iserlohn 1854 und Weissenborn, Eisenach 1856 über diese Kurven.)

§ 273) Soll demnach die Minimalschraubenregelfläche in der entsprechenden Parallelperspektive mit Winkel 90° für die horizontal nach hinten gehenden Linien gezeichnet werden, so wird jede ihrer Schraubenlinien eine der genannten cyklischen Kurven. Daraus ergiebt sich mit Hilfe der in Bd. I Seite 71 bis 75 gegebenen Schrägperspektive des Kreises eine einfache Konstruktion derselben Schraubenlinien in schräger Parallelperspektive, und auch die Centralperspektive ist leicht zu erledigen.

Da nun die senkrechte Projektion der Schraubenlinie auf einen Hauptschnitt ihres Cylinders eine Sinoide giebt, so steht nach obigem die Schraubenlinie zum Kreis, zur Kettenlinie, zur Traktrix, zur Sinoide und zu den cyklischen Kurven, besonders zur gewöhnlichen Cykloide in einfachen Beziehungen. Von jeder dieser Kurven aus kann man also Eigenschaften der übrigen in einfacher Weise ableiten.

Was von der Minimalschraubenregelfläche gesagt ist, versuche der Leser auf andere Schraubenregelflächen, insbesondere auf die abwickelbare und auf Schraubenflächen allgemeinerer Art, z. B. auf die Schraubenröhrenfläche, auszudehnen. Auch hierin liegt reichhaltiger Übungsstoff für die darstellende Geometrie. Analoge Übungen sind auch für die allgemeinen Röhrenflächen des dritten Bandes möglich.

§ 274) Geschichtliche Bemerkungen zum Nachtrag. Die Delaunayschen Sätze findet man in der Abhandlung „Sur la surface de revolution dont la courbure moyenne est constante. Liouvilles Journal IV, 1841. Über denselben Gegenstand berichtet allgemeiner Lindelöf in den Mémoires de la Société des Sciences de Finlande. Während Mansion die von den Brennpunkten rollender Kegelschnitte beschriebenen Kurven als Delaunaysche Kurven bezeichnet, schlägt Lindelöf die Bezeichnung als elliptische, hyperbolische und parabolische Kettenlinien vor. Da von Kettenlinien nur in dem einen Falle die Rede sein kann, während die Parabel schon als Kettenbrückenlinie eine Rolle spielt, wird der Vorschlag schwerlich durchdringen.

Spitzer behandelte die von der Ellipse auf diese Weise erzeugten Kurven im Archiv der Math. Band 150 (1868).

Bonnet hat in den Compt. rendus von 1853 bewiesen, dafs die sphärische Abbildung von Minimalflächen stets winkeltreu ist.

Über Minimalschraubenflächen im allgemeinen hat Scherk geschrieben.

Den Satz, dafs die Minimalschraubenfläche die einzige Regelfläche mit dem Charakter einer Minimalschraubenfläche sei, hat Catalan ausgesprochen.

Nach Bour ist jede Schraubenfläche auf eine Krümmungsfläche abwickelbar. Die einzige Krümmungsfläche, welche Minimalfläche ist, ist aber nach Band III das Katenoid (vergl. Schwerpunktslage der Kettenlinie). Giebt es nun neben der Minimalschraubenregelfläche noch andere Minimalschraubenflächen, die also nach Bour auf Krümmungsflächen abwickelbar sind, müssen dann diese nicht auf das Katenoid, also auch auf die Minimalschraubenregelfläche abwickelbar sein?

Den Satz, dafs das Schrägbild der gewöhnlichen Schraubenlinie (auf dem Normalschnitt zur Achse) eine cyklische Kurve ist, scheint Montuclas zuerst bemerkt zu haben. Vergl. Histoire des math. Paris, 1799, II 78.

Über die Kettenlinie hat Mannheim in Liouvilles Journal, 2. Ser. IV, 1859 Seite 103 noch folgenden Satz bewiesen, der eine weitere Beziehung zur Parabel giebt: Rollt die Kettenlinie auf einer Geraden, so ist der Ort der Krümmungsmittelpunkte für die aufeinanderfolgenden Berührungspunkte eine Parabel.

Wird ein Segel zwischen parallelen Stangen ausgespannt, so wirkt der Winddruck auf jeden Parallelstreif genau ebenso, wie die Schwerkraft auf jeden Teil der doppelt aufgehängten Kette. Die so entstehende Segelkurve ist also eine Kettenlinie. (Jac. Bernoulli, Opera, I Seite 59 bis 61.) Die so entstehende Cylinderfläche, deren Basis die Kettenlinie ist, hat demnach eine gewisse praktische Bedeutung.

Sachregister.*)

Abbildung konforme, stereographische, affine, kollineare, projektivische, duale, durch reciproke Polaren, durch Inversion, sphärische von Gaufs, äquivalente siehe diese Stichworte.
Abgeschrägte Prismen und Cylinder I 187, II 80—92; Kreiskegel und regelm. Pyramiden II 177—185.
Abkantung I 46.
Abstumpfung I 46.
Absolute Geometrie I 307.
Abwickelbarkeit bei übereinstimmendem Krümmungsmafs I 295—305; der Schraubenflächen auf Drehungsflächen III 113; der Schraubenregelflächen auf das Drehungshyperboloid III 111; der Minimalschraubenregelfläche auf das Katenoid III 121.
Achtflach siehe Oktaeder.
Additionssatz für Planmomente 2. Ord. IV 12; für Axialmomente 2. Ord. IV 15.
Affinität I 131.
Ähnlichkeit I 131, 148.
Ähnlichkeitspolaren bei Kreisen I 116.
Ähnlichkeitspunkte bei Kugeln I 234—237; bei Körpern in perspektivisch ähnlicher Lage I 167.
Amplitude und Coamplitude der Dreikantecke II 189.
Analogien zwischen Kreis und gleichs. Hyperbel III 98 bis 100.
Analzym-Krystall I 56.
Ankreis sphärischer Dreiecke I 220.
Ankegel der Dreikantecke II 203, 209.
An-Kugeln des Tetraeders I 158—160, II 221—228.
Anzahl der zwischen n Punkten möglichen Geraden I 22; der Schnittlinien von n Ebenen I 22; der Ebenen durch n Raumpunkte I 22; der durch n Ebenen bestimmten Punkte I 23; der regelm. Körper I 45; der Archimedischen und Antarchimedischen Körper I 53; der Flächen, Kanten und Ecken bei Eulerschen Polyedern I 175—181; der homogenen konvexen Polyeder I 176.
Äquidistante Kurven der Ellipse I 281.
Äquivalente (flächentreue) Projektion der Kugel auf den Cylinder I 256.
Archimedische Körper und ihre reciproken I 52—54; Übungen darüber II 148—155.
Archimedische Spirale IV 38.

*) Die römischen Zahlen bedeuten den Band, die arabischen die Seitenzahlen.

Archimedischer Satz III 366; Erweiterung desselben II 306.
Augenpunkt I 98.
Axiom, elftes des Euklid I 307.
Axonometrische Sätze von Gaufs und Weisbach I 86—97; Krystallographie I 54—57.
Astronomische Anwendungen II 424—472.
Axialmomente 1. Ord. für Punktsysteme IV 5; 2. Ord. für Punktsysteme IV 12; (siehe auch Trägheitsmomente).

Berührungsaufgaben für Kugeln I 236; für vier Kugeln II 473.
Berührungskegel der Dreikantecke II 205; der log. Spiralröhrenfläche III 268.
Berührungskugeln des Tetraeders I 158, II 221—228; der Cyklide, der Röhrenflächen siehe diese.
Berührungskreise sphärischer Dreiecke II 405—409.
Biegungssätze, betreffend Erhaltung des Krümmungsmafses I 295—324.
Binormale III 17.
Bourscher Satz über Abwickelbarkeit von Schraubenflächen auf Drehungsflächen III 118.
Bretschneiders Satz über Doppelverhältnisse und Doppelwinkel bei der Inversion III 213.
Brianchons Satz über Sechsseite bei Kegelschnitten I 109, 118.

Cardioidische Kurvenscharen IV 139, 142.
Cassinische Kurven, siehe Lemniskaten 2. Ord.
Cavalieris Grundsatz I 151, 155, 163.
Cavalierische Beziehungen II 291 bis 312.
Cavalierische Verkürzung u. Verlängerung III 72—82, 96.
Cavalierische Verschiebung I 149, 363; III. 76—80, 82, 86, 89, 90.
Centralprojektion I 97—141.
Centralellipse IV 108, 111, 186.
Centralellipsoid IV 186, 266.
Centrifugalmoment bei Punktsystemen IV 11; für ebene Gebilde IV 115; seine Bedeutung für abgeschrägte Prismen und Cylinder IV 76; für Drehungskörper IV 78; seine mechanische Deutung IV 80; seine stereometrische Veranschaulichung IV 83; seine Lemniskate IV 119; Centrifugalmomente für die von Flächen zweiten Grades begrenzten Körper IV 247—254.
Complanation des senkr. Kreis-Cylinders, seiner Abschrägung I 187; des senkr. Kreiskegels, seines Stumpfes, seiner Abschrägung I 194; der Kugel und ihrer Teile I 208, 212, 214, II 199, 324, 325, 327, 328; des Drehungsparaboloids III 103; des Katenoids III 138; der Minimalschraubenregelfläche III 126; der log. Spiralröhrenfläche III 285; Guldinscher Drehungsflächen III 37—72; der abwickelbaren Schraubenregelfläche III 178; obeliskischer Mantelflächen II 263.
Coordinaten, elliptische IV 258.
Cosinussatz für Dreikantecken zur Winkelberechnung II 186, zur Seitenberechnung II 188; für sphärische Dreiecke II 391.
Cyklide, Drehungscyklide I 270 bis 275, 276—283, 286, 291, 295, 317, III 48—54, 59, 66—69, IV 177—180; Dupinsche Cyklide I 263—283, 309—315.
Cyklische Kurven als Parallelprojektion der Schraubenlinie IV 290.
Cylinder, senkr. Kreiscylinder I 186—193; seine Schnitte I 324 bis 331; Berechnungen an ihm und seinen Teilen II 41—67; allgemeine Cylinder und ihre Abschrägungen II 68—92.

Cylinder-Projektion der Kugel I 256.

Dachkörper II 11; verglichen mit dem Drehungsparaboloid 309.
Darstellende Geometrie I 36 bis 143.
Desargues Satz über perspektivische Dreiecke I 114, 167 bis 171.
Delisches Problem II 5.
Deviationsmoment (siehe Centrifugalmoment).
Diamantoeder I 56.
Direktrix der Kegelschnitte I 333, 344; der Traktrix I 304, der Kettenlinie III 127, 129, 132, IV 276.
Distanzpunkte I 98.
Dodekaeder, regelmäſsiges I 42—45, 51, 77—81, 101; Tafel I. II 113—115; symmetrisches II 157.
Dom einer Lokomotive II 343.
Doppelpyramide des Hexagonalsystems II 4.
Doppelspirale, logarithmische III 297—303; Schar der D. III. 299; quadrat. Einteilung d. Ebene durch zwei solche Scharen III 299; Röhrenfläche der D. 305—309; Zusammenhang mit den Kugelloxodromen und ihren Verallgemeinerungen I 250, III 309—313.
Drehungsflächen u. -Körper, Dreh.-Fl. 2. Ord. I 348—361; Guldinsche Drehungsgebilde II 1—110; parabolische Drehungskörper höh. Ordnung IV 74—77, 152—160.
Drehungssatz für statische Momente IV 4, für Trägheitsmomente IV 10, 14; für Centrifugalmomente IV 119.
Drehungsparaboloid (siehe Paraboloid); Trägheitsmomente IV 170.
Dreikant und Dreikantecke I 26—29, II 186—213.
Dreiseitiges Prisma I 163, II 11.
Dreiseitige Pyramide I 153 bis 173, II 216—251; (vergl. Tetraeder).
Dualität (Reciprozität) im Raume I 23—25; duale Konstruktionsaufgaben I 47—54, 57—62.
Dupinsche Cykliden I 263—283.
Durchdringungen für zwei regelm. Tetraeder I 39, 68; für zwei Würfel I 66—71, II 160—164; zwei Oktaeder II 164; zwei Pentagondodek. I 51; zwei Ikosaeder I 51; fünf regelm. Tetraeder I 68, 82, II 171; fünf Würfel I 71.

Ebenen im Raume I 1—7; einander schneidende I 10; parallele I 12—13; harmonische I 18, 24, 130, 133.
Ebenenbüschel I 23.
Ecken- und Eckenbildung I 25 bis 35; Dreikantecken (siehe diese); Ecke und Polarecke I 29; Ecke und Scheitelecke I 28.
Ekliptik auf der Himmelskugel II 425; auf Merkatorkarte II 434.
Ellipse I 71—75, 325—375; Fläche d. E. I 74; Trägheitsmoment der E. IV 98, 99.
Ellipsoid, Drehungs-E. I 349, II 308; dreiachsiges I 362, IV 199—213.
Ellipsoidschicht ähnlich begrenzt IV 213—217.
Elliptischer Cylinder I 327, 346.
Elliptische Krümmung I 291.
Energieberechnung für sich drehende Körper IV 199—201.
Erhaltung d. Kreise, Kugeln, Cykliden, Krümmungslinien, Krümmungskreise, Schmiegungskugeln, Winkel, Doppelverhältnisse, Doppelwinkel bei der Inversion III 210—213; E. der Doppelverhältnisse bei Affinität, Kollineation, Polarität IV 226 bis 231; E. des Gauſsschen Krümmungsmaſses der geodätischen Linien, der quadratischen Einteilungen b. Biegungen I 293-310.

Eulersche Inhaltsformel für Tetraeder II 220; Formel für Normalschnitte und ihre Krümmungslinien I 285; Polyeder I 175—185.
Excess sphärischer Dreiecke I 213.

Flächenformeln a) für ebene Figuren: n-Eck II 261; Ellipse I 74, III 36; Hyperbel II 71, III 91—93; Parabel II 71, III 90; Parabeln p^{ter} Ordnung II 28 bis 35; Polarparabeln p^{ter} Ordnung II 36—44; den Parabeln zugeordnete Flächen II 48—71; log. Spirale II 251; b) für Polyeder: Würfel II 1, 5, 6; Rechteckskörper II 10; Dachkörper II 11, 17, 21; Prisma II 26, 33, 34, 36, 39; regelm. Tetraeder II 101, 110; regelm. Oktaeder II 111; regelm. Ikosaeder II 112; regelm. Dodekaeder II 115; Tabelle für die regelm. Polyeder II 116, 119; Archim. Körper u. recipr. II 149—155; Pyramidenwürfel II 156; Rhombendodekaeder II 156; abgestumpfte Würfel II 158; abg. Oktaeder II 159; zwölfeckiges Sterndod. II 167, 169; unregelm. Tetraeder II 220, 234; c) für gekrümmte Raumgebilde, siehe Complanation; d) für die Mäntel abgeschrägter Prismen und Cylinder, auch solcher, die durch Kegel oder Paraboloide begrenzt sind, siehe Mantelfläche.
Flächen konst. Krümmungsmafses I 297—309.
Flächen zweiten Grades I 141. 348—378, IV 190—271.
Flächennetze f. Polyeder I 141.
Flächentreue od. äquivalente Karten I 141.
Flächenverhältnisse ähnlich. Gebilde I 148—185.
Fokalellipse I 365.
Fokalhyperbel I 364.
Fluchtpunkte I 100, 101.

Gaufsscher Grundsatz der Axonometrie I 86—97; Gaufssches Krümmungsmafs I 293; Gaufsscher Satz über Erhaltung des Krümmungsmafses bei Biegung. I 295.
Geodätische (kürzeste) Linien auf dem Cylinder, auf dem Kegel I 197; auf der Kugel I 207; auf abwickelb. Schraubenregelfläche I 181.
Geodätischer Satz von Legendre II 469.
Geodätisches Dreieck auf Flächen konstant. Krümmungsmafses I 305.
Geodätischer Kreis I 301.
Gerade auf einmanteligem Hyperboloid I 351—355, 365; auf hyperbolisch. Paraboloid I 366 bis 370, II 244—250, IV 82 bis 84; auf Schraubenregelfläch. III 111—118; auf Minimalschraubenregelfläche III von 121 ab; auf abwickelb. Schraubenregelfläche III von 169 ab.
Gewölbe II 86—92. Gewölbekappe II 87; Gewölbewange II 88; Leibungsfläche II 88—90.
Globoid - Schneckenantrieb III 316
Gradnetz der Kugel I 205.
Granatoeder, siehe Rhombendodekaeder.
Gratlinie der Tangentenfläche III 18; der Fläche der Krümmungsradien einer Fläche I 299, III 283; der Fläche der Krümmungsachsen bei Raumkurven III 19.
Gravitationskonstante II 373.
Guldinsche Regeln III 1 bis 110; Inhaltsformel III 1—6; Verallgemeinerungen III 7—10, 30—37; Flächenformel 37—40; Verallgemeinerungen 41—45; Übungen 49—110.

Halbecker I 46, 51, 65, 66.
Halbellipse Schwerpunkt III 82, Anwendungen III, 83, 86.

Halbflächner I 40, 44, 56, 51.
Halbregelmäfsige Körper, siehe Archimedische.
Halbstumpf I 48, 65, II 149, 150.
Halbtetraeder I 366, II 244, 269.
Harmonice mundi von Kepler I 63.
Harmonische Ebenen I 18, 24, 130, 133.
Harmonische Transformation von Möbius I 129.
Hauptellipse beim Parallelogr. I 73.
Hauptkreise der Kugel (gröfste Kr.) I 201, 207.
Hauptlagen der Ebenen im Raume I 14.
Hauptnormale III 11, 16.
Hauptrichtungen der Geraden im Raume I 14.
Heinzes System der genetischen Stereometrie II 270.
Hemiedrie, siehe Halbflächner.
Hexagonales Krystallsystem I 57, II 4.
Hexagonale Würfeldurchdring. II 5.
Höhen des Tetraeders I 160, II 246—250.
Hohlkehlen III 66, 68
Hohlkugel II 332, 333, 339, 341, 343, 344.
Homogene Punktsysteme u. ihre Momente IV 1—18.
Homogen zusammenges. Raumgebilde I 182.
Hyperbel I 335—342; als Indicatrix I 290.
Hyperbelbüschel 2. u. höh. Ord. IV 136, 142, 145.
Hyperbelschar IV 136, 141.
Hyperbolischer Cylinder I 342 bis 344.
Hyperbolischer Kegel I 347.
Hyperbolische Krümmung I 291.
Hyperbolisches Paraboloid I 336, II 244, 271, IV 83.
Hyperboloid. Drehungs-H. I 351—360, II 296—306; dreiachsiges I 365—370, 373, IV 217.
Ikosaeder regelm. I 40, 41, 51, 77, 81; Tafel I. II 112, 123.
Indicatrix I 290.
Inhaltsformeln, Parallelfach I 146—150; Pyramide I 165; regelm. Körper I 174, II 116; Pyramidenstumpf II 107, 252, 256; Obelisk II 259, 267: Prismatoid II 269, 271—291; abgeschrägte Prismen II 74—92; Kreiscylinder I 187; abgeschrägte Kreiscylinder II 74—92, IV 73; Kreiskegel I 194; Kegelstumpf I 199, II 104; abgeschrägter Kreiskegel II 178—185; Kugel I 214, II 291—293; Kugelteile II 312—372; Drehungshyperboloid, zweimantelig II 295; einmantelig I 297; Drehungsparaboloid II 309, parabolischer Cylinder II 311; Verallgemeinerungen II 305; Guldinsche Drehungskörper III 1—6; ihre Verallgemeinerungen III 30 bis 33; Schraubengewinde III 33—37; Übungsbeispiele III 48 bis 110; Katenoid III 135; Minimalschraubenregelfläche III 124; Schraubenröhrenfläche III 187; Spiralröhrenfläche III 289; parabolische Cylinder höh. Ord. IV 18—35, 92; polarparabolische Cylinder IV 42; parabolische Drehungskörper höh. Ord. IV 44—47; parabolisch begrenzte Cylinder und Prismen IV 84 bis 88, 125—144; durch Kegel begrenzte Cylinder u. Prismen über hyperbolischen, lemniskatischen, cardioidischen, parabolischen Grundflächen verschiedener Ord. IV 125—144; Ellipsoid, Hyperboloid, Paraboloid und Abschnitte, Parallelschichten, Sektoren dieser Körper IV von 190 ab.
Inhaltsverhältnisse ähnlicher Körper I 148, 174, 185.
In-Kreis sphärischer Dreiecke II 405—407.

In-Kegel der Dreikantecke II 205.
In-Kugel des Tetraeders I 158, II 222.
Invarianten, siehe Erhaltung.
Inversion im Raume I 238—250, III 210—231.
Inversionsverwandte der Drehungscykliden, s. Dupinsche Cykliden; des Kreiscylinders, Kreiskegels, ihrer Loxodromen, der Schraubenlinien und -flächen III 210—231; der log. Spiralröhrenfläche III 297—313.
Isogonal, siehe konform.
Isometrische Projektion II 4.

Kartographie I 250—259.
Katenoid III 127—162, IV von 275 ab. Sein Krümmungsmafs u. seine mittlere Krümmung IV 279.
Kegel I 193 - 200, II 93—99, 104—106, 124—134, 177—185, 331—342, 344—348, 375.
Kegelschnitte I 331—348.
Kegelschnittsflächen (zweiten Grades) I 349—383, IV 190—273.
Kegelstumpf I 198—200, II 104—107, 124—134.
Kettenlinie siehe Katenoid. Ihre Evolute und Evolvente IV 278. Als Brennpunktsweg für die auf der Geraden sich abwälzende Parabel IV 281.
Klostergewölbe II 88.
Kollineation I 114—133, III 72—82.
Kollineationscentrum I 123.
Kollineationsachse I 123.
Kollineares Netz I 124.
Kollineationsebene I 172.
Komplanation siehe C.
Konfokale Flächen zweiten Grades I 373—376, IV 260.
Konforme Abbildung durch Inversion (siehe diese) und stereographische Projektion (siehe diese); logarithmische Abbildung, siehe diese; konforme Abbildung von Kugel auf Ebene I 240—243, 254—256; Kugel auf Parallelstreif I 250—252, II 375—390; Drehungscyklide auf Rechteck I 277—281; Dupinsche Cyklide auf Rechteck I 310; Katenoid auf Parallelstreif und Ebene III 140—162; auf Kugel IV 285; Minimalschraubenregelfläche auf Ebene III 163—169.
Kongruenz der Dreikante I 30; der Polyeder I 185.
Konkaves Sternikosaeder I 59.
Konstruktionen, grundlegende im Raume I 15; stereometrische I 36—143; stereoskopische I 104—106; exakte III 318—320.
Kontingenzwinkel III 15.
Koordinaten siehe Coordinaten.
Koppes Satz von den Obelisken II 257.
Körperlicher Raum d. Dreikantecke II 194.
Kosmische Aufgaben II 367 bis 375.
Kreis im Schrägbild I 71—75; in Centralprojektion I 106—113.
Kreiscylinder I 186—193, II 41—92, 124—134.
Kreiskegel I 193—200, 331 bis 346, II 93—100, 104, 124 bis 134.
Kreispunkte (Nabelpunkte) des Ellipsoids I 163; K. im allgemeinen I 288.
Kreisreihen auf der Kugel I 260—263.
Kreisschnitte der Cylinder und Kegel zweiten Grades I 347; des Ellipsoids I 363; des einmanteligen Hyperboloids I 365; des zweimanteligen I 370; des elliptischen Paraboloids I 370; der Drehungscyklide (4 Gruppen) I 273; der Dupinschen Cykliden I 312, III 213; der Schraubenröhrenfläche III 183, 194 und ihrer Inversionsverwandten III 225; der logarithmischen Spiralröhrenfläche III 233 und ihrer Inversiensverwandten III 303 bis 313; der verallgemeinerten Röhrenflächen III 313.

Kreisteilung III 318; perspektivische I 193.
Kreuzgewölbe II 90.
Kreuzung von Geraden I 13—14.
Krümmung der Flächen I 283 bis 324; elliptische, hyperbolische, parabolische I 291; positive und negative I 291, 307; totale Kr. III 293; Kr. der Raumkurven III 11—14; erste Krümmung III 11; zweite Krümmung III 20; ganze Krümmung III 22; mittlere IV 280.
Krümmungsachse für Raumkurven III 12; Fläche der Kr. III 18.
Krümmungscyklide I 196, III 195, 275.
Krümmungsmafs, Gaufssches, für Flächen I 293—318.
Krümmungskreise I von 283 ab.
Krümmungslinien I von 283 ab.
Krümmungsradien für Flächen I 283—324; ihre abwickelbare Fläche I 299; für Raumkurven III 11—23.
Krümmungsmittelpunkte für Flächen I von 283 ab; zwei Flächen von Krümmungsmittelpunkten I 294.
Krystallographie I 47—57, II 155—177.
Kugel I 201—259, II 292—293, 323—472.
Kugelabschnitt II 323, 328; Trägheitsmomente IV 172.
Kugelbohrung II 341.
Kugelbündel I 232.
Kugelbüschel I 231, 234.
Kugeldreieck I 217—225, II 328, 390—424; astronomisches II 424; nautisches II 438—469.
Kugelloxodromen I 249; verallgemeinerte I 250.
Kugelkappe II 324; Trägheitsmomente IV 176.
Kugelmantel, Trägheitsmomente IV 175.
Kugelperspektive I 330, 333.
Kugelreihen I 263—283.
Kugelschatten I 331—335.
Kugelschicht II 325, 329—333; Trägheitsmomente IV 174.
Kugelsektor II 324.
Kugelstutzen II 342.
Kugelzone II 325; Trägheitsmomente IV 176.
Kugelzweieck siehe Meridianstreif.
Kurven konstanten Vergröfserungsverhältnisses bei konformen Abbildungen IV 149.

Lancretscher Satz über die drei Krümmungsradien der Raumkurven III 22.
Längenberechnungen an Polyedern, siehe diese; an Kurven, siehe Rektifikation.
Legendres Satz über kleine geodätische Dreiecke III 469.
Lemniscate des Centrifugalmoments IV 119.
Lemniskatenschar zweiter u. höherer Ordnung IV 131, 136, 142, 145.
Leucitoeder siehe Trapezoeder.
Lexells Satz über sphärische Dreiecke I 222.
Logarithmische Spirale und Spiralenschar III 232—265; l. Spiralröhrenfläche III 232—297; l. Doppelspirale III 297—303; deren Röhrenfläche 303—309; deren Inversionsverwandten 309 bis 313.
Logarithmisches Potential IV 147.
Loxodromen des Cylinders I 190; des Kegels I 197; der Kugel I 249, II 375—390; der Drehungscyklide I 279, III 216; der Dupinschen Cykliden I 318; des Katenoids III 146—162; Kegelloxodromen auf log. Spiralröhrenflächen III 234, 268, 278, 284.

Mantelflächen abgeschrägter Prismen u. Cylinder II von 118 ab.

M. von Cylindern mit parabolischer, lemniskatischen, hyperbolischen Grundflächen, die durch Kegel und Paraboloide begrenzt sind IV 125.
Mascheronis Konstruktionen mit Zirkel allein III 318.
Mathematische Geographie, Grundbegriffe II 424.
Maximum und Minimum, Aufgaben darüber II 15, 18, 20, 23, 35—40, 61—63, 129—131, 133, 137—138, 278, 352.
Mercatorkarte I 250—252, II 375—390, 434.
Meridianstreif der Kugel I 208, II 327.
Meteorologischer Prozefs II 373.
Meuniers Satz über Schrägschnitte bei Flächen I 292.
Minimal-Schraubenregelfläche III 124, 163—169, IV 290.
Minimum-Aufgaben, siehe Maximum.
Möbiussche Sätze über Erhaltung von Doppelverhältnissen und Doppelwinkeln bei der Inversion III 210—213.
Modelle I 141.
Möglichkeit exakter Konstruktionen III 318.
Momente erster Ordnung für Punktsysteme IV 1—8; zweiter Ordnung für Punktsysteme IV 9—18; verschiedener Ordnung für Körper mit Querschnitten p^{ten} Grades IV 19—33; der Polarparabeln höherer Ordnung IV 36—44; für Drehungskörper höherer Ordnung IV 44—47; stereometrisch veranschaulicht IV 73—88; Beispiele von Momenten IV 88—119, 152—160; Centrifugalmomente IV 119 bis 125.
Mollweidesche Formeln für Dreikantecken II 119.
Mondmasse II 374.
Muldengewölbe II 91.

Nabelpunkte siehe Kreispunkte.
Nautische Aufgaben II 382 bis 385, 424—469.
Nautisches Dreieck II 438.
Negatives Krümmungsmafs I 291, 307.
N-Kant und n-kantige Ecke I 34—35, II 196.
Neuere Kugelgeometrie I 260 bis 324.
Nicht-Euklidische Geometrie I 307.
Normale der Ebene I 7; Normalen gekrümmter Flächen I 283; Normalen bei Raumkurven (Hauptnormale, Binormale etc.) III 10—30; Normalschnitte bei Flächen I 285—293.
Normalebene einer Raumkurve III 11.

Obelisk II 257—267, 282—291.
Obeliskische Mantelflächen II 263.
Oktaeder, regelmäfsiges I 38, 46, 47, II 111; abgestumpft I 47, II 159; abgekantet I 49; gebrochen I 50.
Orthogonale Flächenscharen I 315.
Orthogonalkugel für vier Kugeln I 234.
Orthogonalprojektion, siehe Parallelprojektion, senkrechte.
Orthographische Axonometrie, Sätze von Gaufs und Weisbach I 86—97.

Parabel (gewöhnliche) I 344.
Parabeln höherer Ordnung IV 28—35.
Parabelschar zweiter u. höherer Ordnung IV 138, 141.
Parabolischer Cylinder, gewöhnlicher, I 344, II 311, IV 171; höherer Ordnung IV 28 bis 35; parabolischer Kegel I 347, 348; parabol. Krümmung I 291.
Paraboloid, Drehungsparaboloid I 360, II 309, III 101, IV 170;

hyperbolisches Paraboloid I 336, II 244, 271, IV 83, 258; elliptisches Parab. I 370, IV 257; Drehungsparaboloide höh. Ordnung IV 44—46; Polarparaboloide höh. Ordnung IV 46, 47.

Parallele Geraden im Raume I 7; Ebenen I 13.

Parallelkurven der Ellipse I 281—283; geodätische bei Schraubenflächen und Röhrenflächen, siehe diese.

Parallelflach, senkrechtes I 147; schrägss I 49, II 214—216.

Parallelperspektive, siehe Parallelprojektion.

Parallelprojektion, senkrechte I 76—97; schräge I 36 bis 75; der Kugel I 330; der konfokalen Flächen zweiten Grades I 373.

Parallelschicht (Zonenkörper) der Kugel, des Ellipsoids, Paraboloids, Hyperboloids, siehe diese Körper.

Pascalscher Satz I 109—111, 118; Pasc. Kurve I 120.

Peircesche Weltkarte (auf Quadrat) I 258.

Pendelaufgaben IV 14, 15, 201—207.

Pentagondodekaeder, regelmäfsiges I 42—45, 51, 57, 77 bis 81, 105, Tafel I, II 113—115; symmetrisches II 157.

Perspektivische Dreiecke I 114, 167; p. Tetraeder I 171; p. Lage I 125, 132; p. Mafsstab I 108; p. Kreisbeziehungen I 115; p. Zeichnen I 97—141; p. Achsenkreuz I 112.

Planmomente erster Ordnung IV 4, 18, 44, 73; zweiter Ordnung IV 9—12, 19, 45, 74, 82, 94; höherer Ordnung IV 16, 18—35, 46, 47. Vergl. die Körper des Verzeichnisses.

Poinsotsche Sternpolyeder I 64.

Pol und Polare bei der Kugel I 225—231; bei Flächen zweiten Grades III 228.

Polardreiecke auf der Kugel I 217, II 411—413.

Polarecke I 29, 30.

Polaren, reciproke I 225—231, III 229.

Polarität auf der Kugel I 218 bis 223.

Polarmomente erster Ordnung für Punktsysteme IV 6, für ebene Kurven und Flächen IV 84; zweiter Ordnung für Punktsysteme IV 15; für ebene Kurven und Flächen IV 86; abgeleitet durch konforme Abbildung IV 125—144.

Polarparabeln höherer Ordnung IV 36—44; ihre Cylinder IV 42; ihre Drehungskörper IV 46.

Polyeder, regelmäfsige oder platonische I 37—45; Archimedische siehe diese; autarchimedische siehe diese; Eulersche siehe diese; Poinsotsche siehe diese; allgemeine I 144—185.

Positives Krümmungsmafs I 291, 307.

Potential, Newtonsches IV 134; logarithmisches IV 139, 144, 149.

Potenzebene, Potenzlinie, Potenzpunkt bei Kugeln.

Prisma I 150; regelmäfsiges II 24—40; mit beliebiger Grundfläche II 68—92; schiefes II 213—216.

Prismatoid II 267—312.

Pseudosphärische Flächen I 300—309, IV 279.

Pyramide, dreiseitige I 153—173; n-seitige I 173—174; regelmäfsige dreiseitige siehe Tetraeder reg.; unregelmäfsige dreiseitige siehe Tetraeder; regelmäfsige n-seitige II 100—103; ihr Stumpf II 107—109, 134—139; schräg abgeschnittene regelmäfsige II 183—185; allgemeine II 251—257.

Pyramidenoktaeder I 48.

Pyramidentetraeder I 51.

Pyramidenwürfel I 44, 47, 48, 76, II 155.

Punktsysteme, homogene und ihre Momente IV 1—8.

Quadratische Einteilung, der Ebene durch Parallelenscharen, Kreise I 196—247; Spiralenschar III 247; logarithmische Doppelspiralen III 299; gleichseitige Hyperbeln IV 135; konfokale Lemniskaten und Hyperbelbüschel zweiter und höherer Ordnung IV 136, 141; Parabeln u. Kardioiden verschiedener Ordnung IV 138; konfokale Parabeln IV 136; des Cylinders I 190; des Kegels I 195—197; der Kugel I 248; der Drehungscyklide I 278—281, 315; der Dupinschen Cyklide I 310; des Katenoids III 143; der Minimalschraubenfläche III 163.
Quadratische Cyklide I 312.
Quadratisches Krystallsystem I 57.
Quadratisches Oktaeder I 51.
Quadratisches Prisma I 51.

Raumkurven, Bemerkungen über solche III 10--30.
Rechteckskörper I 144, II 1—23.
Rechtecksteilungen der Schraubenröhrenfläche III 193 bis 206.
Reciprozität im Sinne der Dualität siehe diese; im Sinne der Inversion (reciproke Radien) siehe diese; im Sinne der Polarität siehe diese; am Tetraeder II 251.
Regelmäfsige Körper I 36—45, 76—81, II 109—125, 139—148.
Regelmäfsige Prismen II 24 bis 40.
Regelmäfsige Pyramiden II 100 bis 104, 134—139.
Rektifikation der Parabel III 101; der Schraubenlinie III 114; der Kettenlinie III 132; der logarithmischen Spirale III 245.
Rektifizierende Ebene III 17.
Rektifizierende Gerade III 18.
Reduzierte Pendellänge IV 14, 17.
Reversionspendel IV 15.
Rhombendodekaeder I 48—50, 76, II 149, 185.
Rhombendreifsigflach I 65.
Rhomboeder II 4.
Röhrenflächen der Schraubenlinie III 181—209; der logarithmischen Spiralen III 232—297; der logarithmischen Doppelspiralen III 297—309; der Kugelloxodromen III 309—313; der verallgemeinerten Kugelloxodromen, allgemeinere R. III 313—316.
Rückkehrkante (Gratlinie) abwickelbarer Flächen I 299, III 18, 19, 283.

Scheitelecke I 28.
Schichtenformel IV 20—44.
Schiefe Prismen und Cylinder II 73—80, II 213.
Schiefer Kreiskegel I 346.
Schliefsungsprobleme I 267 bis 272.
Schmiegungsebene III 11, 28.
Schmiegungskugel III 28.
Schmiegungswinkel III 19.
Schraubenlinien I 190, III von 10 ab, IV 289 (ihre Parallelprojektion).
Schraubenflächen I 192—193, II 33—37, 111—209.
Schraubengewinde I 192—193, III 33—37, IV 183, 184.
Schraubenregelfläche III 111 bis 118; abwickelbare III 15, 169—181.
Schraubenröhrenfläche III 181—209, IV 201.
Schwerpunkt von Punktsystemen I 20—22, IV 3; Schwerpunkt des Tetraederkörpers I 155; seiner Elemente II 236; der Halbkreisscheibe II 50—57, 82—84; von Prismen II 74—75; des Kegels und seiner Elemente II 95; der Pyramide und ihrer Elemente II 102; des Kegelstumpfs und seiner Elemente II 106, 107; des

Pyramidenstumpfs und seiner Elemente II 108, 109, 253; des schräg abgeschnittenen Kreiskegels II 180; der Obelisken und Prismatoide II 287—289; des Dachkörpers und Paraboloids II 309; der Pyramide und des parabolischen Cylinders II 311; der Kugelelemente II 362—366; ebener Flächen und Kurven (auch Kurvensysteme) mit Hilfe der Guldinschen Regeln siehe diese und IV 88—92; der Kettenlinie II 129; für Flächen der Parabeln höherer Ordnung IV 29—32; für Paraboloide höherer Ordnung IV 45; für abgeschrägte Cylinder IV 73—76; für Guldinsche Drehungskörper IV 77—79 und Drehungsflächen IV 75; parabolische Cylinder höherer Ordnung und entsprechende Drehungskörper, ferner allgemeinere Körper IV 153—156; für die von Flächen zweiten Grades begrenzten Körper IV von 190 ab.

Schwerlinien der Prismen II 74; Tetraeder I 155.

Schwerpunktsrechnung (barycentrische Rechnungen), Inhalt abgeschrägter Prismen und Cylinder und ihrer Mantelflächen II 75—86; Guldinsche Regeln siehe diese; Schwerpunktsachsen und Trägheitsmomente für Drehungskörper IV 96—99.

Schwingungspunkt beim Pendel IV 14—15.

Schwingungsformel bei Pendeln IV 17.

Sechsflach, regelmäſsiges, siehe Würfel.

Segment der Kugel, des Ellipsoids, des Hyperboloids, siehe diese Körper.

Senkrechte Prismen und Cylinder II 41—72; Kegel und Pyramiden II 93—139.

Simpsonsche Regel II 262, 268 bis 312, IV 18—28; erweiterte IV 187.

Sinoide als Parallelprojektion der Schraubenlinie IV 290.

Sinus der Dreikantecke II 189; Sinussatz für solche II 189; Sinuskurve I 188; als imaginäre Fortsetung der Kettenlinie IV 289.

Sonnenmasse II 368.

Sonnenstrahlung II 370.

Sonnenzeit, wahre und mittlere II 407.

Sonnentemperatur II 372.

Sphärik I 200—324, siehe auch Kugel.

Sphärische Abbildung nach Gauſs I 293; für das Katenoid IV 285.

Sphärische Dreiecke I 210—214, 215—225.

Sphärische Kegelschnitte I 375.

Sphärische Trigonometrie II 390 bis 424.

Sphärische Zweiecke siehe Meridianstreif.

Sphärischer Exceſs I 213.

Spiegelbild, siehe Symmetrie, Inversion.

Spirale, archimedische IV 38; logarithmische III 232—265; logarithmische Doppelspirale III 297—303; Spiralen höherer Ordnung siehe Polarparabeln.

Spiralröhrenfläche III 232 bis 297.

Statische Momente, siehe Momente erster Ordnung IV 1—5, 18—28, 44—47, 73—80 etc.

Steinersche Kreisschar I 231; Kugelreihen I 263; Kreisreihen auf der Kugel I 260; Schlieſsungsprobleme I 267—272.

Stereographische Projektion der Kugelfläche I 252—257.

Stereometrische Darstellung von Momenten verschiedener Ordnung IV 73—88, 125 bis 152.

Stereometrisches Zeichnen I 36—143.

Stereoskopische Bilder I 104 bis 106, Tafel I.

Stern, Tetraederstern I 68—71, 83, II 171—176.
Sterndodekaeder, zwölfeckig I 58, II 167—170; zwanzigeckig I 59, 85.
Sterneckiges Dodekaeder I 58, 85.
Sterneckiges Ikokaeder I 60, 83.
Sternkörper I 58—64; Kepplersche I 63; Poinsotsche I 64.
Sternikosaeder, konkaves I 59, II 170.
Stofsaufgaben IV 202—207.
Symmetrie I 9, 29; der Dreikante I 30.

Tangentenfläche bei Raumkurven III 15, 19.
Tetraeder, regelmäfsiges I 38, 39; rechteckiges I 162, II 110; allgemeines I 153—172, II 216 bis 251; seine Um-Kugel II 228 bis 231; Berührungskugeln II 221—228, 241; Mittellinien II 231; Schwerpunkte II 234; Höhen II 246; metrische Relationen II 237—244; Halbierung durch hyperbolische Parabeln II 244; Reciprozität am Tetraeder II 251.
Tonnengewölbe II 86.
Torsion oder zweite Krümmung der Raumkurven III 19.
Torsionswinkel (Schmiegungswinkel) III 19.
Trägheitsabstand für Planmomente zweiter Ordnung IV 8; für Axialmomente zweiter Ordnung IV 14.
Trägheitsellipse von Poinsot IV 107; von Clebsch-Culmann IV 110.
Trägheitsellipsoid von Poinsot IV 186, 263; von Clebsch-Culmann IV 186, 271.
Trägheitsradius für Axialmomente zweiter Ordnung IV 14.
Trägheitsmittelpunkte für Planmomente zweiter Ordnung IV 8.
Trägheitsmoment für Punktsysteme IV 8—18; für Linien und Liniensysteme, Flächen und Flächensysteme und für Körper 18—28, 29—35, 41—46, 73—88, 94, 95, 96—112, 125—176, von 190 ab.
Traktrix I 303; als Evolvente der Kettenlinie IV 275, 278.
Transformation durch reciproke Radien, siehe Inversion; durch reciproke Polaren, siehe diese; durch Dualität, siehe diese; durch konforme Abbildung, siehe diese; durch Affinität (z. B. Parallelprojektion), siehe diese; durch Kollineation (z. B. Centralprojektion), siehe diese.
Transformationsgruppen III 226—231.

Um-Kegel der Dreikantecke II 203.
Um-Kreis sphärischer Dreiecke I 400—404, 409—411.
Um-Kugel des regelmäfsigen Tetraeders I 157; des allgemeinen Tetraeders III 228.

Verschiebung, Cavalierische, siehe Cavalieri.
Verschiebungssatz für statische Momente IV 3; für Trägheitsmomente IV 9, 12; für Centrifugalmomente IV 122.
Vielflächner, siehe Polyeder.
Vierflach, siehe Tetraeder.
Vierseit, vollständiges I 115.
Vollständiges Dreikant I 31.
Vollständiges Vierseit I 115.

Weifsbach, Grundsatz der Axonometrie I 91.
Windschiefe Geraden I 13, 19, 367, II 244—246, 246 bis 249.
Winkeltreue Abbildung, siehe konforme A.
Würfel I 37—39, II 1—10; abgestumpft I 47, 48; abgekantet I 49; gebrochen I 50; in axonometrischer Darstellung

I 86—97; in Centralperspektive I 102, 103.

Zeichnen, stereometrisches I 36 bis 143.
Zeitgleichung II 436.
Zerlegung des dreiseitigen Prismas in inhaltsgleiche Pyramiden I 163; des Polyeders in Tetraeder I 179, des Prismatoids in Tetraeder und Pyramiden II 268.
Zone der Kugel (Fläche der Parallelschicht) II 327.
Zonenpyramide bei der Kugel II 338; ihr Stumpf II 339, 360, 364—366.
Zuglinien, siehe Traktrix.
Zuordnungen von Kurven und Flächen IV 47—73.
Zusammenhang, ein- u. mehrfacher bei Flächen u. Polyedern I 178—180.
Zuschärfung I 46.
Zuspitzung I 46.
Zwanzigeckiges Sterndodekaeder I 59, 85.
Zwanzigflach, siehe Ikosaeder.
Zwölfeckiges Sterndodekaeder I 58, II 167—170.
Zwölfflach siehe Pentagondodekaeder.

Namenregister.

Abel IV 152.
Abû l'Wâfa II 419.
Adhemar, J. I 139.
Aiguillon I 257.
Alchaijâmi, Omar I 378.
Al-Chwarizmi II 419.
Alsidschzi I 378.
Anthemius von Tralles I 377.
Apian, Peter II 420.
Apollonius von Perga I 318, 376, 377.
Archimedes I 52, 54, 157, 181, 223, 224, 377, II 306, 319, 321, 366, 367, III 332, IV 38.
Aristäus d. Ä. I 376.
August I 182 II 315, 320, 322.
Autolycus von Pitane II 416.
Avezac, d' I 257.

Badoureau II 317, 318.
Baltzer I 133, 141, 181, 183, II 313, 314, 319, 367, 401, 423, 416, III 9, 32, 48, 326, 332.
Bantlin IV 160.
Barozzi da Vignola I 134.
Barrow III 325.
Baska II 419.
Beck II 289, 321.
Becker II 315, 318.
Beltrami I 308, 323, III 324.
Berger I 257.
Bernoulli, Jac. III 322, 325.
Bernoulli, Joh. III 322, IV 292.
Bertolotti II 315.
Bertrand I 64, 323, II 317.
Bianchi, Luigi III 29, 324.
Binet I 375, 381, IV 270.
Blanc, le I 137.
Bobillier I 138, 380, II 244.
Bôcher I 322.
Bohnert II 442, 448.
Bolte II 442, 468.
Bolyai I 308.
Bonnet III 324, 326, 329, IV 287, 291.
Borda II 468.
Bork II 314.
Bosse I 134.
Böttcher, J. E. I 90, 92.
Bour III 323 IV 291.
Bouvelles, Charl. de II 313.
Bradwardinus II 313.
Braunmühl, v. II 416, 418, 424.
Bravais II 317, 318.
Breton II 315.
Bretschneider II 319, III 213, 214.
Breusing I 258, 259, II 382, 428, 442, 446, 460, 463, 464, 468.
Breysig I 135.
Brianchon I 109, 118, 120, 121, 136, 381.
Brix II 320.
Brill. Katalog III 325.
Brocki (Broscius) I 225, II 313.
Broeker I 138.
Broscius (Brocki) I 225, II 313.
Brückner II 155, 177, 312, 315, 316, 317, 318, 319.
Brude I 140.
Brünnow II 442.
Burmester III 326.

Caillet II 468.
Campanus II 313.

Cantor, M. I 152, 224, 257, 377, II 5, 313, 416, III 47, 322, 326, 328.
Carnot, Laz. Nic. Marg. I 136, II 321.
Casey I 322, III 327.
Caspary I 382.
Cassini IV 131.
Catalan II 314, 316, III 323, IV 291.
Cauchy I 64, 182, II 314, 315, 317, 320, IV 270.
Cavalieri, Bonav. I 151, 152, 224, II 100, 102, 107, 108, 276, 291, 319, 422, III 47, IV 190.
Cayley I 323, II 315, 317, III 327.
Chasles I 137, 139, 171, 320, 379, 381, 382, III 315, 329.
Cicero I 224, II 366.
Clairault, Al. Cl. I 134, 171, III 328.
Clebsch IV 110, 111, 186.
Clifford I 323.
Comberousse II 318.
Commandinus, Fed. I 157, 257, II 321.
Coppernicus II 421.
Cullagh, Mac. I 382.
Culmann I 140, IV 110, 111, 186.

Dandelin I 322, 381.
Dannemann I 63.
Darboux I 322, III 324, 327, 328.
Dedekind II 313.
Delabar I 140.
Delambre II 191, 193, 423.
Delaunay IV 284, 291.
Demartres III 327.
Demokrit I 376.
Desargues, Gir. I 114, 134, 167, 171, 378.
Descartes I 181, 378, 380, III 325.
Deschwanden I 90.
Dignet I 323.
Dingeldey II 313.
Dini I 382, III 325.
Dirichlet II 313.
Dostor II 313.
Douwes II 466.
Dschâbir ibn Aflah II 420.
Dupin I 263, 319, 323, 375, 380, 381, III 327, 329, IV 261.
Dupuis I 319, 322, 380.
Dürer II 316.

Eberhardt II 313, 317.
Engel I 323.
Eratosthenes II 6.
Essen II 423.
Euklid I 1, 307, 376, II 319, 416.
Euler, Leonh. I 135, 171, 175, 178, 179, 180, 181, 183, 224, 285, 287, 288, 319, 322, 379, II 422, 423, III 9, 47, 99, 318, IV 269.
Eudoxos II 319.
Eutokios von Askalon I 224, 376.

Faraday, Maxwell II 196.
Farish I 90, 136, 138, II 5.
Federow II 317.
Fermat I 319.
Ferriot II 250.
Feuerbach II 250, 320.
Fiedler I 140, 210, 376.
Fink, K. I 136.
Fiorini-Günther II 423.
Fleck III 47, 48.
Foix-Candalla II 316.
Fontana (Domenico) II 289.
Foucher de Careil I 181.
Frenet III 328.
Frezier I 135.
Fuſs, N. I 319.

Galilei I 152, III 322.
Gaultier I 319.
Gauſs I 86, 88, 90, 95, 218, 259, 291, 293, 295, 308, 323, 379, 382, II 192, 313, 423, 460, III 318, 319, 323, 328, 329, 331, IV 152.
Geiſser I 140, 272, 322, II 250.
Geminus III 326.
Gergonne I 134, 137, 182, II 314.
Gerhard v. Gremona II 420, III 322.
Girard, Alb. I 224, II 313, 422.
Godt II 313.
Goldschmidt III 323.
Gounerie, de la I 139.
Goupillière, Hatôn de IV 271.
Green I 379.

Gregory I 137, 323, III 322.
Gregorio a St. Vincentio II 322.
Grethen, Hilger II 320.
Gretschel III 323.
Groth II 316.
Grunert I 182, 320, II 315.
Gudermann II 224, 423, IV 289.
Guébhard I 259.
Gugler I 138.
Guldin II 321, III 1, 46.
Günther II 313, 442, 443.
Günther-Fiorini II 423.
Gusserow II 320.
Gyldèn II 442.

Hachette I 319, 322, 378, 380.
Hallerstein, v. II 422, 459, 463.
Halley II 416.
Halma I 257.
Hammer II 422.
Hansen II 469.
Hauck I 210.
Heiberg I 223, 376, 377.
Heilermann I 382.
Heinze-Lucke I 54 II 155, 268, 271, 273, 274, 275, 277, 290, 305, 317, 320.
Helmholtz I 323 II 371, 373, IV 152.
Hennesy II 5.
Henrici-Trentlein I 141, II 314.
Hermes II 250, 313, 315, III 319.
Heron I 376.
Hertzer II 313.
Hess II 313, 315, 316, 317, 318, 319.
Hesse I 376, 382, 383.
Hessel I 178, 182, II 313, 314, 317.
Hilaire, St. II 468.
Hipparch I 253, 257, II 416, 419, IV 185.
Hire, Phil. de la I 134, 171.
Hirsch, Meier II 155, 315, 320, 322, III 48.
Hoffmann II 322.
Hohl II 317.
Holzmüller I 141, 198, 263, 322, 379, II 291, 321, 373, 389, 427, III 48, 132, 212, 326, IV 88, 99, 149, 188.
Hoppe II 314, 322.
Hospital, l' III 322.
Hugl I 105, II 316, 318.
Huilier, l' I 182, II 198, 250, 261, 314, 315, 321, 423.
Hultsch I 377, II 419, III 45, 326.
Hummel I 139.
Huygens I 301, 304, III 322, IV 71, 269.
Hypatia I 377.
Hypsikles I 257, II 416.

Isidor v. Milet I 376.
Israel-Holzwart II 443.
Ivory I 379, II 468.

Jacobi, C. J. J. I 259, 320, 375, 379, 381, III 329, IV 152, 258, 261.
Jacobi (Jacobi van Swinden) I 182, II 5, 250, 313, 314.
Jamitzer II 316.
Joachimsthal I 323, II 250, III 329.
Jonquières, de II 313, 314.
Jordan I 182, II 315, 317.

Karsten I 135.
Kästner I 135, 136, II 5, 313, 317.
Keppler I 54, 63, 182, II 316, 319, 375, III 46, 47.
Kessels II 469.
Killing I 308, 323.
Kirchhoff I 321, IV 152.
Kirkmann II 314, 315.
Klein I 308, 322, 323, III 330, IV 186.
Klingenfeld I 140.
Klügel III 326.
Knoblauch I 323, III 29.
Kommerell, v. III 326.
Kommerell-Hauck II 250, 320.
Konon von Samos I 377.
Koppe II 257, 320.
Korteweg III 322.
Kötter I 379, III 324, 328.
Krafft II 468.
Kramer I 379.
Kremer, G. siehe Mercator.
Krupps Katalog II 344.
Küpper I 141.

Lacroix I 135.
Lafrémoire II 244.
Lagrange I 379, II 423, III 323, IV 152, 188.
Lalande II 468.
Lalouvère, Ant. de III 47.
Lambert I 90, 135, 257, 259, IV 152.
Lamé I 321, 324, 375, II 315, IV 258.
Lancret III 23, 329.
Land IV 125.
Lange I 380.
Laplace I 379.
Laurin, Col. Mac I 379.
Legendre I 182, 224, 379, II 314, 315, II 423.
Leibniz I 181, 304, 380, III 47, 322.
Leonardo Pisano II 320.
Leroy I 138.
Lesekamp II 177, 318.
Lexell I 222, 224, II 423.
L'Huilier I 182, II 198, 250, 261, 314, 315, 321, 423.
Lie I 323, III 324, 325, 330, 331, IV 73.
Lilienthal, v. I 323, III 29.
Lindelöf III 324, IV 291.
Liouville I 320.
Lippich II 313.
Listing I 185, II 315, 322.
Livet I 381.
Lobatschefsky I 308, 323.
Loria, Gino I 379, III 328.
Löwe, O. II 316.
Lukat III 29.
Lucke I 54.

Magnus I 138, 171, 320, 322.
Mannheim IV 291.
Mansion IV 291.
Marpurg II 316.
Martus II 417, 443.
Mascheroni III 318.
Maurolycus von Messina I 157, 182, II 416, 421.
Maxwell I 216, 320, III 327, IV 152.
Maxwell-Faraday II 196.
Mayer, J. R. II 371.
Meister I 182, II 313, 314.
Menelaus v. Alex. I 224, II 416, 418, 419.
Menächmus I 376.
Mercator I 191, 250, 257, 321, II 380—383, IV 287.
Meunier I 292, 322, III 323.
Meyer, C. Th. I 90.
Meyer, Dr. M. H. I 90.
Milinowski I 141.
Minding III 329.
Möbius I 137, 141, 171, 224, 256, 321, 370, II 243, 313, 315, 318, 321, 423, III 212, 213, 214, 323, 329.
Mohr IV 125.
Moigno III 324.
Möllinger I 139.
Mollweide II 191, 193, 198, 423.
Monge I 135, 136, 319, 322, 380, III 29, 324, 328, 331, 334.
Montard III 327.
Montuclas III 323, IV 291.
Müller, Joh. siehe Regiomontanus.
Müller, J. H. T. I 54, 182, II 317, 319, 442.
Munck II 419.
Mydorge, Claude I 378.

Nasîr-Eddin-Fûsi II 420.
Naumann, C. F. I 57.
Nehls IV 125.
Neper II 191, 422.
Neumann I 185.
Newcomb-Engelmann II 443.
Newton I 111, 319, 379, 380, II 268, 367, 374.
Nicolas III 225.
Nieuwland II 5.
Nikon I 224.
Nikoteles von Kyrene I 376.

Obenrauch I 141.
Olivier I 138.

Paciulo, Luca II 316, 317.
Papperitz I 140.
Pappus I 54, 318, 376, 377, III 45, 46, 326.
Parent, Ant. I 378, III 326.
Pascal, Blaise I 109, 118, 120, 121, 126, 134.

Peirce I 259, 279.
Pelz I 90.
Pervault, Claude I 304.
Perrin II 315.
Pervouchine III 318.
Peschka I 90, 140.
Peurbach II 420.
Picquet I 382.
Piedboeufs Katalog II 345.
Pirkheimer I 378.
Pitiscus II 422.
Pitot III 323, 326, 328.
Pitsch II 318.
Plato I 52, II 320.
Plateau III 322, 323.
Plücker I 137, 320, 382.
Plutarch I 376.
Pohlke I 90, 133, 134, 136, 139.
Poinsot I 60, 64, 182, II 315, 317, IV 107, 111, 186, 266.
Poisson I 379, III 47.
Poncelet I 136, 137, 171, 172, 319, 320, 378, 387, II 185, III 315, 318, 319, 329.
Pontecoulant II 437.
Postel I 258, 279.
Pouillet II 370.
Proklus III 326.
Ptolemäus, Cl. I 257, 377, II 418.
Pythagoras I 256.

Quetelet I 381.

Rankine IV 271.
Raschig II 314.
Rausenbergen I 141.
Regiomontanus II 313, 420, 421.
Reinhardt II 313, 314.
Reinhold II 421.
Reidt II 314, 322.
Reye I 140, 319, 321, 322, 376, 382, 383, II 476, IV 125.
Rhaeticus, Georg Joach. II 421.
Ribaucour III 327.
Richelot II 313, 319.
Riemann I 178, 184, 191, 308, 323, 324, III 324, 331, IV 152.
Ritter II 374.
Robervals III 326.
Rocca III 46.
Rohn I 140.
Ronayne, Phil. II 5.
Roth II 315.
Rouché II 318.
Routh IV 271.
Rulf I 141.

Saint-Venant I 367.
Salmon, G. bezw. Salmon-Fiedler I 140, 376, 383, III 29, 328.
Schäwen II 322.
Schell I 323, III 29, 330, IV 271.
Schering I 259, 383.
Scherk III 324, IV 291.
Schillings Katalog II 390.
Schilling, Dr. II 442.
Schlegel I 90, 182.
Schlömilch III 47, IV 28.
Schlotke I 140.
Schönemann II 315.
Schönfliefs II 315.
Schröter I 382, 383, II 250, III 318.
Schulz, C. F. I 224, II 423.
Schur I 128.
Schütte I 379.
Schwarz, H. A. I 90, 322, III 324, IV 152.
Sechi II 374.
Segner I 224, II 422.
Seidelin II 314.
Serenus v. Antissa I 377.
Servois I 134.
Seydewitz I 382.
Sidonne II 317.
Siebeck I 321.
Simpson II 257, 268, 320, IV 18, 28, 186.
Skuhersky I 139.
Snellius I 224, II 422.
Sohnke II 315.
Sommerfeld IV 186.
Sopwith I 138.
Sorlin I 225.
Souvey, Barth. III 46.
Spitzer IV 291.
Stöckel II 322.
Stahl III 326.
Staude I 382.
Staudt, v. I 114, 139, 140, 171, 182, II 189, 315, III 318, 329.
Stefan II 372.
Stegell II 315.

Steiner I 90, 137, 140, 160, 171, 173, 174, 182, 210, 224, 272, 319, 320, 369, 376, 378, II 78, 185, 207, 224, 227, 246, 248, 250, 269, 314, 423, III 48, 318, 319, 324, 329, IV 73.
Steinmüllers Katalog II 345.
Strobel III 327.
Sturm I 140, 382, III 324.
Sumner II 468.
Sûrga-Siddhânta II 419.
Swinden, van I 182, II 5, 250, 314.

Tâbit ibn Kurrah I 377.
Taylor, Brook I 134, III 322.
Thales I 257.
Theodosius v. Tripolis I 224, II 416.
Theon I 377, II 416.
Thieme I 182, II 315.
Thomae I 141.
Thomson, William I 320, 321, 323, 379.
Tinseau II 320, III 328.
Torpoley II 422.
Townsand I 322.
Treutlein-Henrici I 141.
Tyndall II 373.

Valla, Georg I 378.
Venant (Saint) I 367, III 328, IV 152.
Vespucci, Giov. I 258.
Vieta, Franc. I 224, 319, II 421.
Vignola I 134.
Vinci, Linardo de I 157, II 316, 321.
Violle II 371.
Vogt, H. II 250.

Wallis III 325.
Wangerin I 322.
Weierstraſs III 324, IV 152.
Weinbrenner I 136, 137.
Weingarten III 325.
Weisbach I 86, 90, 91, 94, 139.
Weishaupt I 140 (Weishaupt-Richter).
Weiſsenborn IV 290.
Werner, Joh. I 378, II 421.
Wiener I 64, 140, 380, II 177, 313, 316, 318.
Wittstein II 320, 423.
Wolf, R. II 442.
Wolff I 138.
Wöpke I 378.
Wren I 378.

Zehme II 78, 322, III 48, IV 290.
Zeppenfeld II 316.
Zeuthen I 382.
Zöppritz I 259.

Horrosé & Ziemsen, Wittenberg.